数学リーディングス
第19巻

シュプリンガー数学コンテストから学ぶ
数学発想
レクチャーズ

秋山 仁／酒井利訓 著

丸善出版

序　文

　学校の数学の授業ではまず公式や定理などを理解し，その後，それらの知識やテクニックを用いて問題を解く練習をしました．これが数学の学習の第一歩です．そして，実践力を培うために，すなわち，より難しい問題にも対応できるように，問題集などを利用して数多くの問題にあたりました．そのような学習活動の中で数学力（考え方，論理力，分析力など）を身に付けた人もいますが，期待するほどの効果を上げられない人も残念ながら多くいました．後者の人々は主要な解法のパターンを頭にインプットし，「この種の問題に対しては，このパターンにあてはめて解く」という術を身に付けたに過ぎなかったのです．この学習法を仮に "あてはめ解決法" とよぶなら，インプットされた解決法で解ける問題なら解決できるのですが，まったく新しいタイプの問題には対応できません．すなわち，想定内の問題には対応できるのですが，新しいタイプの想定外の問題に対しては手も足も出なくなってしまうのです．では，想定外の新しい問題にも自力で模索しながら解決法を見出すことのできる数学力（このような力を "発見的解決法" とよぶことにします）を培っていくにはどうしたらよいのでしょうか．

　筆者たちの知る限り，発見的解決法に着目して書かれた最初の書物はジョージ・ポリアの著書 "How to Solve It"（『いかにして問題をとくか』柿内賢信訳，丸善）でした．その後，多くの類書が出版されましたが，中でもローレン・C. ラーソンの "Problems-Solving Through Problems (Springer-Verlag (1983))" は名著でした．筆者らはこの本にとても感銘を受け，日本の高校生や大学生にも伝えたいと考え，『数学発想ゼミナール 1, 2』という訳本をシュプリンガー・フェアラーク東京から 1983 年に出版しました．また，その新装改訂版が 3 分冊になり，2003 年に出版されています（2012 年より丸善出版から発行）．

　上述の本に共通することは，「多岐多様な問題の各々について，その問題のもつ固有な特徴を自力で捉えて理に適った方法で解く」という，いわゆる発見的解決法が丁寧に解説されていることでした．読者の皆様に，この発見的解決法を指南するのが本書の主な目的です．

以前，シュプリンガー・ジャパン社から「若者たちが挑戦できる数学コンテストを実施して欲しい」と依頼され，2004年から2010年までの間，全30回にわたり，このシュプリンガー数学コンテストを行ってきました．

　本書の第Ⅰ部では，発見的解決法の基礎・基本を代表的な問題（大学入試レベル）を引き合いに出し，具体的に例解しました．また，第Ⅱ部では，シュプリンガー数学コンテストに出題された，より高度な問題（多くの新作問題を含む）について解説しました．各回ごとに，優れた解答をしてくれた応募者たちの名答案を紹介したり，またはそれらを下敷きにして，さらなる説明を加えました．この場を借りて，このコンテストに応募してくれた多くの若者たちに衷心より感謝申し上げます．また，コンテスト問題の出題や解説の作成にあたっては，当時，著者たちの同僚であった明治大学の奈良知恵研究推進員（第1回の解説）と琉球大学の前原濶名誉教授（第29回第2問の出題と解説）にも分担をしていただき，おおいに助けられました．ここに感謝申し上げます．

　本書を読んでくださった人々に，想定外の出来事にも対応できる発見的解決能力が培われることを祈っております．

2016年12月

秋山　仁
酒井利訓

目 次

第Ⅰ部　問題解決の基礎・基本　　　　　　　　　　　1
1. 論理速修講座 ………………………………………………… 3
2. 対偶と背理法 ………………………………………………… 7
3. 数学的帰納法上達のコツ …………………………………… 13
4. 鳩の巣原理 …………………………………………………… 21
5. 困難分割法 …………………………………………………… 25
6. 山登り法 ……………………………………………………… 33
7. 対称性の利用 ………………………………………………… 43
8. 動点固定法 …………………………………………………… 53
9. 予選・決勝法 ………………………………………………… 61
10. 極端な場合の考慮から矛盾を導け ………………………… 69
11. 必要条件による絞り込み論法 ……………………………… 75

第Ⅱ部　シュプリンガー数学コンテスト　　　　　　83
第 1 回　6 が無数に現れる数列／2 色で塗った 15 枚の円 ………… 85
第 2 回　正整数の和による表現／整数部分の一致 ………………… 91
第 3 回　三角形の辺をなす 3 線分／置換によらず偶数 …………… 101
第 4 回　要素の和が等しい部分集合／正三角形の 1 辺の長さ …… 109
第 5 回　合成数を表す多項式 ………………………………………… 119
第 6 回　$a_1 a_2 \cdots a_m 6 \times 4 = 6 a_1 a_2 \cdots a_m$ ……………………………… 123
第 7 回　0 から 9 までの数字が現れる倍数（他） ………………… 131
第 8 回　三角形の 3 辺の長さがみたす不等式 ……………………… 135
第 9 回　積が平方数となる数の組 …………………………………… 145
第 10 回　部分数列の添数の累乗の和 ………………………………… 149
第 11 回　$am^3 + bm^2 + cm + d$ と $dn^3 + cn^2 + bn + a$ ……………… 157
第 12 回　$f(xy) = f(x)f(y) - f(x+y) + 1$ ………………………… 165

第 13 回	半円とそれに内接する円で定まる二等辺三角形 …………	173
第 14 回	$\frac{1}{2} \cdot \frac{3}{4} \cdot \frac{5}{6} \cdots \cdot \frac{999999}{1000000} < \frac{1}{1000}$ …………………	179
第 15 回	総当たり戦における "優秀選手" …………………………	187
第 16 回	2^n と 5^n のはじめの2桁の一致 ………………………	195
第 17 回	転がしハンコとなる凸多角形二面体 ……………………	201
第 18 回	凸四角形に含まれる2つの大きな等積三角形 …………	211
第 19 回	仕事のスケジュールの効率性 ……………………………	219
第 20 回	正四面体の展開図で周長が最小のもの …………………	227
第 21 回	真空凸四角形の4頂点 ……………………………………	241
第 22 回	2つの曲線上で原点から等距離にある格子点 …………	247
第 23 回	要素の和が12となる部分集合 ……………………………	255
第 24 回	n^2+m と n^2-m が平方数であるときの m（他）………	261
第 25 回	目盛りの少ないメスシリンダーでの量り出し …………	269
第 26 回	半径2の円に内接しながら回転する半径1の円 ………	279
第 27 回	平方の和 $1^2+2^2+\cdots+n^2$ が平方数になる n …………	287
第 28 回	正四, 六, 八, 二十面体のアトム ………………………	295
第 29 回	正十角形の頂点の数の和／凸多面体にはめる手錠 ……	311
第 30 回	辺と対角線の平方の和／多面体の展開図のタイル張り ……	323

第Ⅱ部の問題の出典　　　　　　　　　　　　　　　　　337

第Ⅰ部

問題解決の基礎・基本

第I部序文

　大工さんが一軒の家を建てるとき，さまざまな道具を使います．例えば，のこぎり，かんな，きり，ドリル，のみ，墨つぼ，曲尺などなどです．そして大工さんは，その各々の道具について，材質の特徴を捉え，どんなときにどう使えばよいのかについて熟練しています．

　家を建てるときと同様に，数学の問題を解くときにも"考え方"といういわゆる"思考の道具"を上手に使いこなさない限り，首尾よく一件落着とはいきません．

　そこで，本書の第I部では，典型的な問題（大学入試レベル）を素材とし，その問題の特徴を見抜く方法と，その特徴を踏まえた考え方や攻略法を解説します．

1 論理速修講座

数学的思考の基礎になる論理について復習しよう．

命題と合成命題

真，偽を判定することが可能な文章や式を**命題**という．命題 p に対し，「p でない」という命題（p の**否定**）を $\bar{p}$ で表す．また，2 つの命題 p, q に対し，これらを組み合わせて得られる**合成命題**「p かつ q」，「p または q」，「p ならば q」をそれぞれ**合接**，**離接**，**ならば命題**とよび，記号 $p \wedge q$, $p \vee q$, $p \Rightarrow q$ で表す．次の 1–5 を確認せよ．

1. 「$p \Rightarrow q$ かつ $q \Rightarrow p$」を記号 $p \Leftrightarrow q$ で表す（**双条件文**とよぶ．このとき，p と q は**同値な命題**という）．
2. $\overline{p \text{ かつ } q}$（「$p$ かつ q」の否定）は「$\bar{p}$ または $\bar{q}$」である．すなわち，$\overline{p \wedge q} \Leftrightarrow \bar{p} \vee \bar{q}$.
3. $\overline{p \text{ または } q}$（「$p$ または q」の否定）は「$\bar{p}$ かつ $\bar{q}$」である．すなわち，$\overline{p \vee q} \Leftrightarrow \bar{p} \wedge \bar{q}$.
4. $p \Rightarrow q$ において，p を**仮定**，q を**結論**とよぶ．
5. $p \Rightarrow q$ に対し $q \Rightarrow p$, $\bar{p} \Rightarrow \bar{q}$, $\bar{q} \Rightarrow \bar{p}$ をそれぞれの**逆**，**裏**，**対偶**とよぶ．

これらの関係を図示すると次ページの図 1 のようになる．

例題 1

次の (1)–(7) の中から命題を選べ．また，真なる命題はどれか？

(1) 1 日は 36 時間である．
(2) $2 \leqq 3$.

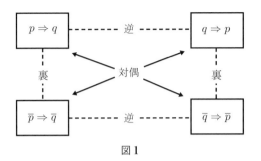

図1

(3) 地球は惑星である．
(4) $10 + 12 = 1946$．
(5) おいしいワ．
(6) いま何時ですか？
(7) アメリカへ行きなさい．

解答

「真，偽を判定することが可能な文や式を命題という」と定義したのだから，命題は (1), (2), (3), (4) の 4 つだけである．とくに，(2), (3) は真なる命題，(1), (4) は偽なる命題である．(5), (6), (7) は真偽を判定できないので命題でない． □

例題 2

命題「外で食事しなければ，勉強しない」の (i) 逆, (ii) 対偶, (iii) 裏を書け．

解答

p：「外で食事する」, q：「勉強する」と記号化する．すると，$\overline{p}$：「外で食事しない」，$\overline{q}$：「勉強しない」となる．よって，与えられた命題は，$\overline{p} \Rightarrow \overline{q}$ と記号化できる．

(i) 逆は $\overline{q} \Rightarrow \overline{p}$ だから，「勉強しないならば，外で食事しない」．
(ii) 対偶は $q \Rightarrow p$ だから，「勉強するならば，外で食事する」．
(iii) 裏は $p \Rightarrow q$ だから，「外で食事するならば，勉強する」． □

🌶 真理表と同値

命題が真であることを記号 T (True) で表し，偽であることを記号 F (False) を用いて表す．命題 p, q の真偽の組合せ（全部で4通りある）により合成命題 $p \wedge q, p \vee q, p \Rightarrow q, \overline{p}$ それぞれの真，偽を表 A, B のように定める．この表を **真理表**（または，**真理値表**）という．以後，表 A, B によって定められた規則に従って複雑な命題の真偽が決定される．ここでとくに注意すべきは，p が偽のとき q の真，偽にかかわらず $p \Rightarrow q$ が真になることである．

表 A

p	q	$p \wedge q$	$p \vee q$	$p \Rightarrow q$
T	T	T	T	T
T	F	F	T	F
F	T	F	T	T
F	F	F	F	T

表 B

p	$\overline{p}$
F	T
T	F

練習

条件文 $p \Rightarrow q$ の逆，裏，対偶，および双条件文 $p \Leftrightarrow q$ に対する真理表を表 A, B の規則に従ってつくり，次の表の空欄を T または F で埋めよ．

p	q	$p \Rightarrow q$	$q \Rightarrow p$	$\overline{p} \Rightarrow \overline{q}$	$\overline{q} \Rightarrow \overline{p}$	$p \Leftrightarrow q$
T	T					
T	F					
F	T					
F	F					

注）(1) 命題が真であっても，その逆，裏は真であるとは限らない．(2) 命題が真（偽）であれば，その対偶は必ず真（偽）である．

例題 3

次のような2軒の店 A, B がある．店 A の看板には，「おいしいケーキは，安

くない」と書いてあり，店Bの看板には，「安いケーキは，おいしくない」と書いてある．これら2つの看板は，同じことを述べているのかどうか判定せよ．

解答

「ケーキはおいしい」を p，「ケーキは安い」を q と記号化する．店Aの看板の内容は $p \Rightarrow \overline{q}$，店Bの看板の内容は $q \Rightarrow \overline{p}$ と記号化できる．これらの命題の真理表をつくると表1を得る．表1より，$p \Rightarrow \overline{q}$ と $q \Rightarrow \overline{p}$ は真偽が一致する．よって，これら2つの看板は同じことを述べていることがわかる． □

表1

p	q	$\overline{p}$	$\overline{q}$	$p \Rightarrow \overline{q}$	$q \Rightarrow \overline{p}$
T	T	F	F	F	F
T	F	F	T	T	T
F	T	T	F	T	T
F	F	T	T	T	T

別解

対偶を使えば，次のようになる．上の解答の記号を使って，$p \Rightarrow \overline{q}$ の対偶を考え，$\overline{\overline{q}} \Rightarrow \overline{p}$ よって $q \Rightarrow \overline{p}$．したがって，これら2つの看板は同じことを述べていることがわかる． □

2 対偶と背理法

🐘 対偶と背理法

$p \Rightarrow q$ を直接的に証明することが困難なときに，$p \Rightarrow q$ を間接的に示す論法として，「対偶を示す」，「背理法で示す」という2つの方法がある：

(ⅰ) 対偶

$p \Rightarrow q$ の真偽と $\overline{q} \Rightarrow \overline{p}$ の真偽が一致する（すなわち，同値である）ことに基づき，「"$p \Rightarrow q$" が真である」ことを証明するかわりに「"$\overline{q} \Rightarrow \overline{p}$" が真である」を証明してもよい．

(ⅱ) 背理法

「$\overline{p \Rightarrow q}$ … (∗)」と仮定し，議論を進めていき，何らかの矛盾を導く．その結果，最初の仮定 (∗) を撤回することが余儀なくされる．これは間接的に「"$p \Rightarrow q$" が真である」を証明したことに他ならない．$\overline{p \Rightarrow q}$ と $p \wedge \overline{q}$ は同値，すなわち，「"$p \Rightarrow q$" でない」と「p であるにもかかわらず q でない」は同値である．

例題 1

どの頂点も格子点（整数を座標にもつ点）であるような正三角形は存在しないことを証明せよ．

解答

背理法で示す．格子点を頂点とする正三角形があると仮定すれば，次ページの図1のように，それは長方形 ADEF に内接する（正三角形と長方形は少なくとも1つの頂点を共有するようにできるので，本質的に図1の場合を考えればよいことに注意）．

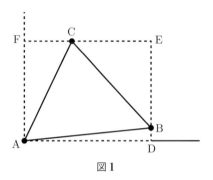

図1

したがって，三角形 ADB は格子点を頂点とする直角三角形である．すなわち直角をはさむ 2 辺 AD, BD の長さは整数である．よって，△ABD の面積 $S_{\triangle ABD}$ は

$$S_{\triangle ABD} = \frac{AD \times BD}{2} \quad (\text{整数または整数の半分})$$

である．同じ理由で $S_{\triangle ACF}$, $S_{\triangle BCE}$ もまた，整数または整数の半分であり，したがって

$$S_{\triangle ABC} = S_{\text{長方形 ADEF}} - S_{\triangle ABD} - S_{\triangle ACF} - S_{\triangle BCE}$$

が有理数であることがわかる．一方

$$S_{\triangle ABC} = \frac{1}{2} \cdot \frac{\sqrt{3}}{2} AB \cdot AC = \frac{\sqrt{3}}{4} AB^2 = \frac{\sqrt{3}}{4} \underbrace{(AD^2 + DB^2)}_{\text{整数}}$$

であり，これは無理数である．

よって，有理数が無理数に等しくなるという矛盾が生じた．したがって，格子点を頂点とする正三角形は存在しない． □

例題 2

(1) 整数 a が 3 の倍数でなければ a^2 を 3 で割った余りは 1 であることを示せ．
(2) $a^2 - 2b^2$ が 3 の倍数であるような整数 a, b はともに 3 の倍数であることを示せ．

(明治大)

解答

(1) a は $a = 3k \pm 1$ (k は整数) とおける. よって,
$$a^2 = (3k \pm 1)^2 = 3(3k^2 \pm 2k) + 1$$

ゆえに, a^2 を3で割った余りは1である.

(2) 対偶によって証明する. すなわち, 本問の命題:『P:「$3 \mid (a^2 - 2b^2)$」』$\Rightarrow$ Q:「$3 \mid a$ かつ $3 \mid b$」』[1] を示すために, その対偶:『$\overline{Q} \Rightarrow \overline{P}$』を示す.

まず, Q の否定 $\overline{Q}$ は「$3 \nmid a$ または $3 \nmid b$」である. よって $\overline{Q}$ は, 次の3つの場合に分けられる:

(場合1) 「$3 \nmid a$ かつ $3 \mid b$」, すなわち $\begin{cases} a \neq (3\text{の倍数}) \\ b = (3\text{の倍数}) \end{cases}$

(場合2) 「$3 \mid a$ かつ $3 \nmid b$」, すなわち $\begin{cases} a = (3\text{の倍数}) \\ b \neq (3\text{の倍数}) \end{cases}$

(場合3) 「$3 \nmid a$ かつ $3 \nmid b$」, すなわち $\begin{cases} a \neq (3\text{の倍数}) \\ b \neq (3\text{の倍数}) \end{cases}$

各々の場合について $\overline{P}$ (すなわち, $a^2 - 2b^2$ は3の倍数でない) が成り立つことを示そう.

(1)の結果『「3の倍数でない整数」の2乗は「3の倍数 $+1$」の形で表せる』を用いると,

(場合1) $a^2 = 3k + 1$, $b = 3b_1$ (k, b_1 は整数) とおける.
$$\therefore a^2 - 2b^2 = (3k + 1) - 2 \cdot (3b_1)^2$$
$$= 3(k - 6b_1^2) + 1$$
$$\neq (3\text{の倍数})$$

(場合2) $a = 3a_1$, $b^2 = 3l + 1$ (a_1, l は整数) とおける.

---
[1] a が b を割り切るとき, 記号 $a \mid b$ を用いる.

$$\therefore\ a^2 - 2b^2 = (3a_1)^2 - 2\cdot(3l+1)$$
$$= 3\cdot(3a_1{}^2 - 2l) - 2$$
$$\neq (3 の倍数)$$

(場合3) $a^2 = 3k+1,\ b^2 = 3l+1$ (k, l は整数) とおける.
$$\therefore\ a^2 - 2b^2 = (3k+1) - 2\cdot(3l+1)$$
$$= 3\cdot(k-2l) - 1$$
$$\neq (3 の倍数)$$

以上より,いずれの場合においても $a^2 - 2b^2$ は3の倍数とはならない.よって,(対偶により) a, b はともに3の倍数であることが示された. □

全称命題と存在命題

　例えば,「$x+1>0$」という不等式は,x の値によって真偽が決定される.このように変数 x の値に応じて真偽が定まる式や文章を**命題関数**といい,$\boldsymbol{p(x)}$ と書く.

　x の定義域を U と書くことにして,ここで次の2つの命題を考える:

(i)　$x \in U$ なるすべての x に対して $p(x)$

　　これを論理記号で書くと次のようになる:
$$\forall x \in U\ p(x)$$

(ii)　$x \in U$ なるある x に対して $p(x)$

　　これを論理記号で書くと次のようになる:
$$\exists x \in U\ p(x) \quad (p(x) をみたす x(\in U) が存在する)$$

(i), (ii) はそれぞれ ($p(x)$ に関する) **全称命題**,**存在** (または**特称**) **命題**とよばれる.また,記号 $\forall$ (すべての),$\exists$ (存在する) をそれぞれ**全称記号**,**存在記号**とよぶ.

(iii)「すべての x について $p(x)$ である」という全称命題を否定すると,「$p(x)$

でない x が存在する」となる．これを記号化すると次のようになる．
$$\overline{\forall x\, p(x)} \iff \exists x\, \overline{p(x)}$$

(iv)「$p(x)$ なる x が存在する」という存在命題を否定すると，「すべての x について $p(x)$ でない」となる．これを記号化すると次のようになる．
$$\overline{\exists x\, p(x)} \iff \forall x\, \overline{p(x)}$$

例題 3

(a) x を実数とする．次の各々の文の否定を，「〜でない」という語を用いずに，記号 $\forall, \exists, \Leftarrow, \Rightarrow, \Leftrightarrow$ を使って表現せよ．

(1) すべての x について，$x^2 > 1$ である．
(2) $x^2 \leqq 0$ であるような x が存在する．

(b) 次の命題の否定をつくり，その真偽を判定せよ．

(1) すべての実数 x, y について $x^2 + y^2 > 0$ である．
(2) ある実数 x について，$x^2 - x + 1 > 0$ である．

(日本大・工)

解答

(a) (1) $\overline{\forall x\,(x^2 > 1)} \iff \exists x\,(x^2 \leqq 1)$ …（答）
  ($x^2 \leqq 1$ なる x が存在する．)

(2) $\overline{\exists x\,(x^2 \leqq 0)} \iff \forall x\,(x^2 > 0)$ …（答）
  (すべての x について $x^2 > 0$ である．)

(b) (1) (実数 x, y について，$\overline{\forall x \forall y\,(x^2 + y^2 > 0)} \Leftrightarrow \exists x \exists y\,(x^2 + y^2 \leqq 0)$)

$x^2 + y^2 \leqq 0$ なる実数 x, y が存在する． …（答）

$(x, y) = (0, 0)$ は $x^2 + y^2 \leqq 0$ をみたすので真． …（答）

(2) (実数 x について，$\overline{\exists x\,(x^2 - x + 1 > 0)} \Leftrightarrow \forall x\,(x^2 - x + 1 \leqq 0)$)
すべての実数 x について $x^2 - x + 1 \leqq 0$ である． …（答）

$$x^2 - x + 1 = \left(x - \frac{1}{2}\right)^2 + \frac{3}{4} > 0$$

であるから偽. ……（答）

3 数学的帰納法上達のコツ

「連鎖反応」を説明するために「将棋倒し」を例にとろう．ずらーっと並んだ将棋のコマを考えてみよう．左端のコマを右へ倒すと，次々にコマが倒れていく．ついに，すべてのコマが倒れる．詳しく述べると，

1番目のコマが倒れる
↓
1番目のコマが倒れたために，2番目のコマが倒れる
↓
2番目のコマが倒れたために，3番目のコマが倒れる
↓

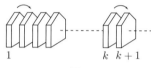

図1

という具合だ（図1参照）．

　全部のコマが倒れるために大事なポイントは，

1. 1番目のコマが倒れる
2. k 番目のコマが倒れるなら $k+1$ 番目のコマも倒れることが保証されている

ということだ．例えば，次の問題について考えてみよう．

　　n が自然数のとき，$(n-1)a^n + b^n \geqq na^{n-1}b \ (a>0, b>0)$ を証明せよ

この問題を証明するためには，すべての自然数 $n \ (n=1, 2, 3, \cdots)$ に対して，無数の命題群 $P(n)$ を証明しなければならない．

$$P(1): \quad b \geqq b \qquad (n=1 \text{ のとき})$$
$$P(2): \quad a^2 + b^2 \geqq 2ab \qquad (n=2 \text{ のとき})$$
$$P(3): \quad 2a^3 + b^3 \geqq 3a^2 b \qquad (n=3 \text{ のとき})$$
$$\vdots \qquad \vdots \qquad \qquad \vdots$$

こういった自然数をパラメータとしてもつ命題群 $P(1), P(2), \cdots$ を一挙に証明できる必殺技が数学的帰納法である．原理は将棋倒しとまったく同じである．帰納法を定式化してみよう．

全称命題の有力な証明法の 1 つである数学的帰納法

全称命題の中でもとくに，

「すべての自然数 n に対して，$P(n)$ である」

のように，自然数を変数とする全称命題を証明する強力な論法に，数学的帰納法とよばれるものがある．この論法は次の 2 つのステップから成り立つ：これは先の将棋倒しのポイント 1, 2 と同じ原理である．

$P(1)$ が成り立つ（Step 1）

↓

$P(1)$ が成り立つから，$P(2)$ も成り立つ（Step 2 により保証）

↓

$P(2)$ が成り立つから，$P(3)$ も成り立つ（Step 2 により保証）

↓

$\vdots$

と，次々と連鎖していく．

上述の事柄をまとめると以下のようになる：

Ⅰ．$n=1$ のとき命題 $P(1)$ が成り立つことを示す．

Ⅱ．命題 $P(k)$ が成り立つ（これを**帰納法の仮定**という）として，命題 $P(k+1)$ が成り立つことを示す．

例題 1

　図 2 のように,$2^n \times 2^n$ 個の単位正方形からなるチェス盤から任意に 1 つの単位正方形を除去して得られるチェス盤を,欠損チェス盤 B_n とよぶことにする (B_n は n によって大きさが変わる.また,同じ大きさでも単位正方形を抜き取る位置によって,いろいろな種類があることに注意せよ).このとき,どんな B_n も何個かの B_1 (図 3) を用いて敷き詰めることができることを示せ(ただし,B_1 を裏返してもよいとする).

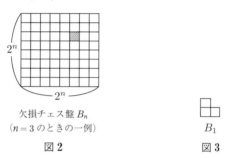

欠損チェス盤 B_n
($n=3$ のときの一例)
図 2

B_1
図 3

ヒント

　$2^{k+1} \times 2^{k+1}$ のサイズのチェス盤から得られる欠損チェス盤 B_{k+1} を 4 等分すると,1 つの欠損チェス盤 B_k (これに対してはただちに帰納法の仮定を適用できる) と,3 つの欠損していないチェス盤に分割することができる.後者の欠損していない各チェス盤に対しても帰納法の仮定が適用できるようにするためには,意図的に,それらの各々が欠損チェス盤とみなせるように工夫せよ.

解答

　(I) $n=1$ のときは,欠損チェス盤は B_1 自身であり自明である.
　(II) $n=k\,(k \geqq 1)$ のとき命題が成り立つ,すなわち,

「どんな欠損チェス盤 B_k も,B_1 で敷き詰めることが可能である」　　…(∗)

を帰納法の仮定とする.すると,$n=k+1$ のときに,B_{k+1} が B_1 で敷き詰められることが次のように示せる.

　まず,B_{k+1} を図 4 のように 4 つに分ける.このうち,欠損箇所を含んでいる部分は B_k に他ならない(図 4 の打点部)ので,この部分は帰納法の仮定 (∗)

より B_1 で覆うことができる．残りの3つの正方形についても図5のように，各正方形の隅から1つずつ単位正方形を除去すれば，新たに3つの欠損チェス盤 B_k をつくり出すことができる．

各々の B_k は（∗）より B_1 で敷き詰め可能であり，最後に先程除去した部分（図5の黒い部分）に1つの B_1 を配置すれば，結局，B_{k+1} 全体を B_1 で敷き詰めることになる． □

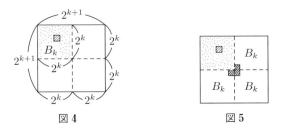

図4　　　　図5

例題 2

次の等式を証明せよ．

$$\frac{1}{9} + \frac{2}{27} + \frac{3}{81} + \cdots + \frac{n-1}{3^n} = \frac{1}{4}\left(1 - \frac{2n+1}{3^n}\right) \quad (n = 2, 3, \cdots)$$

（京都教育大）

解答

（Ⅰ）$n = 2$ のとき：

$$（右辺）= \frac{1}{4}\left(1 - \frac{4+1}{3^2}\right) = \frac{1}{9} = （左辺）$$

となり，与式が成り立つ．

（Ⅱ）$n = k$ のとき命題が成り立つとする．すなわち，

$$\frac{1}{9} + \frac{2}{27} + \frac{3}{81} + \cdots + \frac{k-1}{3^k} = \frac{1}{4}\left(1 - \frac{2k+1}{3^k}\right) \quad \cdots ①$$

が成り立つと仮定する．①の両辺に $\dfrac{k}{3^{k+1}}$ を加えて，

$$\frac{1}{9} + \frac{2}{27} + \cdots + \frac{k-1}{3^k} + \frac{k}{3^{k+1}} = \frac{1}{4}\left(1 - \frac{2k+1}{3^k}\right) + \frac{k}{3^{k+1}}$$
$$= \frac{1}{4}\left(1 - \frac{6k+3}{3^{k+1}} + \frac{4k}{3^{k+1}}\right)$$
$$= \frac{1}{4}\left(1 - \frac{2k+3}{3^{k+1}}\right)$$
$$= \frac{1}{4}\left(1 - \frac{2(k+1)+1}{3^{k+1}}\right)$$

よって，$n = k+1$ のときも与式が成り立つ．以上，数学的帰納法により 2 以上のすべての整数 n について与式が成り立つ．　□

例題 3

x, y, z を整数とする．

(1) 3 数 x, y, z のうち，奇数であるものの個数 N は $x^2 + y^2 + z^2$ を 4 で割ったときの余り R に一致することを示せ．ただし，x, y, z がすべて偶数のときは $N = 0$ と考える．

(2) 正の整数 m に対して
$$x^2 + y^2 + z^2 = 8m + 7$$
をみたす x, y, z は存在しないことを示せ．

(3) 正の整数 m, n に対して
$$x^2 + y^2 + z^2 = 4^{n-1}(8m + 7)$$
をみたす x, y, z は存在しないことを示せ．

解答

(1) 整数の偶奇で場合分けする．偶数と奇数は，それぞれ $2n, 2n+1$（n は整数）と書ける．ここで，
$$(2n)^2 = 4n^2 = (4 \text{ の倍数})$$
$$(2n+1)^2 = 4n^2 + 4n + 1 = (4 \text{ の倍数}) + 1$$

以上，まとめて，

$$(*)\begin{cases} \cdot \text{偶数の2乗は4の倍数} \\ \cdot \text{奇数の2乗は(4の倍数)}+1\text{の形の整数} \end{cases}$$

が成り立つ. 次に $N=3, 2, 1, 0$ の各々の場合について調べる.

(場合1) $N=3$ のとき x, y, z はすべて奇数だから (*) より

$$x^2+y^2+z^2 = (4\text{の倍数})+1+1+1 \qquad \therefore R=3$$

以下同様に考えて

(場合2) $N=2$ のとき

$$x^2+y^2+z^2 = (4\text{の倍数})+1+1 \qquad \therefore R=2$$

(場合3) $N=1$ のとき

$$x^2+y^2+z^2 = (4\text{の倍数})+1 \qquad \therefore R=1$$

(場合4) $N=0$ のとき

$$x^2+y^2+z^2 = (4\text{の倍数}) \qquad \therefore R=0$$

以上より, $N=R$.

(2) 背理法で示す.

$$x^2+y^2+z^2 = 8m+7 \qquad \cdots ①$$

をみたす整数 x, y, z が存在すると仮定すると

$$① \iff x^2+y^2+z^2 = 4(2m+1)+3$$

であるから, (1) の結果より x, y, z はすべて奇数であり

$$x=2i-1, \quad y=2j-1, \quad z=2k-1 \qquad (i, j, k \text{は整数})$$

とおける. このとき,

$$① \iff 4i(i-1)+4j(j-1)+4k(k-1)+3 = 8m+7$$
$$\iff i(i-1)+j(j-1)+k(k-1) = 2m+1 \qquad \cdots ①'$$

連続する2整数の積 $i(i-1), j(j-1), k(k-1)$ はどれも偶数であること

から，①′の左辺は偶数である．しかし，これは右辺の $2m+1$ が奇数であることに矛盾する．よって，①をみたす整数 x, y, z は存在しない．

(3)「正の整数 m, n に対して
$$x^2 + y^2 + z^2 = 4^{n-1}(8m+7) \qquad \cdots (\text{ア})$$
をみたす整数 x, y, z が存在しない」 $\cdots$(A)

ことを n に関する帰納法で示す．

[Ⅰ] $n=1$ のとき
$$(\text{ア}) \iff x^2 + y^2 + z^2 = 8m+7$$
だから，(2) より (A) は成立する．

[Ⅱ] $n=k$ ($k \geqq 1$) のとき (A) が成り立つと仮定する．すなわち，

『正の整数 m に対して $x^2 + y^2 + z^2 = 4^{k-1}(8m+7)$ をみたす整数 x, y, z が存在しない』 $\cdots$(B)

を帰納法の仮定とする．このとき，$n=k+1$ の場合にも (A) が成り立つことを示せばよい．この示したいことを否定して『正の整数 m に対して $x^2 + y^2 + z^2 = 4^k(8m+7) \cdots$ (イ) をみたす整数 x, y, z が存在する』と仮定し，矛盾を導けばよい（背理法）．(イ) の右辺は 4 の倍数であるから，(1) より x, y, z はすべて偶数で
$$x = 2x', \quad y = 2y', \quad z = 2z' \quad (x', y', z' \text{ は整数})$$
とおけて，(イ) より
$$4x'^2 + 4y'^2 + 4z'^2 = 4^k(8m+7)$$
$$\therefore \quad x'^2 + y'^2 + z'^2 = 4^{k-1}(8m+7) \qquad \cdots ②$$
が整数 x', y', z' に対して成立することになる．しかし，これは帰納法の仮定 (B) に矛盾する．

よって，背理法により，(イ) をみたす整数 x, y, z は存在せず，(A) は $n=k+1$ の場合についても成り立つ．

以上，数学的帰納法により，任意の正の整数 m, n に対して
$$x^2 + y^2 + z^2 = 4^{n-1}(8m+7)$$

をみたす整数 x, y, z が存在しないことが示された. □

4 鳩の巣原理

数学の証明において，あるものの存在を示す方法として，鳩の巣原理がある．これは**ディリクレの引き出し論法**ともよばれることがある．

「$n+1$ 羽の鳩が n 個の鳩の巣のいずれかに入ったとき，2 羽以上の鳩が入っている鳩の巣が少なくとも 1 つは存在する」という当たり前の道理を主張する論法が鳩の巣の原理であるが，ときに大いに役立つ．

例題 1

1 辺の長さが 2 m の正方形の板に，5 発の弾丸を撃ち込む（ただし，弾丸の当たったところは点とみなす）．このとき，5 発の弾丸が板のどこに当たろうとも，弾丸の当たった 2 点の距離が 1.5 m 以下のものがあることを示せ．

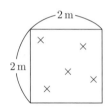

解答

図 1 のように正方形の板を 4 等分して，4 つの小正方形に分割する．すると，4 つの小正方形（鳩の巣）の中に 5 発の弾丸（鳩）が撃ち込まれたのだから，鳩の巣原理により，この 4 つの小正方形のうち少なくとも 1 つの小正方形の中には 2 発以上の弾丸が撃ち込まれている（小正方形どうしの境界線上の弾丸は，どちらの小正方形に含めてもよい）．その小正方形に撃ち込まれている弾丸の距

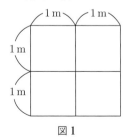

図 1

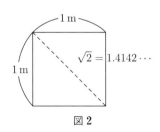

図 2

離に注目すると，その距離は小正方形の対角線の長さ $\sqrt{2}$ m 以下である（図2）．$\sqrt{2} < 1.5$ なので，題意は示された． □

例題 2

横3行，縦9列の27個の小さなマス目がある．各々のマス目を赤または青で塗る．このとき，どのような塗り方をしても，そのうちの少なくとも2列の配色が同じであることを証明せよ．

解答

3個並んだマス目を2色で塗る塗り方（配色）は以下の $2^3 = 8$ 通りである．

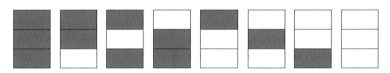

よって，（8通りの塗り方を（鳩の巣），縦9列のマスを（鳩）に見立てて）鳩の巣原理により9列の中の少なくとも2列の配色は同じである． □

例題 3

n 個の自然数 $a_1, a_2, \cdots, a_n$ からなる集合 S が与えられている．S のある部分集合（ただし，空集合は除く）で，その要素の和が n で割り切れるものが存在することを示せ（S 自身も S の部分集合であることに注意せよ）．

ヒント

$b_k = \sum_{i=1}^{k} a_i \ (k = 1, 2, \cdots, n)$ とおき，$b_1, b_2, \cdots, b_n$ のうち少なくとも1つが n で割り切れるときと，そうでないときに場合分けして考えよ．

解答

次のようにして n 個の数 $b_1, b_2, \cdots, b_n$ をつくる：

$$b_1 = a_1$$
$$b_2 = a_1 + a_2$$
$$b_3 = a_1 + a_2 + a_3$$
$$\vdots$$
$$b_n = a_1 + a_2 + a_3 + \cdots + a_n$$

(場合1) $b_1, b_2, \cdots, b_n$ のうち少なくとも1つが n で割り切れる場合：

n で割り切れる b_i が条件をみたす部分集合の要素の和であるから，題意は成り立つ．

(場合2) $b_1, b_2, \cdots, b_n$ の中に n で割り切れるものが1つもない場合：

b_i ($i = 1, 2, \cdots, n$) を n で割ったときの余りは $1, 2, 3, \cdots, n-1$ の $n-1$ 個のいずれかである．よって，鳩の巣原理より，$b_1, b_2, \cdots, b_n$ の n 個の数の中に n で割ったときの余りが等しい2つの数が存在する．それらを b_i, b_j ($i < j$) とする．すると b_i, b_j の差 $b_j - b_i = a_{i+1} + a_{i+2} + \cdots + a_j$ は n で割り切れ，$\{a_{i+1}, a_{i+2}, \cdots, a_j\}$ は集合 $S = \{a_1, a_2, \cdots, a_n\}$ の部分集合である．

よって，S の部分集合で，要素の和が n で割り切れるものが存在する．　□

例題 4

n 個の正の整数 $1, 2, 3, \cdots, n$ がある．これを任意に並び替えたものを $a_1, a_2, a_3, \cdots, a_n$ で表す．n が奇数ならば，n 個の因数 $a_1 - 1, a_2 - 2, a_3 - 3, \cdots, a_n - n$ の積 $(a_1 - 1)(a_2 - 2)(a_3 - 3) \cdots (a_n - n)$ は偶数である．それには少なくとも1つの因数が偶数であることを示せばよい．これを次の設問順に従って証明せよ．

(1) $n = 2k + 1$ (k は負でない整数) とするとき，n 個の整数 $1, 2, 3, \cdots, n$ のなかに奇数は何個あるか．

(2) n 個の因数 $a_1 - 1, a_2 - 2, a_3 - 3, \cdots, a_n - n$ のなかに少なくとも1つは偶数があることを示せ．

(早稲田大・政経)

解答

(1) $1, 2, 3, 4, \cdots, 2k+1$ 中に奇数は1つおきにあるので，全部で $k+1$ 個．

$$k+1 \text{個} \cdots \text{(答)}$$

(2) (奇数)−(奇数)=(偶数)，(偶数)−(偶数)=(偶数) だから $a_i - i$ $(i = 1, 2, \cdots, 2k+1)$ の中に，a_i と i の偶奇が一致するものが少なくとも1組存在することを示せばよい．

(1)より $i = 1, 2, 3, \cdots, 2k-1, 2k, 2k+1$ のうち，奇数は $k+1$ 個，偶数は k 個である．また，a_i $(i = 1, 2, \cdots, 2k+1)$ も，奇数は $k+1$ 個，偶数は k 個である．したがって，奇数の添数をもつ $a_1, a_3, \cdots, a_{2k+1}$ がすべて偶数（k 個）である，ということはない．よって，この $k+1$ 個の中には少なくとも1つ奇数である a_i が存在し，その i に対して $a_i - i =$ (奇数)−(奇数)=(偶数) となる．よって，$a_i - i$ は $1 \leqq i \leqq n$ のうち少なくとも1つに対し偶数になる． □

(注) ここでは「鳩の巣が $k+1$ 個，鳩が k 羽ならば，空の鳩の巣が少なくとも存在する」という鳩の巣原理を用いている．

別解

$(a_1-1)+(a_2-2)+\cdots+(a_n-n) = (a_1+a_2+\cdots+a_n)-(1+2+\cdots+n) = 0$ である．ここで，$a_i - i$ $(i = 1, 2, \cdots, n)$ がすべて奇数であるとすると，それらの奇数個の和も奇数となる．しかし，右辺は 0 で偶数であり，矛盾が生じる．よって，少なくとも1つの $a_i - i$ は偶数である． □

5 困難分割法

　Tボーンステーキ（骨つきステーキ）を平らげる方法を考えよう．大きな肉が出てきたら，食べやすくコマ切れにしてから食べ始めるに違いない．骨を切り離したり，すじに逆らって肉を切るのは避ける．また，人によっては脂身のところは上手に切り離したりするだろう．実はTボーンステーキを食べるこの方法が，数学の問題解決に通じる．そこで，**難問は分割して解く（困難分割法）**というのが今回のテーマだ．

　ある1つの問題を解決する際，それらをいくつかの小さな問題に分け，かつ，その各々を互いに独立した方法で解くことがある．これを**場合分け**という．場合分けが有効な問題は，とくに**全称命題**（すべての x に対して … というタイプの命題）を含む問題に多い．例えば，"すべての n に対して …" という形の命題を証明するとき，n を偶数・奇数に分けて証明すると便利なことがある．

　同じように，"すべての三角形に対して …" という命題に対して，鋭角三角形・直角三角形・鈍角三角形の3つに場合分けして，その各々について証明すると都合のいいこともある．

　「場合分け」の構造の形態は，

（Ⅰ）場合 (1)，場合 (2)，…，場合 (n) の各場合の証明が互いに独立している．
（Ⅱ）場合 (1) の結果を使って場合 (2) を証明し，場合 (2) の結果を使って場合 (3) を証明し，… と証明が階層的に組み立てられている（この種の場合分けは，"山登り法" とよばれ，次の6章で集中して解説する）．

の2通りがある．

　（Ⅰ）の形態をもつ場合分けをするときに，とくに注意すべき点は，当たり前だが**場合分けをした結果，議論が進めやすくなった**というふうに場合分けしなくてはならないことだ．

　（Ⅱ）の形態をもつ場合分け（これはそう頻繁には出てこないが）の戦略は，

まずやさしい場合から順に片づけていく．そして，ひょっとしたら場合(1)で証明済みの結果が場合(2)に使えるんじゃないか，といつも考えていることが大切になる．

（Ⅰ），（Ⅱ）いずれのタイプの場合分けでも，肝要なことは以下の事柄である．

（イ）すべての場合が尽くされていること．
（ロ）場合分けによって，各場合がコントロールしやすくなっていること．

すなわち，結果として，"大物をしとめることができた" という場合分けでなくてはいけない．

それでは，次に出てくる T ボーンステーキを平らげよう．

例題 1

13 日間の取組みで，甲力士は 13 勝 0 敗，乙力士は 12 勝 1 敗，丙力士は 11 勝 2 敗，それ以外の力士は，3 敗以上している．残りの 2 日間は，甲乙および甲丙の取組みはあるが，乙丙の取組みはすでに済んでいる．3 力士の優勝の確率を求めよ．

なお，甲，乙，丙の力士はお互いに互角の力をもっており，他の力士に対しては，8 割の率で勝つ力をもっている．ただし，引分けは考えない．15 日間の終了で，最大勝率の力士が複数になった場合は，優勝決定戦を行うものとする．

考え方

これは場合分けが必要となる典型的問題で，このようにややこしい問題のときは，どんな場合があるかということや，流れがわかる**樹形図**を最初に書いてみることが大切になる．この樹形図がつくれれば，この問題はほぼ解決する．「場合分け」というからには，すべての場合が尽くされていなければいけない．すなわち，場合分けの様子をベン図で書いてみると，次のような具合になっている（図 1）．この図を少し説明しよう．全体 S が n 個の場合，$S_1, S_2, \cdots, S_n$ に分けられたとする．このとき，

$$S = \bigcup_{i=1}^{n} S_i \qquad \cdots (*)$$

が満たされていなければならない．だいたいの場合分けのときは，条件（*）の

5. 困難分割法　27

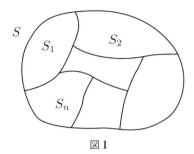

図1

他に，2つの異なる場合 S_i, S_j は**排反**（互いに素）になっている．
すなわち

$$i \neq j \quad \text{ならば}, \quad S_i \cap S_j = \emptyset \qquad \cdots (**)$$

とくに，ものの個数を数え上げたり，確率を求めたりするときは，各場合が排反であるように場合分けをしないといけない．この"各場合が排反"という場合分けにおいて，上手な議論の進め方の基本は，

$$\begin{cases} \text{(i)}: \ \sim であるとき \\ \overline{\text{(i)}}: \ \text{(i)} でないとき \end{cases}$$

というふうに，排反な事象をペアにしていくことだ．そうすれば，いつもすべてを尽くしており，かつ排反に場合分けできる．

解答

　甲，乙，丙以外の任意の力士を"他"で表し，"力士甲が乙に勝ったこと"を，記号"甲 > 乙"で表す．その前に，以下の大切なポイントを押さえよう．
　"甲，乙，丙以外はすでに3敗以上しており，甲は今後2敗しても13勝2敗だから，他が優勝できる可能性はないので優勝の機会は甲，乙，丙，の3人だけにしぼられる．"
　それでは，樹形図をしっかり書くことから始めよう．
　図2の樹形図を見ながら，各場合の確率を具体的に求めよう．
[場合(i)] … 甲が乙に勝つ．甲は全勝または14勝1敗で優勝．
[場合(ii)] … 甲が乙に負ける．
[場合(ii)-1] … 甲が丙に勝つ（甲は14勝1敗）．

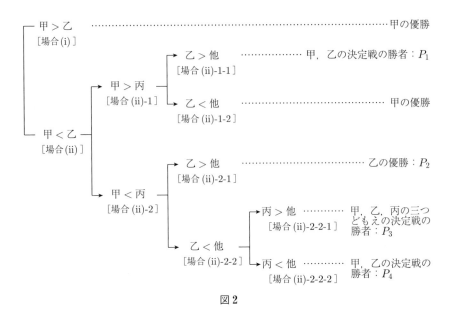

図 2

[場合 (ii)-1-1] … 甲が他に勝つ．甲，乙の決定戦．
このとき，甲，乙の優勝する確率は，ともに

$$P_1 = \frac{1}{2} \cdot \frac{1}{2} \cdot \frac{4}{5} \cdot \frac{1}{2} = \frac{1}{10}.$$

[場合 (ii)-1-2] … 乙が他に負ける．甲が優勝する．
[場合 (ii)-2] … 甲が丙に負ける（甲は 13 勝 2 敗）．
[場合 (ii)-2-1] … 乙が他に勝つ（乙は 14 勝 1 敗）．
乙が優勝する確率は，

$$P_2 = \frac{1}{2} \cdot \frac{1}{2} \cdot \frac{4}{5} = \frac{1}{5}.$$

[場合 (ii)-2-2] … 乙が他に負ける（乙は 13 勝 2 敗）．
[場合 (ii)-2-2-1] … 丙が他に勝つ（丙は 13 勝 2 敗）．
このとき，三者三つどもえの優勝決定戦となる．
甲，乙，丙のそれぞれ優勝する確率は，

$$P_3 = \frac{1}{2} \cdot \frac{1}{2} \cdot \frac{1}{5} \cdot \frac{4}{5} \cdot \frac{1}{3} = \frac{1}{75}.$$

[場合 (ii)-2-2-2] … 丙が他に負ける．このとき，甲，乙の優勝決定戦となる．
甲，乙の優勝の確率は，いずれも，

$$P_4 = \frac{1}{2} \cdot \frac{1}{2} \cdot \frac{1}{5} \cdot \frac{1}{5} \cdot \frac{1}{2} = \frac{1}{200}.$$

次に，甲，乙，丙の優勝する確率をそれぞれ $P(甲)$, $P(乙)$, $P(丙)$ と書く．計算の手間を省くため，$P(乙)$, $P(丙)$ を先に求め，その余事象として $P(甲)$ を求める．

$$P(乙) = P_1 + P_2 + P_3 + P_4 = \frac{1}{10} + \frac{1}{5} + \frac{1}{75} + \frac{1}{200} = \frac{191}{600} \cdots (答)$$

$$P(丙) = P_3 = \frac{1}{75} \cdots (答)$$

$$P(甲) = 1 - P(乙) + P(丙) = 1 - \left(\frac{191}{600} + \frac{1}{75}\right) = \frac{401}{600} \cdots (答) \quad \square$$

例題 2

すべての実数 a, b に対して，次の不等式が成り立つことを示せ．

$$|a+b|^p \leqq |a|^p + |b|^p, \quad 0 \leqq p \leqq 1$$

考え方

上の不等式において $p = 1$ とすると

$$|a+b| \leqq |a| + |b|$$

となり，よく知られている三角不等式になる．これは数学のいろいろな分野で顔を出す**重要な不等式**である．この問題では，その p が 1 でなくても，「0 以上 1 以下の任意の p について成り立つ」ことを証明することになる．

p が 0 以上 1 以下のすべての p に関して，この不等式が成り立つことを一気に証明するのは大変だから，**やさしい場合**だけでもまずやってみようと考えるとよい．

例えば一番簡単なのは，$p = 0$ だったらとか，$p = 1$ だったらとか，または $a = 0$ だったらとか，$b = 0$ だったらとか…．そういう平易な場合についてだけ，まず考えてみるとよい．

まず $p = 0$ の場合，左辺は $|a+b|$ の 0 乗となって 1 である．右辺は $|a|$ と $|b|$

の各々の0乗の和だから2となって，不等式は確かに成り立っている．

今度は a や b についても場合分けしてみる．

$a = 0$ のとき，左辺も右辺もともに $|b|$ となり，等号が成り立つ．同様に $b = 0$ の場合も等号が成り立っている．次に a と b が異符号のとき，すなわち $ab < 0$ のときはどうだろうか．

例えば，より具体的な場合 $a = 5$ で $b = -3$ を考えてみよう．このときは，

$$(左辺) = 2^p$$
$$(右辺) = 5^p + 3^p$$

となって $f(x) = x^p$，（p は $0 < p < 1$ なる定数）が単調増加であることを考慮すれば，右辺のほうが大きい．

一般に異符号のとき（一般性を失うことなく $a > 0$ としてよい）は，$|a+b| < |a|$ または，$|a+b| < |b|$ だから，このいずれの場合でも

$$|a+b|^p \leqq |a|^p + |b|^p, \quad 0 \leqq p \leqq 1$$

が成り立つ．

いままで考えたことをまとめてみると以下のようになる．

(i) $p = 0$ のとき，

$$|a+b|^0 = 1 \leqq |a|^0 + |b|^0 = 2.$$

(ii) $p = 1$ のとき，

$$|a+b| \leqq |a| + |b| \quad (三角不等式).$$

(iii) $a = 0$ のとき与えられた不等式は

$$(左辺) = |b|^p = (右辺)$$

となるから，$0 \leqq p \leqq 1$ の範囲で成り立つ．

(iii)′ $b = 0$ のときも同様に成り立つ．

(iv) a, b が異符号で p が任意のとき

$$|a+b|^p \leqq |a|^p + |b|^p.$$

あとは残った場合について考えてみればよい．

解答

考え方 (i)–(iv) 以外の場合は以下のものである．

(v) $a > 0, b > 0$，かつ，$0 < p < 1$ のとき（両方とも負というときは，絶対値記号がついているため，両方とも正だと考えても良いから，(v) に吸収されてしまうことに注意）

$$|a+b|^p \leqq |a|^p + |b|^p$$

場合分け (v) の条件より，

$$(a+b)^p \leqq a^p + b^p \quad \cdots (*)$$

を証明すればよい．$(*)$ の両辺を $a^p > 0$ で割ると

$$\left(1 + \frac{b}{a}\right)^p \leqq 1 + \left(\frac{b}{a}\right)^p$$

となる．次に $\frac{b}{a} (>0)$ を x とおく．すると，
すべての $x > 0$ に対して，

$$(1+x)^p \leqq 1 + x^p \quad (0 < p < 1) \quad \cdots (**)$$

よって，$(**)$ を証明すればよい．この不等式を証明するには，$x > 0, 0 < p < 1$ の範囲で右辺から左辺を引いた値が 0 以上を示せばよい．

$$f(x) \equiv 1 + x^p - (1+x)^p$$

とおく．

$$f(0) = 1 + 0^p - (1+0)^p = 0$$

だから，あとは $x > 0$ で単調増加を示せばよい．そこで，$f(x)$ を微分する．

$$f'(x) = px^{p-1} - p(1+x)^{p-1} = p\{x^{p-1} - (1+x)^{p-1}\}$$

となる．次に $g(x) \equiv x^{p-1}$ という関数を考える．$0 < p < 1$ より，$x > 0$ では

$$g'(x) = (p-1)x^{p-2} < 0.$$

関数 $g(x)$ は $x > 0$ で単調減少だから,

$$g(x) > g(1+x)$$

よって,

$$f'(x) = p\{g(x) - g(1+x)\}$$

だったから, $x > 0$ で $f'(x) > 0$. よって, $f(x)$ は単調増加になって, かつ, $f(0) = 0$ なので $x > 0$ の範囲で $f(x)$ はつねに正.

したがって, この場合も不等式が成立する. □

例題 3

ノートの上に勝手に 5 個の点を書く. ただし, どの 3 点も同一直線上にはないようにする. 5 点をどのように配置しようとも, それら 5 点の中から上手に 4 点を選びさえすれば, それらを 4 頂点とする凸四角形が描けることを示せ. ただし, **凸四角形**とはそのどの内角も 180° 未満であることをいう.

解答

5 点のそれぞれにピンを打ち込み, 5 本のピンの外側からゴム輪をはめる. ゴム輪の形 (この形を**凸包**という) によって 3 通りに分類できる. すなわち, ゴム輪の形が五角形のとき, 四角形のとき, 三角形のときである.

(場合 1) 五角形のときは, 5 点のうちの任意の 4 点を選べば, それらを 4 頂点とする凸四角形が描ける.

(場合 2) ゴム輪の形が四角形のときは, ゴム輪の周上の 4 点を選べばよい.

(場合 3) ゴム輪の形が三角形のとき, 三角形の内部に 2 点が必ず存在する. その 2 点を結ぶ直線は, 三角形の 2 辺と交わり, 他の 1 辺とは交わらない. 交わらない辺の両端の 2 点と内部の 2 点を 4 頂点とする四角形を描けば, 凸四角形である. □

6 山登り法

　場合分けの効用については5章ですでに述べたが，それを要約すると，1つの難問をいくつかの部分に分割してみると，各部分の本質に焦点が自然と合わせられ結果的に難問を容易に解決することができることであった．

　これはあたかも生い茂った樹木の枝葉を刈り取ってしまえば重要な幹が目前に見えてくるという現象と同じだ．その結果，何をなせばよいのかがおのずと判断できるようになり，全面解決に至るのである．この場合分けを開始したときに，つねに念頭においておかなければならないことは，**すでに証明済みの場合の結果を次の場合に利用できないか**ということである．すなわち，場合1の結果を利用して場合2を証明し，場合2の結果を利用して場合3を証明し，…というふうに証明を階層的につくりあげることがしばしばできるからである．

　このような階層的場合分けは，**山登り法**と呼ばれている．この方法による解答は，一般にきわめてエレガントなものになる．というのは，やさしい場合だけ証明し，残りの一見難しそうな場合はすべてやさしい場合に帰着させてしまうので，実質的に何ら難しい部分の処理はしないですむことになるからである．

例題 1

　実数列 $\{a_n\}$ はすべての $n \geq 1$ に対して

$$(2-a_n)a_{n+1} = 1 \qquad \cdots (*)$$

を満たしている．このとき，初項 a_1 がいかなる値であろうとも，ある k が存在して $0 < a_k \leq 1$ であることを示せ．

考え方

　一般項 a_n を求めてから，題意を示すのは得策ではない．a_1 の値に関して，場合分けして，やさしい場合から片づけていくというのが5, 6章の戦略である．

その戦略に従う．

解答

［場合 (i)］ $0 < a_1 \leqq 1$ のとき，自明．
［場合 (ii)］ $a_1 \leqq 0$ のとき，(∗) より $0 < a_2 = \dfrac{1}{2-a_1} < 1$ になる．
［場合 (iii)］ $a_1 > 2$ のとき，$a_2 = \dfrac{1}{2-a_1} < 0$ となり，また $0 < a_3 = \dfrac{1}{2-a_2} < 1$ になる．
［場合 (iv)］ $1 < a_1 \leqq 2$ のとき．

半開区間 $I = (1, 2]$ を無数の半開区間 I_m $(m = 2, 3, \cdots)$ に分割する：$I_m = \left(\dfrac{m+1}{m}, \dfrac{m}{m-1}\right]$，すなわち，$I = I_2 \cup I_3 \cup \cdots$．

よって，a_1 を含むある区間 I_m $(m \geqq 2)$ が存在する．

$$\frac{m+1}{m} < a_1 \leqq \frac{m}{m-1}$$

［場合 (iv) の 1］ $a_1 = \dfrac{m}{m-1}$ のとき．$a_2 = \dfrac{1}{2-a_1}$ より

$$a_2 = \frac{m-1}{m-2}$$
$$\vdots$$
$$a_{m-1} = \frac{2}{1} = 2$$

となって，a_m が定義不能になってしまうので，

$$a_1 = \frac{m}{m-1} \quad (m \geqq 2)$$

ということはあり得ない．

［場合 (iv) の 2］ $\dfrac{m+1}{m} < a_1 < \dfrac{m}{m-1}$ $(m \geqq 2)$ のとき．
2 からこの不等式の各辺をおのおの減ずると，

$$2 - \frac{m}{m-1} = \frac{m-2}{m-1} < 2 - a_1 < 2 - \frac{m+1}{m} = \frac{m-1}{m}$$

が成り立つ．

各数の逆数をとると，

$$\frac{m}{m-1} < \frac{1}{2-a_1} = a_2 < \frac{m-1}{m-2}$$

が成り立つ．

すると，帰納法によって
$$\frac{m-i+2}{m-i+1} < a_i = \frac{1}{2-a_{i-1}} < \frac{m-i+1}{m-i}$$
が示せる．

したがって，$i=m-1$ を代入して，$\frac{3}{2} < a_{m-1} < \frac{2}{1}$ を得る．

するとこの時，漸化式（*）より $a_m > 2$ となる．

$a_m > 2$ の場合は [場合 (iii)] に帰着するから，$a_{m+1} < 0$ となり，$0 < a_{m+2} < 1$ を得る．以上，[場合 (i)]–[場合 (iv)] で，すべての場合が尽くされた． □

例題 2

f は有理数上で定義された実数値関数とする．すべての有理数 x, y に対して，次の等式を満たすとする．
$$f(x+y) = f(x) + f(y) \quad \cdots (*)$$
このとき，すべての有理数 x に対して $f(x) = f(1) \cdot x$ …(☆) であることを証明せよ．

考え方

さて，性質（*）を満たす関数は何だろうか．すべての実数に関して，これが成り立つ関数の例として，
$$f(x) = cx \quad (c は定数)$$
を容易に思いつく．

有理数を $\frac{m}{n}$（m, n は整数）とおいて考えよう．

まず簡単な場合，x が正の整数の場合から手はじめにやってみるとよい．

解答

[場合 (i)] x が正整数のとき．

$x = k$（正整数）のとき，$f(k) = f(1) \cdot k$ が成り立つと仮定する．

すると $x = k+1$ のとき，この式は，

$$f(k+1) = f(k) + f(1) = f(1) \cdot k + f(1) = f(1)(k+1)$$

となり,このとき (☆) が成り立つ.

よって,帰納法によりすべての正整数について (☆) が成り立つ.

[場合 (ii)] x が正でない整数のとき.

場合 a:$x = 0$ の場合

(∗) より,

$$f(0) = f(0+0) = f(0) + f(0).$$

よって,$f(0) = 0 = f(1) \cdot 0$.

場合 b:$x = -1$ の場合

$0 = 1 + (-1)$ だから,(∗) より

$$f(0) = f(1 + (-1)) = f(1) + f(-1) = 0.$$

よって $f(-1) = -f(1) = f(1) \cdot (-1)$ となって $x = -1$ の場合も (☆) が成り立つ.

同様にすべての正整数 n に対して,(∗) より

$$f(n) + f(-n) = f(n + (-n)) = f(0) = 0$$

なので,$f(-n) = -f(n) = -n \cdot f(1) = f(1) \cdot (-n)$ が成り立つ.

[場合 (iii)] x が正整数の逆数のとき.すなわち,$x = \dfrac{1}{n}$ (n は正整数) のとき.

(∗) より,

$$\begin{aligned}
f(1) &= f\Big(\overbrace{\tfrac{1}{n} + \tfrac{1}{n} + \cdots + \tfrac{1}{n}}^{n\,\text{個}}\Big) \\
&= f\Big(\tfrac{1}{n}\Big) + f\Big(\tfrac{1}{n}\Big) + \cdots + f\Big(\tfrac{1}{n}\Big) \\
&= n \cdot f\Big(\tfrac{1}{n}\Big) \\
\therefore\ f\Big(\tfrac{1}{n}\Big) &= \tfrac{1}{n} f(1).
\end{aligned}$$

よって,すべての正整数の逆数に対して (☆) が成り立つ.

次に x が負の整数の逆数のとき，$x = -\dfrac{1}{n}$（n は正整数）とおく．（＊）より

$$f\left(\dfrac{1}{n}\right) + f\left(-\dfrac{1}{n}\right) = f\left(\dfrac{1}{n} + \left(-\dfrac{1}{n}\right)\right) = f(0) = 0$$

となる．よって，

$$f\left(-\dfrac{1}{n}\right) = -f\left(\dfrac{1}{n}\right) = -\dfrac{1}{n} \cdot f(1)$$

となって，負の整数の逆数に対しても（☆）が成り立つ．

[場合 (iv)] x が有理数のとき，すなわち，$x = \dfrac{m}{n}$（m：正整数，n：整数）のとき．

$$f\left(\dfrac{m}{n}\right) = f\left(\dfrac{1}{n} + \cdots + \dfrac{1}{n}\right) = \underbrace{f\left(\dfrac{1}{n}\right) + \cdots + f\left(\dfrac{1}{n}\right)}_{m \text{ 個}} = m \cdot f\left(\dfrac{1}{n}\right) = \dfrac{m}{n} \cdot f(1)$$

となり，すべての有理数に対して，（☆）が成り立つ． □

例題 3

(1) 6 人が集まれば，その中には必ず互いに知り合いである 3 人がいるか，あるいは，互いに知り合いでない 3 人がいるかのいずれか，少なくとも一方が成り立つことを証明せよ．

　　ただし，「3 人が互いに知り合いである」とは，その中でどの 2 人も互いに知り合いであることを意味する．

(2) 9 人が集まれば，その中には必ず互いに知り合いである 4 人がいるか，あるいは，互いに知り合いでない 3 人がいるかのいずれか，少なくとも一方が成り立つことを証明せよ．

　　ただし，「4 人が互いに知り合いである」とは，その中のどの 2 人も互いに知り合いであることを意味する．

考え方

　(1) の結果をうまく利用して (2) を解く，となるとまず，9 人のうちの「ある 6 人」に着目することを考える．

　また，知り合い関係を視覚的にとらえることができるよう，6 人（9 人）を 6 個（9 個）の点で表し，互いに知り合いである 2 人に該当する 2 点を実線で，互いに知り合いでない 2 人に該当する 2 点を破線で結ぶことにより，得られる**グラ**

フ（点と線から成る図形）を利用する．このとき示すべき事実は，次のように言い換えられる．

(1)′ 円周上に6点を配置し，各点どうしを実線または破線で任意に結んだとき，実線からなる三角形が存在するか，あるいは，破線からなる三角形が存在するかの少なくとも一方が成り立つ（図1）．

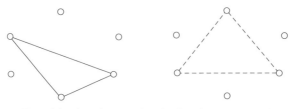

図1（左：知り合いの3人，右：知り合いでない3人）

(2)′ 円周上に9点を配置し，各点どうしを実線または破線で任意に結んだとき，実線からなる，2本の対角線も実線の四角形（以後，このような四角形を**完全四角形**とよぶ）が存在するか，あるいは，破線からなる三角形が存在するかの少なくとも一方が成り立つ（図2）．

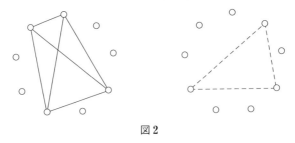

図2

次に，(2)でまず着目すべき6点（6人）をどのように選べばよいかを考えてみよう．

(1)の事実より，いかなる6点に着目しても，実線からなる三角形か，または，破線からなる三角形が存在するのであるが，後者の場合には題意が示せていることになる．前者の場合，実線（図3では太線部分）からなる三角形の3頂点のすべてと，実線（図3では細実線）で結ばれている点が存在すれば（(1)を考慮すれば，そのような点を◌の外に期待すべきである）よいのであるが，◌内のどの3点が「実線三角形の3頂点」となるかはわからないので，◌内のどの6

点とも実線で結ばれている点が存在すれば十分である．そこで，(場合イ) として，実線分が 6 本出ている点が存在するとき，その実線分の行先である 6 点に着目する．次に，「どの点からも実線は 5 本以下しか出ていない場合」が残された場合 (場合 2 と場合 3) となるが，この場合についても，さらに，「簡単な場合」から処理する．

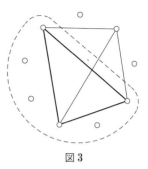

図 3

解答

(以下では，前述の**考え方**で解説したグラフを用いる．)

(1) 6 点のうちの任意の 1 点 (A とする) に着目する．その点から出ている (実，破) 線分は全部で 5 本あり，そのうち実線分または破線分の少なくとも一方は，3 本以上ある．一般性を失うことなく，点 A から実線分が 3 本以上出ているものとし[2]，そのうちの 3 本の A 以外の端点である 3 点 (B, C, D とする) に着目する (図 4)．

BC, CD, BD のうち，少なくとも 1 本 (例えば，BC) が実線分であるとすると，実線からなる三角形 ABC が存在する (図 5)．また，BC, CD, BD のすべてが破線ならば，破線からなる三角形 BCD が存在する (図 6)． □

(2) (場合 1) ある点から実線が 6 本以上出ているとき：

6 本 (以上) の実線分が出ている点 (複数個あったらそのうちの 1 点) を A，また A から出ている実線分のうちの 6 本の，A 以外の端点である 6 点を B, C,

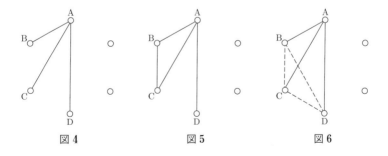

図 4 図 5 図 6

---

[2] 破線が 3 本以上出ている場合には，以後の議論において，「実線」を「破線」に，「破線」を「実線」にそれぞれ書き換えることにより，まったく同様に題意が示せるという，議論の**対称性**に基づいている．

D, E, F, G とする（図7）．6点 B, C, D, E, F, G に着目する．(1)の結果より，これら6点 (B–G) のある3点を頂点とする

　（ア）破線からなる三角形が存在する．

または，

　（イ）実線からなる三角形が存在する．

のいずれかが成り立っている．（ア）の場合には題意がみたされている（図8）．また，（イ）の場合には，実線の三角形を形成する3本の実線分，およびその三角形の3頂点とAを結ぶ3本の実線分によって，完全四角形が形成される（図9）．

　残されている場合は「どの点からも実線が5本以下しか出ていない場合」，すなわち，「どの点からも破線が3本以上出ている場合」である．さらに，2つの場合に分ける．

(場合2) ある点から破線が4本以上出ているとき：

　4本（以上）の破線分が出ている点（複数個あったら，そのうちの1点）をA，また，Aから出ている破線分のうちの4本の行き先を B, C, D, E とする（図10）．この4点を結ぶ線分のうち，1本でも破線分があれば，その破線分および，その破線分の両端のそれぞれとAを結ぶ2つの破線分とで三角形を形成する（図11）．

　B, C, D, E を結ぶ線分がすべて実線分ならば，実線分からなる完全四角形が存在する（図12）．

(場合3) どの点からも破線が3本（したがって実線が5本）出ているとき：

　このようなことが，ありえないことが以下のようにして示せる．9つの点を A, B, …, I とする．

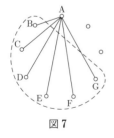
図7

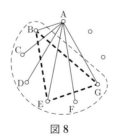
図8

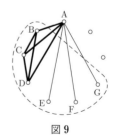
図9

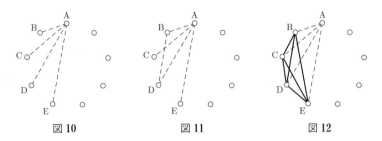

図10　　　　　図11　　　　　図12

(Aから出ている破線分の本数) + (Bから出ている破線分の本数)

+ ⋯ + (Iから出ている破線分の本数)

= 2 × (破線分の総数)

右辺に2を掛けてあるのは，例えば，線分ABが破線分のときに，左辺において，線分ABが2回数えられているためである．右辺は偶数であるから左辺も偶数とならなければならない．

ところが，どの点からも破線が3本出ているとすると，(左辺) = 3 × 9 = 27 の奇数であり矛盾する．

よって，(場合3)のようなことはありえない．以上により，すべての場合について題意は示された． □

7 対称性の利用

　その問題の特徴や本質を捉えない限り，的を射たエレガントな解法にはなり得ない．自然界の事象の中には何らかの意味で「対称性」と関連があることが多い．問題攻略におけるテクニックの1つに，「その問題に潜む対称性を見出し，その事実を活用して首尾よく問題を解決する」がある．上述のテクニックをより具体的に述べると次のようなものがある：

1. 対称式の効果的な処理

　n 個の文字 $x_1, x_2, \cdots, x_n$ についての整式 $F(x_1, x_2, \cdots, x_n)$ において，どの2文字を交換しても初めの整式に等しいとき，この整式は，これらの文字について**対称式**であるという．

　n 個の文字 $x_1, x_2, \cdots, x_n$ に関する対称式のうち，次の n 個の式を**基本対称式**という．

$$S_1 = x_1 + x_2 + \cdots\cdots + x_n$$
$$S_2 = x_1 x_2 + x_1 x_3 + \cdots\cdots + x_2 x_3 + \cdots\cdots + x_{n-1} x_n$$
$$S_3 = x_1 x_2 x_3 + x_1 x_2 x_4 + \cdots\cdots + x_{n-2} x_{n-1} x_n$$
$$\vdots$$
$$S_n = x_1 x_2 x_3 \cdots\cdots x_n$$

　$F(x_1, x_2, \cdots, x_n)$ が n 個の文字 $x_1, x_2, \cdots, x_n$ に関する対称式であるなら，F は基本対称式 $S_1, \cdots, S_n$ の整式（$S_1, S_2, \cdots, S_n$ を加・減・乗して得られる式）で表される．

2. 対称性の導入

(a) 対称性を考慮して座標を導入したり，図形の線対称を見出し，その線に関し折り返したりする．

(b) 対称性を利用することによって，考慮すべき場合の数や領域を絞り込む．

3. 対称性の活用

(c) 方程式や不等式が複数個の変数を含み，それらの変数に関して対称であるとき，未知数の間に大小関係を意図的に導入する．

(d) 関数 $f(x)$ とその逆関数 $f^{-1}(x)$ を扱うときは，それらのグラフが直線 $y=x$ に関して線対称であることに着目して処理する．

(e) 3次関数は，そのグラフが変曲点（グラフの凹凸の変わり目の点のこと）に関して点対称であることに着目して処理する．

例題1 （碁石置きゲーム）

2人で行うゲームである．ある一定の面積をもつ円形のもの（例えばお盆）を1つと，碁石をたくさん用意する．ジャンケンで先手，後手を決め，交互に，先手は黒，後手は白の碁石をお盆の上に置いていく．お盆の外やふちの上には置いてはいけないも

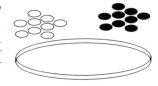

のとする．スペースがなくなり，碁石が置けなくなった方を負けとする（当然，すでに置いてある碁石を動かしてはいけない）．このゲームは先手必勝である．どのようにすれば先手が勝てるのか，その方法を述べよ．

考え方

円は中心点に関して点対称な図形であることを活用せよ．

解答

まず先手は，お盆の中心に碁石を置く．次に後手がどこか好きな位置（この位置をWとよぶことにする）に碁石を置く．それがどこの位置であろうと，お盆の中心に関してWと点対称な位置（この位置をBとよぶ）は，必ず碁石1個分を置けるスペースが空いている．よって，次にそこに先手は碁石を置けばよい．先手は，後手が石を置いた位置の中心に関して点対称な

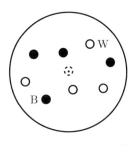

位置に石を置くという操作をただひたすら繰り返せばよい．お盆上はしだいに碁石でいっぱいになっていく．先手は次の碁石を置くスペースが必ず確保されているので，絶対に負けない．ということは，いつかは後手が碁石を置くスペースが

なくなって，結局，先手が勝つことになる． □

例題 2

次の式を基本対称式の整式で表せ．
$$x^3 + y^3 + z^3 - 3xyz$$

解答

与式は，x, y, z に関する 3 次の対称式である．したがって，3 次の基本対称式 $x+y+z, xy+yz+zx, xyz$ の整式で表せる．すなわち，

与式 $= \underbrace{A(x+y+z)^3}_{3次} + \underbrace{B(x+y+z)(xy+yz+zx)}_{3次} + \underbrace{Cxyz}_{3次}$
$+ \underbrace{D(xy+yz+zx)}_{2次} + \underbrace{E(x+y+z)^2}_{2次} + \underbrace{F(x+y+z)}_{1次} + \underbrace{G}_{0次\,(=定数)}$

と書ける．しかし，与式には 3 次の項しかないことから，2 次以下の基本対称式の整式を考える必要はない．よって，

与式 $= x^3 + y^3 + z^3 - 3xyz$
$ = a(x+y+z)^3 + b(x+y+z)(xy+yz+zx) + cxyz \quad \cdots (*)$

とおくことができる．ここで，x^3, x^2y, xyz の両辺の係数を比較すると，

$$\begin{cases} 1 = a \\ 0 = 3a + b \\ -3 = 6a + 3b + c \end{cases}$$

この連立方程式を解くと，$a = 1, b = -3, c = 0$．以上より，

$$x^3 + y^3 + z^3 - 3xyz = (x+y+z)^3 - 3(x+y+z)(xy+yz+zx)$$
$\hfill \cdots (答)$

別解

$(*)$ は，x, y, z の恒等式であるから，x, y, z がどんな値をとっても $(*)$

は成り立つ.そこで,(∗) に $(x, y, z) = (1, 1, 1), (1, 1, 0), (1, 0, 0)$ を代入してみると,

$$0 = 27a + 9b + c, \quad 2 = 8a + 2b, \quad 1 = a$$

これを解いて(答)を得る. □

例題 3 (三角ビリヤード台問題)

右図のような直角二等辺三角形 AOB(ただし,AO = BO = 1m とする)の形をした変形ビリヤード台がある.A からある方向に玉を打ち出したら,三角形の各辺にそれぞれ 1 回ずつ完全反射(図の同じ記号で表された角の大きさが等しいという意味)をして,ちょうど B に到着した.さて,この玉がころがった距離は何 m か?

(名古屋大・改題)

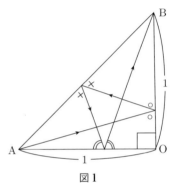

図1

考え方

玉がころがった経路が折れ線になっているから,わかりにくい.そこで,玉が各辺で完全反射することを利用して,各辺に対して線対称な図形を考えてみよう.すると,折れ線状の経路が直線になって,わかりやすくなる.

解答

A から打ち出された玉は辺 BO, AB, AO のそれぞれに,この順で完全反射する.折れ線状の経路を直線になおすために,辺 OB に関して △AOB と対称な三角形を描き,それを △A′OB とする.次に辺 A′B に関して △A′OB と対称な三角形を描き,それを △A′O′B とし,さらに辺 A′O′ に関して △A′O′B と対称な三角形を描き,それを △A′O′B′ とする(図2).このようにしてできた平行四辺形 AA′B′B の対角線 AB′ を 3 辺 O′A′, A′B, BO を折り目として折りたたんだときの折れ線が,玉の経路になる.その経路の長さを d とすると,三平方の定理より,

7. 対称性の利用　　47

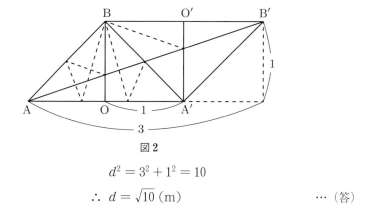

図 2

$$d^2 = 3^2 + 1^2 = 10$$
$$\therefore d = \sqrt{10}\,(\mathrm{m}) \qquad \cdots (\text{答})$$

例題 4

$abc = a+b+c$ をみたす正の整数 a, b, c をすべて求めよ.

(東京女子大・改題)

解答

$$abc = a+b+c \qquad \cdots ①$$

この不定方程式が a, b, c に関して対称だから, 次のように**大小関係を導入して**考える.

$$1 \leqq a \leqq b \leqq c \qquad \cdots ②$$

すると,

$$c \leqq abc = a+b+c \leqq 3c \qquad \cdots ③$$

$$\therefore c \leqq abc \leqq 3c$$

$$\therefore 1 \leqq ab \leqq 3$$

よって, $ab = 1, 2, 3$ のいずれかである.

(i) $ab = 1$ のとき

　②より　$a = b = 1$

　①より　$c = 2+c$

よって，この場合は起こり得ない．
(ii) $ab = 2$ のとき
   ②より　$a = 1, b = 2$
   ①より　$2c = 3 + c$　　∴ $c = 3$
これは②をみたす．
(iii) $ab = 3$ のとき
   ②より　$a = 1, b = 3$
   ①より　$3c = 4 + c$　　∴ $c = 2$
だが，これも②をみたさない．

以上より，②の仮定のもとでは
$$a = 1, \quad b = 2, \quad c = 3$$
のみである．

よって，求める答えは a, b, c の順列を考えて次のようになる．
$$(a, b, c) = (1, 2, 3), (1, 3, 2), (2, 1, 3), (2, 3, 1),$$
$$(3, 1, 2), (3, 2, 1) \quad \cdots \text{(答)}$$

例題 5

$f(x) = x^3 + a$ とする．曲線 $y = f(x)$ は直線 $y = x$ と第 1 象限で接している．

(1) 接点の座標と a の値を求めよ．
(2) $y = f(x)$ の逆関数を $y = g(x)$ とする．曲線 $y = f(x)$ と $y = g(x)$ の (1) で求めた接点以外の交点を求め，それら 2 曲線の概形を同じ xy 平面上に書け．
(3) (2) の 2 曲線で囲まれた図形の面積を求めよ．

考え方

一般に，ある関数 $y = F(x)$ とその逆関数 $y = G(x)$ のグラフを平面上に図示すると，$y = G(x)$ のグラフは $y = F(x)$ のグラフを直線 $y = x$ に関して折り返した図形になる（図 3 参照）．

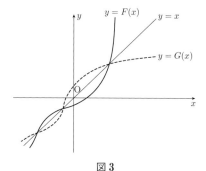

図 3

このことから，$y = f(x)$ の逆関数を具体的な形で表す必要がないことがわかるだろう．

解答

(1) $y = f(x)$ と直線 $y = x$ の第 1 象限における接点の座標を P(t, t) とおく $(t > 0)$．$y = f(x)$ が $y = x$ に点 P で接するための必要十分条件は，
「$f(t) = t$ かつ $f'(t) = 1$」

$$\therefore \text{「} t^3 + a = t \cdots \text{①} \quad \text{かつ} \quad 3t^2 = 1 \cdots \text{②}\text{」}$$

②より

$$t = \frac{\sqrt{3}}{3} \quad (\because t > 0)$$

①に代入して

$$a = \frac{2\sqrt{3}}{9} \quad \cdots \text{(答)}$$

以上より，接点 P の座標は，

$$\text{P}\left(\frac{\sqrt{3}}{3}, \frac{\sqrt{3}}{3}\right) \quad \cdots \text{(答)}$$

(2) $y = f(x)$ と $y = g(x)$ のグラフは，直線 $y = x$ に関して対称であるから，まず，$y = f(x)$ のグラフを描き，$y = g(x)$ のグラフは，そのグラフを $y = x$ に関して折り返したものとして描けばよい．

$$f(x) = x^3 + \frac{2\sqrt{3}}{9}$$
$$f'(x) = 3x^2 \geqq 0 \quad \text{より単調増加.}$$

$y = f(x)$ と $y = x$ の交点の x 座標について, $x^3 + \frac{2\sqrt{3}}{9} = x$ より

$$x^3 - x + \frac{2\sqrt{3}}{9} = 0 \quad \therefore \ \left(x - \frac{\sqrt{3}}{3}\right)^2 \left(x + \frac{2\sqrt{3}}{3}\right) = 0$$

(注) このように因数分解できることは, (1) で見たように $y = f(x)$ と $y = x$ が, $x = \frac{\sqrt{3}}{3}$ で接することがわかっていることから, $\left(x - \frac{\sqrt{3}}{3}\right)^2$ という因数をもつことがわかるからである.

よって, 接点以外の交点は

$$\left(-\frac{2\sqrt{3}}{3}, -\frac{2\sqrt{3}}{3}\right) \quad \cdots \text{(答)}$$

2 曲線の概形は図 4 右のようになる.

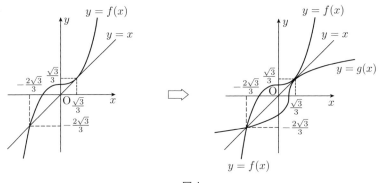

図 4

(3) 求める面積 S は $y = f(x)$ と $y = x$ とで囲まれた図形の面積の 2 倍に等しい.

$$S = 2\int_{-\frac{2\sqrt{3}}{3}}^{\frac{\sqrt{3}}{3}} (f(x) - x)\,dx$$

$$= 2\int_{-\frac{2\sqrt{3}}{3}}^{\frac{\sqrt{3}}{3}} \left(x - \frac{\sqrt{3}}{3}\right)^2\left(x + \frac{2\sqrt{3}}{3}\right)dx$$

$$= 2\int_{-\frac{2\sqrt{3}}{3}}^{\frac{\sqrt{3}}{3}} \left(x - \frac{\sqrt{3}}{3}\right)^2\left\{\left(x - \frac{\sqrt{3}}{3}\right) + \sqrt{3}\right\}dx$$

$$= 2\int_{-\frac{2\sqrt{3}}{3}}^{\frac{\sqrt{3}}{3}} \left\{\left(x - \frac{\sqrt{3}}{3}\right)^3 + \sqrt{3}\left(x - \frac{\sqrt{3}}{3}\right)^2\right\}dx$$

$$= 2\left[\frac{1}{4}\left(x - \frac{\sqrt{3}}{3}\right)^4 + \frac{\sqrt{3}}{3}\left(x - \frac{\sqrt{3}}{3}\right)^3\right]_{-\frac{2\sqrt{3}}{3}}^{\frac{\sqrt{3}}{3}}$$

$$= 2\left[-\left\{\frac{1}{4}(-\sqrt{3})^4 + \frac{\sqrt{3}}{3}(-\sqrt{3})^3\right\}\right]$$

$$= -2\cdot\left(\frac{9}{4} - 3\right) = \frac{3}{2} \qquad \cdots \text{(答)}$$

（注）$x - \frac{\sqrt{3}}{3} = X$ とおいて，

$$S = 2\int_{-\frac{2\sqrt{3}}{3}}^{\frac{\sqrt{3}}{3}} \left(x - \frac{\sqrt{3}}{3}\right)^2\left(x + \frac{2\sqrt{3}}{3}\right)dx$$

$$= 2\int_{-\sqrt{3}}^{0} X^2(X + \sqrt{3})\,dX$$

$$= 2\left[\frac{X^4}{4} + \frac{\sqrt{3}}{3}X^3\right]_{-\sqrt{3}}^{0} = \cdots$$

と計算すると少し楽になる．

8 動点固定法

　複数のものが一斉に動きまわるとき，それらの動きを同時に分析することは一般には難しい．例えば，日の出とともに飛び立つ鳥の群の中の個々の鳥の動きや，渋谷のスクランブル交差点を横断する何人もの人の動きを正確に分析するのは困難である．われわれは小学校から現在に至るまで，動きを分析するためのさまざまな方法を学んできたのだが，技巧の複雑さに関して程度の差こそあれ，それらは実は類似している．この事実を確認するために"2つのものが勝手に動きまわるとき，または，2つの場所で変化が同時に起きるとき，それらの動きに対処する方法"を，小・中・高・大学レベルの順に復習してみよう．

[小学生の問題] 一辺の長さ4の正方形の中に，直径2の円が2つ配置してある（図1）．それら2つの円が勝手に正方形内を動きまわるとき，2つの円の中心点の通過する範囲を図示しなさい．（東大寺中（改））

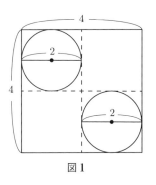

図1

　まず，1つの円を正方形の片隅に固定し，次にもう1つの円を動かしてみる（図2）．このような技法を**動点固定法**とよぶ．さらに，正方形の対称性に注目し，固定する円を4つある隅のどこに配置するかを考慮すれば，図3の斜線部図形が答になることがわかる．

[中学生の問題] x が実数全体を動くとき，$y = x^2 - 4x + 5 \cdots$ ① の最小値を求めよ．

　この問題を解決するためには，$y = x^2 - 4x + 5 = (x-2)^2 + 1$ と平方完成する．すると，任意の実数 x に対して $(x-2)^2 \geqq 0$ であり，かつ，等号成立は $x = 2$ のときに限るから，$x = 2$ のとき y は最小値 1 をとるとした．これは，

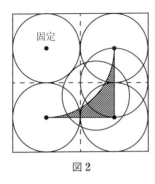
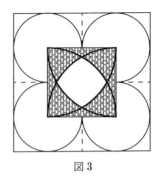

図2　　　　　　　　　図3

x が変化するとき，①の右辺においては x^2 と $-4x$ の $\overset{\cdot}{2}$ つの項が変化するので，動くもの（項）を $\overset{\cdot}{1}$ つに絞るために，平方完成という平易だが強力な変形を用いたのであった（これが平方完成のココロである）．

[高校生の問題] x が $0 \leqq x < 2\pi$ を変化するとき，$y = \sin x + \cos x \cdots$ ② の最大値，最小値を求めよ．

この問題を解決するためには，$y = \sin x + \cos x = \sqrt{2}\sin(x + \pi/4)$ と単振動の合成をし，これより，y の最大値，最小値はそれぞれ $x = \pi/4, 5\pi/4$ のときに達成され，その値は $\sqrt{2}, -\sqrt{2}$ であるとした．これも x が変化するとき，②の右辺にある $\sin x$ と $\cos x$ の $\overset{\cdot}{2}$ つが変化するので，動くもの（項）を $\overset{\cdot}{1}$ つにするために，**単振動の合成**という変形を施したのであった．

次の問題に対する解法は，大学では偏微分法とよばれているものだが，高校生たちは**予選・決勝法**（9章参照）とよんでいる．ここでは，予選・決勝法を用いて次の問題を解いてみることにしよう．

[大学生の問題] x, y が $0 \leqq x \leqq 1, 0 \leqq y \leqq 1$ を変化するとき，$z = 2x^2 - 2xy + y^2$ の最小値を求めよ．

x を x_0（$0 \leqq x_0 \leqq 1$）で固定する（定数とみなす）と，

$$z = y^2 - 2x_0 y + 2x_0^2 = (y - x_0)^2 + x_0^2$$

となり，z は y の1変数関数とみなせる．$y = x_0$ のとき z は最小となり，その値は x_0^2 である．次に，固定していた x_0 をその変域内（$0 \leqq x_0 \leqq 1$）で動かし，$z = x_0^2$ の最小値を求めることにより，z の最小値は 0 であるとする．

上述の4つの問題に対する解法は，表面的には異なるが，"2つ以上のもの（または2箇所以上）が動くときは，上手に工夫して動くものを1個（または1箇所）に絞って分析する" という点で共通している．本章では，まず，動点固定法について学ぶ．

例題1

xyz 空間の中の2点 A(1, 0, 1), B(-1, 0, 1) を結ぶ線分を L とし，xy 平面における円 $x^2+y^2 \leqq 1$ を D とする．点 P が L 上を動き，点 Q が D を動くとき，線分 PQ が動いてできる立体を H とする．平面 $z=t$ ($0 \leqq t \leqq 1$) による立体 H の切口 H_t の面積 S_t と，H の体積 V を求めよ．　　　　（東北大）

考え方

まず，題意の立体の概形，または，ある軸に関して垂直な平面による切り口の図形を調べる．2点 P, Q が独立に動くことから，まず，一方を固定し，他方だけを動かしてみよ．

解答

原点を O とする．P(p, 0, 1)（$-1 \leqq p \leqq 1$）を固定し，Q を D 上で動かすとき，線分 PQ が動いてできる立体は，P を頂点，D を底面とする円すい（の内部および面上）である（図4右）．

平面 $z=t$ ($0 \leqq t \leqq 1$) によるこの円すいの切り口は OP を $t:1-t$ に内分する点 (pt, 0, t) を中心とする半径 $1-t$ の円板であり，その xy 平面への正射影

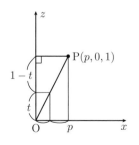 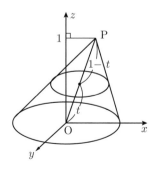

図4

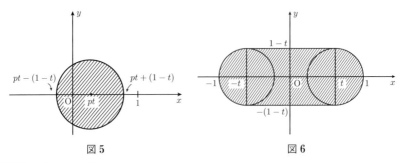

図5　　　　　　　　　　　図6

は図5のようになる．

　立体 H の $z = t$ による切り口 H_t は，p を $-1 \leqq p \leqq 1$ で動かすときこの円板が通過する部分であるから，その xy 平面への正射影は図6の斜線部（境界を含む）のようになる．

$$\begin{aligned} S_t &= \pi(1-t)^2 \cdot \frac{1}{2} \cdot 2 + 2t \cdot 2(1-t) \\ &= \pi(1-t)^2 + 4(t-t^2) \end{aligned} \quad \cdots (答)$$

よって，

$$\begin{aligned} V &= \int_0^1 S_t \, dt \\ &= \int_0^1 \{\pi(1-t)^2 + 4(t-t^2)\} \, dt \\ &= \left[-\frac{\pi}{3}(1-t)^3 + 2t^2 - \frac{4}{3}t^3\right]_0^1 = \frac{\pi + 2}{3} \quad \cdots (答) \end{aligned}$$

例題2

　xy 平面上で，放物線 $y = x^2$ 上に2定点 A(a, a^2), B(b, b^2) $(a < b)$ があり，弧 AB（端点を除く）上に2動点 P(p, p^2), Q(q, q^2) がある．ただし，$p < q$ とする．四角形 APQB の面積の最大値を求めよ．

解答

　放物線 $y = x^2$ を C とする．P を固定して Q だけを動かすとき，四角形 APQB の面積が最大になるのは，△PQB の面積が最大になるときである．辺 PB の長さは一定だから，△PQB の面積が最大になるのは，辺 PB を底辺と見たときの

高さが最大になるとき，すなわち，

$$\text{Qにおける放物線の接線がBPと平行} \quad \cdots \text{①}$$

になるとき（図7）である．同様に，Qを固定してPだけを動かすとき，四角形APQBの面積が最大になるのは，

$$\text{Pにおける放物線の接線がAQと平行} \quad \cdots \text{②}$$

になるときである．そこで，①と②が同時にみたされる（図8）ように p, q を定めることを考える（p, q のそれぞれを a と b で表すこともできるが，以下の議論では，最終的な計算で必要になる $p-a, q-p, b-q$ を a と b で表すことを考えている）．

$y = x^2$ のとき $y' = 2x$ だから，Qにおける C の接線の傾きは $2q$ であり，また，BPの傾きは $\dfrac{p^2 - b^2}{p - b}$ だから，①は $2q = p + b$ と表せる．よって，$q - p = b - q$．

同様に，②は $2p = q + a$ と表せるので，$p - a = q - p$．

これらと $(p-a) + (q-p) + (b-q) = b - a$ より，

$$p - a = q - p = b - q = \frac{b-a}{3} \quad \cdots \text{③}$$

$\overrightarrow{\mathrm{AP}} = (p-a, p^2 - a^2)$, $\overrightarrow{\mathrm{AQ}} = (q-a, q^2 - a^2)$ より

$$S_{\triangle \mathrm{APQ}} = \frac{1}{2} \left| (p-a)(q^2 - a^2) - (q-a)(p^2 - a^2) \right|$$
$$= \frac{1}{2}(p-a)(q-a)(q-p) = \frac{1}{27}(b-a)^3$$

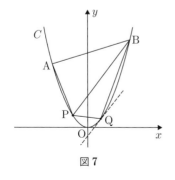

図7

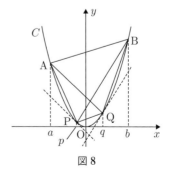

図8

同様に

$$S_{\triangle ABQ} = \frac{1}{9}(b-a)^3$$
$$\therefore S_{APQB} = \left(\frac{1}{9} + \frac{1}{27}\right)(b-a)^3 = \frac{4}{27}(b-a)^3 \qquad \cdots \text{(答)}$$

例題 3

空間内の点 O に対して，4 点 A, B, C, D を

$$OA = 1$$
$$OB = OC = OD = 4$$

をみたすようにとるとき，四面体 ABCD の体積の最大値を求めよ． （東京大）

解答

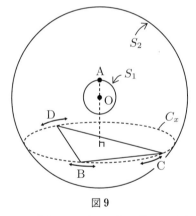

図 9

点 O を中心とする半径 1 の球面を S_1，半径 4 の球面を S_2 とする．点 A は S_1 上を，点 B, C, D は球面 S_2 上を，それぞれ独立に動く（図 9）．また，O から平面 BCD へ至る距離を x とすると，x のとり得る値の範囲は，

$$0 \leqq x \leqq 4 \qquad \cdots \text{①}$$

まず，x を①の範囲内に固定し，さらに O からの距離が x である平面と S_2 の交線（C_x とする）上に 3 点 B, C, D を固定する．このもとで A を S_1 上で動かしたとき，四面体 ABCD の体積が最大となるのは，
「△BCD を四面体の底面とみたときの「高さ」に相当する AH が最大となるとき（ただし，H は A から平面 BCD へ下ろした垂線の足）」
である．これは，線分 AH 上に O が来るときであり（図 10），このとき AH = $1 + x$ となる．

次に x を固定したままで，点 B, C, D を C_x 上で動かすことによって，x を固定した下での四面体 ABCD の体積を最大にすることを考える．高さ AH は変化

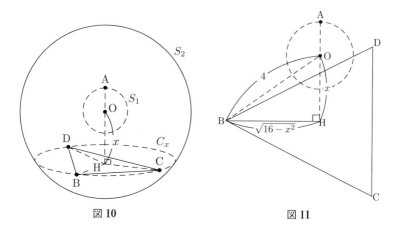

図 10   図 11

しないので,底面積 △BCD を最大にすることを考える.そのような △BCD は正三角形である(なぜなら,円に内接する面積最大の三角形は正三角形である).

図 11 より

$$\mathrm{BH} = C_x \text{ の半径} = \sqrt{16-x^2}$$

であるから,

$$\triangle \mathrm{BCD} = \frac{3\sqrt{3}}{4}(16-x^2)$$

である.

よって,固定された x の値に対して,四面体 ABCD の体積の最大値は,

$$\frac{1}{3} \times \frac{3\sqrt{3}}{4}(16-x^2)(x+1)$$
$$= \frac{\sqrt{3}}{4}(16-x^2)(x+1)$$

最後に,x を $0 \leqq x \leqq 4$ の範囲で変化させる.

$$U(x) = (16-x^2)(x+1) \quad (0 \leqq x \leqq 4)$$

とおくと,

$$\begin{aligned}U'(x) &= -2x(x+1)+(16-x^2)\\ &= -3x^2-2x+16\\ &= -(x-2)(3x+8)\end{aligned}$$

これより，次の増減表を得る．

x	0	$\cdots$	2	$\cdots$	4
$U'(x)$		+	0	−	
$U(x)$	0	↗	最大	↘	0

よって，四面体 ABCD の体積の最大値は，$\dfrac{\sqrt{3}}{4}U(2)=9\sqrt{3}$ … （答）

9 予選・決勝法

　ある条件をみたす最良（または最大や最小）のものを選ぶ方法の1つに**予選・決勝法**がある．まず，日常的な話を例に，予選・決勝法について説明しよう．陸上大会や水泳大会など，多くの選手が参加する競技大会では，優勝者が決まるまでに，予選，決勝などというステップが何度か踏まれる．それは，例えば100人の参加選手全員を横一列に並べて100m競争しても，優勝者を判定するのが難しいからだろう．1回1回の予選によって優勝候補者が絞られ，最終的に決勝によって優勝者が選ばれる．

　例えば，あるクラスで「クラス1番背の高い人コンテスト」を催すことになったとする．

　このとき，次の手順に従えば1番背の高い人を見つけられる．

　クラスの座席はタテ7列である（図1）．そこでまず，各列ごとに

　　第1列目で1番背が高い人
　　第2列目で1番背が高い人
　　　　　　⋮
　　第7列目で1番背が高い人

を選び出し（**予選**），選ばれた7人で再び背を比べて（**決勝**），その中で1番背の高い人がそのクラスで最も背が高い人である．

　この方法によって，クラス1番背の高い人が予選落ちしたり，予選は通ったが決勝で敗れるということがありえないことが容易にわかる．

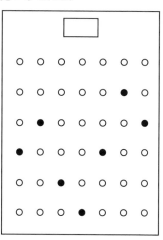

図1

例題 1

x, y がそれぞれ $1 \leqq x \leqq 4, 0 \leqq y \leqq 10$ で変化するとき,

$$z = x^3 y - xy^2$$

の最大値を求めよ.

考え方

x と y の 2 つの値を変化させると面倒である. x と y は**独立**に(互いに束縛されることなく自由に)値をとることができる. そこで, x または y のどちらか一方を固定して, 他方のみを変化させたときの z の最大値を求め, 「z の最大値となる候補者」を絞り込んでみよう(予選). その後, 固定していた方の変数を動かして候補者の中から「全体の最大値」を求める(決勝)という戦略をとる.

解答

$$1 \leqq x \leqq 4 \qquad \cdots \text{①}$$
$$0 \leqq y \leqq 10 \qquad \cdots \text{②}$$
$$z = x^3 y - xy^2 \qquad \cdots \text{③}$$

まず, x を①の範囲で固定し(定数とみなし), z を y の変数と考えると,

$$z = -xy^2 + x^3 y$$
$$= -x\left(y - \frac{x^2}{2}\right)^2 + \frac{x^5}{4} \equiv g(y) \qquad \cdots \text{③}'$$

①より, $-x < 0$ だから, 関数 $z = g(y)$ のグラフは上に凸の放物線で, その軸は $y = \dfrac{x^2}{2}$ (定数) である. ①より $\dfrac{1}{2} \leqq \dfrac{x^2}{2} \leqq 8$ だから, 軸は②の範囲にあるので, z は

$$y = \frac{x^2}{2} \qquad \cdots \text{④}$$

で最大になり, その最大値は

$$z_x = \max g(y) = g\left(\frac{x^2}{2}\right) = \frac{x^5}{4}$$

である.

次に,固定していた x を $1 \leqq x \leqq 4$ の範囲で変化させる.このときの z_x の最大値が z の最大値である.$z_x = \dfrac{x^5}{4}$ ($1 \leqq x \leqq 4$) のグラフは単調増加であるから,$x = 4$ のとき最大値をとり,

$$\max z_x = z_4 = 256$$

また,このときの y は,④より $y = \dfrac{4^2}{2} = 8$
以上より,求める最大値は

$$256 \quad (x = 4, y = 8 \text{ のとき}) \quad \cdots \text{(答)}$$

例題 2

平面上に点 O を中心とする半径 1 の円 C がある.また,この平面上の O と異なる点 A を通って直線 OA と垂直な空間直線 l があり,平面とのなす角が $45°$ である.このとき,円 C と直線 l の間の最短距離を 2 点 O, A 間の距離 a で表せ.

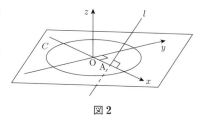

図 2

考え方

まず,直線 l 上の動点を P,円 C 上の動点を Q とし,これらの座標をそれぞれ異なるパラメータ(変数)を 1 つずつ用いて表す.2 点 P, Q の距離は 2 つのパラメータを含む式によって表されるので,2 変数関数の最小値問題に帰着される.

解答

図 2 に与えられているように座標軸をとる.
直線 l は

$$\begin{pmatrix} x \\ y \\ z \end{pmatrix} = \begin{pmatrix} a \\ 0 \\ 0 \end{pmatrix} + t \begin{pmatrix} 0 \\ 1 \\ 1 \end{pmatrix}$$

(ただし,a は正の定数,t はすべての実数の範囲を動くパラメータ)となり,l

上の点 P はパラメータ t を用いて $\mathrm{P}(a, t, t)$ と書くことができる．また，C 上の点 Q は，実数 θ をパラメータとして（(注) 参照），

$$\mathrm{Q}(\cos\theta, \sin\theta, 0)$$

と書くことができる．したがって，

$$\begin{aligned}
\overline{\mathrm{PQ}}^2 &= (\cos\theta - a)^2 + (\sin\theta - t)^2 + t^2 \\
&= -2(t\sin\theta + a\cos\theta) + 2t^2 + a^2 + 1 \\
&= -2\sqrt{t^2 + a^2}\sin(\theta + \alpha) + 2t^2 + a^2 + 1 \\
&\quad \left(\text{ただし } \alpha \text{ は } \cos\alpha = \frac{t}{\sqrt{t^2+a^2}},\ \sin\alpha = \frac{a}{\sqrt{t^2+a^2}} \text{ なる角}\right) \\
&\equiv f(\theta, t)
\end{aligned}$$

t の値を固定すると（したがって α も固定される），$f(\theta, t)$ は θ だけの関数となる．このときの最小値は

$$\theta = \frac{\pi}{2} - \alpha \text{ のときの } -2\sqrt{t^2+a^2} + 2t^2 + a^2 + 1 \quad (\equiv F(t) \text{ とおく})$$

である．次に t を動かして，$F(t)$ を最小にすることを考える．
$\sqrt{t^2 + a^2} = s$ とおくと，s のとり得る値の範囲は $s \geqq a$ であり，また，$F(t)$ は，

$$\begin{aligned}
F(t) &= -2s + 2s^2 - a^2 + 1 \\
&= 2s^2 - 2s - a^2 + 1 &\cdots\text{①} \\
&= 2\left(s - \frac{1}{2}\right)^2 - a^2 + \frac{1}{2} &\cdots\text{②} \\
&(\equiv G(s) \text{ とおく})
\end{aligned}$$

と変形できる．

$s \geqq a$ であるから，$G(s)$ は，$\frac{1}{2} \leqq a$ のときには（図3），$s = a$ で最小値 $a^2 - 2a + 1 = |a-1|^2$ をとり（$s = a$ を①へ代入すると計算が楽），$0 < a \leqq \frac{1}{2}$ のときには（図4），$s = \frac{1}{2}$ で最小値 $-a^2 + \frac{1}{2}$ をとる．
（今までの議論により，$f(\theta, t) = \overline{\mathrm{PQ}}^2$ の最小値が求められた．）

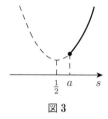

図 3

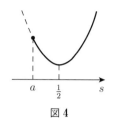

図 4

以上より,求める最小値は

$$\left. \begin{array}{ll} 0 < a \leq \dfrac{1}{2} \text{ のとき} & \sqrt{\dfrac{1}{2} - a^2} \\ \dfrac{1}{2} \leq a \text{ のとき} & |a - 1| \end{array} \right\} \quad \cdots \text{(答)}$$

(注) θ の変域を $0 \leq \theta < 2\pi$ に限定してしまうと,予選における「t を固定したときの $f(\theta, t)$ の最小を与える $\theta = \dfrac{\pi}{2} - \alpha$」がこの変域内での値でなくなる危険性がある.

例題 3

x, y が $1 \leq x \leq 3, 2 \leq y \leq 4$ の範囲の値をとるとき,

$$w = (x + y)\left(\dfrac{y}{x} - \dfrac{x}{y}\right)$$

の最大値,最小値を求めよ.

考え方

x, y のいずれを固定して予選を行うと楽だろうか.

$$w = (x + y)\left(\dfrac{y}{x} - \dfrac{x}{y}\right)$$

において,x を $1 \leq x \leq 3$ の中で固定($x = x_0$ とする)したとき,$x_0 + y$,$\dfrac{y}{x_0} - \dfrac{x_0}{y}$ はいずれも $2 \leq y \leq 4$ において y の増加関数であるから,$(x_0 + y)\left(\dfrac{y}{x_0} - \dfrac{x_0}{y}\right)$ も y の増加関数となるので,簡単に予選を行えることがわかる.

参考のために y を固定した場合のことも考えてみよう.y を固定すると,$w = (x \text{ の増加関数}) \times (x \text{ の減少関数})$ となり,この場合は予選において困難が生じる.

解答

$$(x+y)\left(\frac{y}{x}-\frac{x}{y}\right) \equiv f(x,y)$$

とおく．

x を $1 \leqq x \leqq 3$ において定数 x_0 で固定したとき

$$f(x_0, y) = (x_0+y)\left(\frac{y}{x_0}-\frac{x_0}{y}\right)$$

における x_0+y, $\dfrac{y}{x_0}-\dfrac{x_0}{y}$ はいずれも $2 \leqq y \leqq 4$ において y の増加関数であることから，$f(x_0, y)$ も $2 \leqq y \leqq 4$ において y の増加関

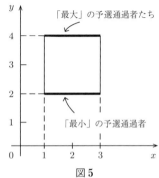

図5

数．したがって，各 x_0 ($1 \leqq x_0 \leqq 3$) に対し，$f(x,y)$ は $y=4$ で最大，$y=2$ で最小となる．すなわち，最大を与える (x,y)，最小を与える (x,y) はそれぞれ線分

$$y=4 \quad (1 \leqq x_0 \leqq 3), \qquad y=2 \quad (1 \leqq x_0 \leqq 3)$$

上にある（図5）．

よって，

$$M(x) \equiv f(x,4) = (x+4)\left(\frac{4}{x}-\frac{x}{4}\right) = -\frac{x^2}{4} - x + 4 + \frac{16}{x}$$

$$m(x) \equiv f(x,2) = (x+2)\left(\frac{2}{x}-\frac{x}{2}\right) = -\frac{x^2}{2} - x + 2 + \frac{4}{x}$$

における $M(x)$ の最大値が w の最大値，$m(x)$ の最小値が w の最小値である．

$$M(x) = -\frac{1}{4}(x+2)^2 + 5 + \frac{16}{x}$$

における $-\dfrac{1}{4}(x+2)^2$, $\dfrac{16}{x}$ がともに $1 \leqq x \leqq 3$ において x の減少関数であることから，$M(x)$ もこの区間で減少関数であり，その最大値は

$$M(1) = \frac{75}{4} \quad (= w \text{ の最大値})$$

また，$m(x) = -\dfrac{1}{2}(x+1)^2 + \dfrac{5}{2} + \dfrac{4}{x}$ も同様に考えて，$1 \leqq x \leqq 3$ において x の減少関数であるからその最小値は

$$m(3) = -\frac{25}{6} \quad (= w \text{ の最大値})$$

よって

$$w \text{ の最大値は } \frac{75}{4}, \quad w \text{ の最小値は } -\frac{25}{6} \qquad \cdots \text{(答)}$$

10 極端な場合の考慮から矛盾を導け

　クリント・イーストウッドの扮する，ハードボイルドな刑事ダーティハリーが狂暴な犯人に人質の居場所を白状させなければならないシーンがある．「人質の居場所を教えろ」などと迫っても口を割るはずもない．そこで，ハリーがどうするかというと，たいそう荒っぽい手段をとる．犯人を壁に立たせ，「白状しないと命はないぞ！」と叫びながら壁に弾丸をぶち込むのだ．死の恐怖にさらされた犯人は，通常の状態ならけっして口を割らないことも，ついには白状してしまうのである．

　このように，ノーマルな状態では見分けにくい事象も極限状態においては，その本性を暴きやすい．上述の現象は，何も人間の心理状態に限らず，自然科学一般においても観察される．例えば，ある組成成分の不明な合金があったとしよう．合金の組成成分を調べるためには，その合金に高熱を加え，元素固有の融点を利用する方法がある．ここで，**融点**というのは，各元素が固体から液体の状態に変化するときの臨界的な温度のことであり，例えば，鉄は 1540℃，亜鉛は 420℃ などのように知られている．合金をこの臨界的な状況に追い込むことで，合金がどんな金属元素をどれくらい含んでいるのかが判断できるのである．

　数学でも，扱う対象を極限的な状況に追い込むことによって，その対象のもつ隠された性質を，あぶり出せることがある．とくに，"命題を否定して矛盾を生じさせる" という背理法（2 章参照）による証明を行う際，対象を極端な状況に追い込んで議論すると，矛盾が際立ってくることがある．

　本章では，極端な状態（**最大**または**最小の要素**など）を議論の糸口にしたり，**極端な場合**（や**際立った要素**）を観察することによって，矛盾を上手に導き出す方法，すなわち，背理法の上手な使い方を学習する．

例題 1
　n 個（$n \geq 3$）の実数 $a_1, a_2, \cdots, a_n$ があり，各 a_i は他の $n-1$ 個の相加平均

より大きくはないという．このような $a_1, a_2, \cdots, a_n$ の組をすべて求めよ．

(京都大)

ヒント

題意の n 個の実数を大きさの順に並び替えて議論しやすくし，さらに，その中の**最大数**（という**際立った要素**）に着眼して議論を進めよ．

解答

$$a_1 \leqq a_2 \leqq \cdots \leqq a_{n-1} \leqq a_n \qquad \cdots ①$$

となるように，あらためて n 個の実数を命名する．すると，最大の数 a_n は，題意より，$a_1, a_2, \cdots, a_{n-1}$ の相加平均より大きくないから，

$$a_n \leqq \frac{a_1 + a_2 + \cdots + a_{n-1}}{n-1}$$
$$\therefore (n-1)a_n \leqq a_1 + a_2 + \cdots + a_{n-1}$$
$$\therefore (a_n - a_1) + (a_n - a_2) + \cdots + (a_n - a_{n-1}) \leqq 0 \qquad \cdots ②$$

一方，①より，

$$a_n - a_1 \geqq 0, \ a_n - a_2 \geqq 0, \ \cdots, \ a_n - a_{n-1} \geqq 0 \qquad \cdots ③$$

であるから，

$$(a_n - a_1) + (a_n - a_2) + \cdots + (a_n - a_{n-1}) \geqq 0 \qquad \cdots ④$$

②かつ④より，

$$(a_n - a_1) + (a_n - a_2) + \cdots + (a_n - a_{n-1}) = 0$$

である．よって③より

$$a_n - a_1 = 0 \quad \text{かつ} \quad a_n - a_2 = 0 \quad \text{かつ} \cdots \text{かつ} \quad a_n - a_{n-1} = 0$$

すなわち，

$$a_1 = a_2 = \cdots = a_n$$

となり，①におけるすべての等号が成り立つ．よって求めるべき組は，

$$(a_1, a_2, \cdots, a_n) = (s, s, \cdots, s) \quad (s\text{ は任意の実数}) \quad \cdots (答)$$

例題 2

A を平面上の 20 個の点からなる集合とする．これらの点のどの 3 個も同一直線上にはないものとする．これらの点のうちの 10 個を黒で塗り，残りの 10 個を白で塗る．このとき，

「10 本の閉線分（両端点を含む線分）がひけて，そのどの 2 本も共有点
をもたず，各線分の両端点は異なる色をもつ A の点である」 $\cdots (*)$

ようにできることを示せ．

考え方

すべての可能なペアリングのしかたは有限である．よって，それらの中で 10 本の線分の長さの総和が最小となるペアリングのしかたは，必ず存在する．次に，この長さの総和が最小となるペアリングのしかたを引き合いに出して，それが交差しないペアリングであることを背理法で決着をつける．

解答

黒点と白点のペアリング（黒点と白点を閉線分で結ぶ結び方）は 10! 通りで有限だから，その中に 10 本の閉線分の長さの総和が最小なものが必ず存在する．その（長さの総和が最小な）ペアリングを P で表す．P の 10 本の線分のどの 2 本も交差していないことを以下に背理法を用いて示す．

ペアリング P の 2 本の線分 B_1W_1 と B_2W_2（ここに B_1, B_2 は黒点，W_1, W_2 は白点とする）が点 O で交差しているとする（図 1 (a)）と，これらの線分を B_1W_2, B_2W_1 で置き換え，ほかの 8 本はそのままにして得られるペアリングを P' とする（図 1 (b)）．

このとき，三角不等式より

$$\begin{aligned}\overline{B_1W_1} + \overline{B_2W_2} &= \overline{B_1O} + \overline{OW_1} + \overline{B_2O} + \overline{OW_2} \\ &= \overline{B_1O} + \overline{OW_2} + \overline{B_2O} + \overline{OW_1} \\ &> \overline{B_1W_2} + \overline{B_2W_1}\end{aligned}$$

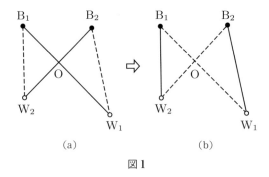

(a)　　　　　　　(b)

図1

(ペアリング P に属する線分の長さの総和)

$$> (ペアリング P' に属する線分の長さの総和)$$

となり，これは "ペアリング P に属する線分の長さの総和がすべてのペアリングの中で最小である" という仮定に矛盾する．

よって題意は示せた． □

例題 3

n を正の整数とする．このとき，n 個の連続する整数の積が $n!$ の倍数であることを背理法を使って証明せよ．

解答

n 個の連続する正整数に関して題意が成り立つことを示せばよい．
(理由)
場合 1：n 個の連続する整数の中に 0 が含まれているとき
　題意は明らかに成り立つ．
場合 2：n 個の連続する整数がすべて負のとき

$$(n 個の積) = (-1)^n \times (各々の絶対値（正整数） n 個の積)$$

より，n 個すべてが正整数の場合に関して示せば十分である．

いま，n 個の連続する正整数の積が $n!$ の倍数でないとして，

そのような数 n の中で最小な整数を N とする． … ①

すると, $n=1$ に対しては題意が成り立つので $N \geqq 2$ であり,

　　ある非負整数 m が存在し, $(m+1)(m+2)\cdots(m+N)$ は $N!$ の倍数
　　ではない.

次に,

$$\text{このような } m \text{ の中で最小な整数を } M \text{ とする.} \quad \cdots ②$$

このとき, M は $M > 0$ であり ($\because m = 0$ のとき, $(m+1)(m+2)\cdots(m+N) = N!$ となり, これは $N!$ の倍数だから),

$$(M+1)(M+2)\cdots(M+N-1)(M+N) \text{ は } N! \text{ の倍数ではない.} \quad \cdots ③$$

ここで,

$$\begin{aligned}
&(M+1)(M+2)\cdots(M+N-1)(M+N) \\
&= M\{(M+1)(M+2)\cdots(M+N-1)\} \\
&\quad + N\{(M+1)(M+2)\cdots(M+N-1)\} \\
&= \{(M-1)+1\}\{(M-1)+2\}\cdots\{(M-1)+N\} \\
&\quad + N\{(M+1)(M+2)\cdots(M+N-1)\} \quad \cdots ④
\end{aligned}$$

と変形できるが, ④の最終式に関して,

$$(\text{第1項}) = \{(M-1)+1\}\{(M-1)+2\}\cdots\{(M-1)+N\}$$

は, 連続する N 項の積であり, $M-1 < M$ と②より,

$$\text{第1項は } N! \text{ の倍数である.} \quad \cdots (*)$$

また, ④の最終式について,

$$(\text{第2項}) = N\{(M+1)(M+2)\cdots(M+N-1)\}$$

の $\{\ \}$ 内は, $N-1 < N$ と①より $(N-1)!$ の倍数であるから,

$$\text{第2項は } N! \text{ の倍数である.} \quad \cdots (**)$$

よって, $(*)$ と $(**)$ より $(M+1)(M+2)\cdots(M+N-1)(M+N)$ は $N!$ の倍数であるが, これは③に反する. したがって, 題意は示された. □

別解

$_{m+N}\mathrm{C}_N = \dfrac{(m+N)\cdots(m+2)(m+1)}{N!}$ は場合の数なので整数である．よって連続する N 個の正整数の積は必ず $N!$ で割り切れる． □

11 必要条件による絞り込み論法

　アメリカの大統領選では，まず，民主党と共和党のそれぞれが1人の候補に絞り込む．次に，その2人が大統領選終盤で何回かdebate（テレビ討論会）を行う．debateは全米にテレビ中継され，debateでの各候補者に対する印象は大きく支持率を左右する．debateでは，経済，貿易，外交，軍事などの重要なテーマについて激しい議論が交わされる．ときにはプライバシーを侵すスキャンダルまで飛び出し，個人攻撃が行われるほどである．

　debateで相手を打ち負かすには，政策や人間性はもとより，議論の進め方がポイントになる．そのポイントを分析すると次のようなものになるであろう：

（i）　終始一貫した論理性
（ii）　相手の議論の矛盾を突く反撃のしかた

　(i)のためには，論点の絞り方，筋の通った議論の展開が必要である．(ii)のためには，ときには相手を意図的に誘導して罠にはめるという誘導尋問も必要となろう．(i)の戦略については，10章で学んだ．

　議論の進め方の重要性は何も米国の大統領選に限ったわけではなく，日常の生活を営むうえで欠かせない．

　例えば，秋葉原にヘッドホンステレオを買いに行ったとする．どの店にも数十種類ものさまざまなヘッドホンステレオが並べられている．しかし，見れば見るほどあちこちと目移りするばかりで，何が何だかしまいにはわからなくなってくるかもしれない．立ちつくしている客を見て店員が近づいてくる．商売を心得ている店員ならば，高いものを強引に売りつけようなどとゴリ押しはしない．「ご予算は？」，「機能的に，——と——と——といったものがありますが？」，「メーカーはとくに？」，「形や色は…？」と的確に客のニーズ（**必要条件**）を聞き出した後に，それらに見合う（客の必要条件をみたす）機械を3, 4台選び出す．後は，客が，それらの中から気に入ったもの（十分条件をみたすもの）を選び出

せばよいのだ．ひょっとすると気に入ったもの（十分条件をみたすもの，すなわち，答え）が1つもないかもしれない．

このように，たくさんあるものの中から，ある条件（☆）をみたすものを選び出す際に，いっぺんにこれを求めることが難しいときには，まず，必要条件をみたすものを求めて，候補となるべきものを絞り込む．その後，それらの候補に対して十分性を吟味して求めるのが有効な手段なのである．

とくに数学の問題の中には

"すべての（任意の）〜に対して，…が成り立つような──を求めよ"

という全称命題を条件に含むものがある．このような問題は，一気に必要十分条件をみたすものを求めようとすれば，すべての〜を扱うことになり，話が面倒になる．そこで，この種の問題では，上述のように，まず，必要条件により，答えとなりうる候補を絞った後に，十分性のチェックを行って，必要十分条件をみたす答を求めるのが有効になる．

例題1

6つの各面に数字が書いてある立方体を2つ並べて1ヶ月の日付（1〜31）がすべて表せる図1のようなカレンダーがある．2つの立方体は左右置き換え自由で，数字は前面を読むものとする（図1では17日を表している）．また，数字の6と9は逆さにすることによって同一視できるものとする．さて，右の立方体の（いま）隠れている3面と左の立方体の隠れている4面それぞれに書かれている数字は何か？

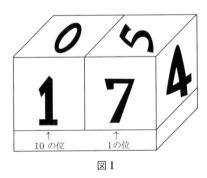

図1

解答

まず，必要条件により絞り込む．2つの立方体で表すべき1から31までの数を書き出してみると表1のようになる．

表1

01, 02, 03, 04, 05, 06, 07, 08, 09, 10,
⑪, 12, 13, 14, 15, 16, 17, 18, 19, 20,
21, ㉒, 23, 24, 25, 26, 27, 28, 29, 30,
31

まず，表1の丸をつけた数字11や22を2つの立方体で表すためには，「どちらの立方体にも1と2の数字がある」ことが必要である．よって，

　　　右の立方体にある数字：1, 2, 4, 5, 7, □
　　　左の立方体にある数字：0, 1, 2, □, □, □

次に，表1の波線部の数（0を用いて表される数）を表すことを考えると，「どちらの立方体にも0の数字がある」ことが必要である．なぜなら，片方（左）の立方体にしか0がないとすると，"0◇"という形をした数字は高々7種類しか表せない（◇に入る数字は，数字0をもたない（右の）立方体の6面の数字であり，6は9で表せる）からである．よって，

　　　右の立方体にある数字：0, 1, 2, 4, 5, 7
　　　左の立方体にある数字：0, 1, 2, □, □, □

左の立方体の0と右の立方体の数字を使って表せる数は01, 02, 04, 05, 07, 10, 20だから，残りの03, 06, 08, 09, 30が表せるために，左の立方体に「3, 6(9), 8の数字がある」ことが必要である．

逆に，

　　　右の立方体にある数字：0, 1, 2, 4, 5, 7
　　　左の立方体にある数字：0, 1, 2, 3, 6(9), 8

とすると，確かに，01から31までの31個すべての数を表すことができる（十分性のチェック）．よって，右の立方体に隠れている数は0, 1, 2，左の立方体に隠れている数は2, 3, 6(9), 8　　　　　　　　　　　　　　　　　…（答）

例題2

$x \geqq 0, y \geqq 0, z \geqq 0$ ならば，不等式

$$(x+y+z)(xy+yz+zx) \geqq axyz$$

がつねに成り立つような定数 a の最大値を求めよ. (横浜国立大)

解答

$$(x+y+z)(xy+yz+zx) \geqq axyz \qquad \cdots ①$$

が任意の非負数 x, y, z に対して成り立つためには，$x=y=z=1$ のときにも，この不等式が成り立つことが必要である．よって，

$$(1+1+1)(1\cdot 1+1\cdot 1+1\cdot 1) \geqq a\cdot 1\cdot 1\cdot 1$$

より，$9 \geqq a$ であることが必要である．（次に，$a=9$ が十分性をみたすか否か調べる．）

次に，$a=9$ とすると，

$$\begin{aligned}
&(x+y+z)(xy+yz+zx) - 9xyz \\
&= x^2y + zx^2 + xy^2 + y^2z + yz^2 + z^2x - 6xyz \\
&= x(y^2+z^2-2yz) + y(x^2+z^2-2zx) + z(x^2+y^2-2xy) \\
&= x(y-z)^2 + y(x-z)^2 + z(x-y)^2 \geqq 0 \quad (\because x \geqq 0,\ y \geqq 0,\ z \geqq 0)
\end{aligned}$$

（(注) 対称性を崩さないようにバランス感覚をもって式を変形する．）

よって，$a=9$ のとき不等式①は成り立つので（$a=9$ の十分性もみたされた），

$$a \text{ の最大値は，} 9 \qquad \cdots \text{(答)}$$

例題 3

$0 < a \leqq b \leqq 1$ をみたす有理数 a, b に対し，$f(n) = an^3 + bn$ とおく．このとき，どのような整数 n に対しても $f(n)$ は整数となり，n が偶数ならば $f(n)$ も偶数となるような a, b の組をすべて求めよ． (金沢大)

解答

任意の n に対して $f(n)$ が整数となることから，

$$f(1) = a + b \qquad \cdots ①$$

が整数であることが必要になる．また任意の偶数 n に対して $f(n)$ が偶数となることから，

$$f(2) = 8a + 2b \qquad \cdots ②$$

が偶数であることが必要である．

ここで，②$-$①$\times 2$ を考えると，（偶数）$-$（偶数）より，これもまた偶数であり，

$$f(2) - 2f(1) = 6a = 2 \cdot 3a$$

より，$3a$ が整数であることが必要である．$0 < a \leqq 1$ より，$a = \dfrac{1}{3}, \dfrac{2}{3}$ または 1 であることが必要である．

また，$a \leqq b \leqq 1$ かつ①が整数であるためには，

$$\left\lceil a = \dfrac{1}{3} \text{ かつ } b = \dfrac{2}{3} \right\rfloor \qquad \cdots ③$$

または

$$\lceil a = 1, \ b = 1 \rfloor \qquad \cdots ④$$

であることが必要である．（次に**十分性のチェック**をする．）
<u>③の場合</u>

$$\begin{aligned} f(n) &= an^3 + bn \\ &= \dfrac{1}{3}(n^3 + 2n) = \dfrac{n}{3}(n^2 + 2) \qquad \cdots ⑤ \end{aligned}$$

(i) <u>n が 3 の倍数の場合</u>：$f(n)$ は整数である．
(ii) <u>n が 3 の倍数でない場合</u>：$n = 3m \pm 1$ と書ける．

$$n^2 + 2 = (3m \pm 1)^2 + 2 = 3(3m^2 \pm 2m + 1) = (3 \text{ の倍数})$$

となり，⑤より $f(n)$ は整数となる．

また，n が偶数ならば，$3f(n) = n(n^2 + 2)$ の右辺は偶数（2 の倍数）であり，3 と 2 が互いに素であることから $f(n)$ は偶数である．よって，③は十分でもあ

る．
④の場合

$$f(n) = n(n^2+1) \qquad \cdots ⑥$$

は，n が整数のとき整数であり，n が偶数なら偶数である．よって，④は十分でもある．

以上より，求める (a,b) は

$$(a,b) = \left(\frac{1}{3}, \frac{2}{3}\right),\ (1,1) \qquad \cdots （答）$$

例題 4

k, l, m, n は負でない整数とする．-1 または 0 でないすべての実数 x に対して，等式

$$\frac{(x+1)^k}{x^l} - 1 = \frac{(x+1)^m}{x^n}$$

を成り立たせるような k, l, m, n の値を求めよ．

解答

$$\frac{(x+1)^k}{x^l} - 1 = \frac{(x+1)^m}{x^n} \qquad \cdots （*）$$

（*）は -1 または 0 でない x についてつねに成り立つので，$x=1$ としても成り立つことが必要である．すなわち

$$2^k - 1 = 2^m$$

が必要である．k, m は負でない整数だから，左辺は 0 または奇数であり，右辺は正の偶数または 1 である．よって $2^k - 1 = 2^m = 1$，すなわち

$$k = 1,\ m = 0 \qquad \cdots ①$$

が必要である．このとき，（*）は

$$\frac{x+1}{x^l} - 1 = \frac{1}{x^n} \qquad \cdots （**）$$

となる．さらに（**）において $x = \frac{1}{2}$ とすれば

$$\frac{3}{2}\cdot 2^l - 1 = 2^n$$
$$\therefore 3\cdot 2^{l-1} = 2^n + 1$$

l, n は負でない整数であるから，左辺は $\frac{3}{2}$ または 3 または 6 以上の偶数である．また，右辺は 2 または 3 以上の奇数である．よって，$3\cdot 2^{l-1} = 2^n + 1 = 3$，すなわち

$$l = n = 1 \qquad \cdots ②$$

が必要である．以上，①，②より，$k = l = n = 1$ かつ $m = 0$ であることが必要である．逆に $k = l = n = 1, m = 0$ とすると (**十分性のチェック**)，

$$((\ast)\text{の左辺}) = \frac{x+1}{x} - 1 = \frac{1}{x}$$
$$((\ast)\text{の右辺}) = \frac{1}{x}$$

となり，確かに 0 でないすべての実数 x に対して成り立つ．よって

$$k = l = n = 1,\ m = 0 \qquad \cdots (答)$$

第II部

シュプリンガー数学コンテスト

第1回

SPRINGER MATHEMATICS CONTEST
シュプリンガー数学コンテスト

問題

問題1

初項が2，第2項が7である数列2, 7, 1, 4, 7, 4, 2, 8, … は次の規則でつくられたものである：先頭からの連続する2項ずつ（すなわち，第1, 2項，次に第2, 3項，その次に第3, 4項，…）の積を考え，その積が1桁ならば，それを新しい1項として今までできている数列の終わりに付け加え，また，2項の積が2桁ならば，数列の終わりに引き続く2つの項として十の位の数，一の位の数の順に並べて付け加える．この数列において6の値をもつ項が無数に出現することを示せ．

問題2

15個の同じ大きさの円を下図のように配置し，各円を黒または白のいずれかの色で塗る．15個の円をどのように塗り分けても，中心が正三角形の3頂点をなすような同じ色の3つの円が存在することを証明せよ（**対称性**を利用し，"一般性を失うことなく" という句を用い，簡潔な解答をつくれ）．

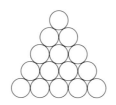

講評と解説

問題1
解説

本問は，題意の数列を規則に従ってドンドン書き出してみて，その中に周期的に現れる数のパターンを捉えることが，解決のポイントになります．書き出してみると

$$2, 7, 1, 4, 7, 4, 2, 8, 2, 8, 8, \underline{1, 6, 1, 6, 1, 6}, 6, 4, 8, \underline{6, 6, 6, 6}, 6, 3, 6, 2, 4,$$
$$\underline{3, 2, 4, 8}, \underline{3, 6, 3, 6, 3, 6, 3, 6}, 1, 8, 1, 8, 1, 2, 8, 1, 2, 6, 8, \cdots$$

のように続いていきます．上で下線を引いた箇所のように，6の値をもつ項が，ある程度かたまって現れることが多いことに気づくでしょう．

そこで，1, 6, 1, 6, 1, 6 という並びから生じる数の並びを追っていくと，次のようになります．実は，下線で示したパターンが繰り返されるわけではありませんが，6を含み，これらとは異なる数の並びが無限に繰り返されます．

$$1,6,1,6,1,6 \longrightarrow 6,6,6,6 \longrightarrow 3,6,3,6,3,6 \longrightarrow 1,8,1,8,1,8,1,8,1,8,1,8$$
$$\downarrow$$
$$6,4,6,4,6,4,6,4,6,4,6,4,6,4,6,4,6,4,6,4,6,4,6,4 \longleftarrow 8,8,8,8,8,8,8,8,8,8,8,8$$
$$\downarrow$$
$$2,4,2,4,2,4,2,4,2,4,2,4,2,4,2,4,2,4,2,4,2,4,2,4,2,4,2,4,2,4,2,4,2,4,2,4,2,4$$
$$\downarrow$$
$$8,8,8,8,8,8,8,8,8,8,8,8,8,8,8,8,8,8,8,8,8,8,8,8,8,8,8,8,8,8,8,8,8,8,8,8,8,8 \longrightarrow \cdots\cdots$$

この2段目以降に見られる

$$8, 8, \cdots, 8 \longrightarrow 6, 4, 6, 4, \cdots, 6, 4$$
$$\longrightarrow 2, 4, 2, 4, \cdots, 2, 4 \longrightarrow 8, 8, \cdots, 8 \longrightarrow \cdots$$

というパターンが（数の個数を増加させながら）繰り返されていくことに気づくことが本問解決のための鍵です．

正解者は，この方針で解答してくれた次の14人でした（到着順）：

正解者

Aさん（諏訪清陵高校），Bさん（東大寺学園高校），Cさん（金沢泉丘高校），Dさん（四日市高校），Eさん（広島大学附属高校），Fさん（高崎高校），Gさん（暁星中学校），Hさん（筑波大学附属駒場高校），Iさん（都立西高校），Jさん（ラ・サール高校），Kさん，Lさん（京都教育大学附属高校），Mさん（麻布高校），Nさん（暁星高校）

この中で，記述が理路整然と簡潔にまとめられていて，「証明に手慣れているな」という印象を抱かされたFさんの解答に沿って解答例を紹介しましょう．

解答

題意の数列に6が無数に存在することを示すためには，数列の中に

$$8 が連続して 3 つ以上続く部分がある$$

ことを示せば十分である．なぜなら，8が3つ（以上）連続することによって

$$8, 8, 8 \longrightarrow 6, 4, 6, 4 \longrightarrow \underline{2, 4, 2, 4}, 2, 4$$

という数の並びのパターンが繰り返され，8あるいは2, 4, 6といった数がどんどん生成されていき，それが途絶えることはないからである．

また，6が連続して3つ以上続く場合にも，

$$6, 6, 6 \longrightarrow 3, 6, 3, 6 \longrightarrow 1, 8, 1, 8, 1, 8 \longrightarrow 8, 8, 8, 8, 8$$

となり，8が連続して3つ以上続く場合に帰着され，上記と同様の結果になる．

そこで，2, 7から出発してこうした部分が現れるかどうか調べてみると，

$$2, 7, 1, 4, 7, 4, 2, 8, 2, 8, 8, 1, 6, 1, 6, 1, 6, 6, 4, 8, 6, 6, 6, 6, 6, \cdots$$

となり，6が連続して3つ以上続く部分が存在する．したがって，題意は示された． □

コメント

1. Fさんは，6が連続して3つ以上続く場合の他，4が連続して3つ以上続く場合と，2が連続して4つ以上続く場合も，8が連続して3つ以上続く場合に帰着

できることを示していました ($4, 4, 4 \to 1, 6, 1, 6 \to 6, 6, 6$; $2, 2, 2, 2 \to 4, 4, 4 \to 1, 6, 1, 6 \to 6, 6, 6$ となり，6 が連続して 3 つ続く並びが現れ，その結果，8 が連続して 3 つ以上続く並びが得られます).

2. なお，8 が 3 つ続く部分があることを示すのに，第 16, 17, 18 項の並び 1, 6, 6 に着目してもよいでしょう ($1, 6, 6 \to 6, 3, 6 \to 1, 8, 1, 8 \to 8, 8, 8$). こうして得られる 8 の並びは，解説で述べていたものとは異なる位置に現れます.

問題 2
解説

本問は，「15 個の円を黒，白の 2 色で塗り分けるすべての場合 ($2^{15} = 32768$ 通り) を相手にせよ」という問題なので，対称性を考慮することによって考察すべき場合をうまく絞り込むことが，スマートに解決するための鍵です．問題文中の「"一般性を失うことなく" という句を用い」という注文に戸惑った人が何人かいたようなので，ここでは，まず，それがどういうことなのか簡単に触れておきましょう.

例えば，「図 1 の 3 個の円を黒と白で塗り分ける方法は全部で何通りか？」ということを考えるとしましょう (いうまでもなく，3 個の円を区別すれば 2^3 通りですが，ここでは，実際に円を塗りながら考えていきます).

図 1

このとき，例えば一番上の円を黒で塗るか (場合 1)，白で塗るか (場合 2) によって 2 つの場合に分けられます．すると，場合 1 のときは図 2(a) の 4 通りですが，場合 2 のときは，どうでしょうか？ もう書き出してみるまでもなく 4 通りだとわかります．場合 1 の白と黒をちょうど逆にしたものが場合 2 として現れるからです (図 2(b)).

こういうとき，答案や論文には「一般性を失うことなく，一番上の円を黒として考えてよい」と，まず 1 行書いて，場合 1 についての考察をすれば，一番上の

(a) 場合 1　　　　　　　　　(b) 場合 2

図 2

円が白である場合の考察も合わせて行えることになるわけです．

　本問の場合には，黒と白の「色の対称性」以外に，回転対称性とよばれる「回転で重なることを意味する対称性」もあります．例えば，図3の3つの配色は，回転すれば同一のものになりますから，このうちの1つの配色だけを考察の対象にすればよいのです．

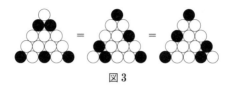

図 3

この方針で解答してくれたのは，次の8人でした（到着順）．

正解者

　Aさん（鈴鹿高校），Bさん（金沢泉丘高校），Cさん（高崎高校），Dさん（修猷館高校），Eさん（京都大学），Fさん（千葉高校），Gさん（麻布高校），Hさん（桜蔭高校）

解答

　以下の図において，グレーで表される円は，色をまだ指定していない円である．また，中心が正三角形の3頂点をなす同色の3つの円を，同色の正三角形（または，その色に応じて黒の正三角形，白の正三角形）とよぶこととする．

　図4において，5, 8, 9の3つの円がすべて同色であれば同色の正三角形ができるので，そうでない場合を考えればよい．対称性を考えることにより，一般性を失うことなく，図5のように塗られているものとしてよい．このとき13が黒であれば8, 9, 13で黒の正三角形ができるので，13が白の場合だけを考えればよい（図6）．

　次に，5, 12, 14の3個の円に注目する．いま，5は白で塗られているので，12, 14の双方が白であれば題意は成り立つ．そこで，12, 14の少なくとも一方が黒の場合だけを考えればよい．円の配置やすでに指定されている配色が左右対称であることを考えれば，12が黒であるとしてよい（図7）．

　次は7に着目する．7を黒で塗れば，7, 8, 12で黒の正三角形ができ，7を白で塗れば，5, 7, 13で白の正三角形ができる（図8, 9）．以上より，15個の円を

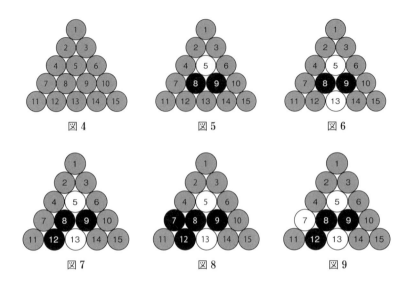

図4　　　　　　図5　　　　　　図6

図7　　　　　　図8　　　　　　図9

どのように塗っても，中心が正三角形の3頂点をなす同色の3つの円が存在する．　　　　　　　　　　　　　　　　　　　　　　　　　　　　　　　　　　□

コメント

　本問において，同色の3個の円の中心を結んでできる正三角形の向きを "上向き"（△の向き）または "下向き"（▽の向き）に限定しても，同様の結論が成り立ちます．図7（または図9）において，14が黒か白のいずれで塗られているかによって場合分けして考え進めていくことで証明ができます．ただし，15個目の円の色まで考察する必要がある場合もあります．図10は，14個の円の色が指定されていますが，これらだけでは上向きの同色の正三角形も，下向きの同色の正三角形も存在しません．

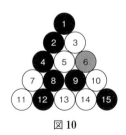

図10

第2回

SPRINGER MATHEMATICS CONTEST
シュプリンガー数学コンテスト

問題

問題1

正整数 n を 1 もしくは 2 の和として表したときの，加える順序も考慮するときの異なる表し方の個数を $a(n)$ とする（このような和の各を a 型和とよぶこととする）．$b(n)$ も同様に，n を 1 より大きい整数の和として表したときの，加える順序も考慮するときの異なる表し方の個数とする（このような和の各を b 型和とよぶ）．表は，$a(4) = 5, b(6) = 5$ の内訳を示したものである．

a 型和	b 型和
$1+1+2$	$4+2$
$1+2+1$	$3+3$
$2+1+1$	$2+4$
$2+2$	$2+2+2$
$1+1+1+1$	6

(a) 各 n に対して $a(n) = b(n+2)$ であることを，n についての a 型和の集合と $n+2$ についての b 型和の集合の間の 1 対 1 対応を示すことによって示せ．

(b) $a(1) = 1, a(2) = 2$，また，$n > 2$ に対して $a(n) = a(n-1) + a(n-2)$ であることを示せ．

問題2

有理数 $\dfrac{c}{d}$（c, d は正の整数で，$d < 100$ とする）が存在して，$k = 1, 2, 3, \cdots, 99$ に対して

$$\left\lfloor k \cdot \frac{c}{d} \right\rfloor = \left\lfloor k \cdot \frac{73}{100} \right\rfloor$$

となることを示せ．ただし，実数 x に対して，$\lfloor x \rfloor$ は，x を超えない最大の整数を表すものとする．

講評と解説

問題 1

(a) については,解答としての表現上の難しさが答案から伺えました.そうした中で,単に正解であるだけでなく,ポイントとなる箇所が的確に表現されている次の 5 名の方を最優秀者としました(到着順).

最優秀者

A さん(東大寺学園高校),B さん(名東高校),C さん(灘中学校),D さん(金沢泉丘高校),E さん(金沢泉丘高校)

解説

(a) n についての a 型和の各から $n+2$ についての b 型和が 1 つずつ得られるような操作(対応)を見つけます.ただし,その操作によって b 型和がモレも重複もなく得られるようでなければなりません.このことは,「その操作の逆の操作によって,$n+2$ についての b 型和の 1 つから n についての a 型和が 1 つだけ定まる」と言い表すこともできます.

連続する 1 をまとめる

手始めとして,n についての a 型和で用いられている 1 の並びをひとまとめにしてみることは自然な発想でしょう($n=16$ の場合の例が図 1 に示されています).

$$16 = \underbrace{1+1+1}_{\downarrow} + 2 + 1^* + 2 + 2 + \underbrace{1+1}_{\downarrow} + 2 + \underbrace{1+1}_{\downarrow}$$
$$16 = \quad\quad 3 \quad\quad + 2 + 1^* + 2 + 2 + \quad 2 \quad + 2 + \quad 2$$

図 1

しかし,これでは 1 が残ってしまうことがある(図 1 の * 印の 1)うえに,当然ながら,和は $n+2$ にはなりません.まず,* 印のタイプの 1(すなわち,a 型和の途中に単独で現れる 1)が残らないようにするために,区切り方を変えて,

　　　　連続する 1(1 個だけの場合も含む)の直後に現れる 2 まで

を一区切りとしてみます(図 2).

$$16 = \underbrace{1+1+1+2}_{\downarrow}+\underbrace{1^{*}+2}_{\downarrow}+2+\underbrace{1+1+2}_{\downarrow}+1+1$$
$$16 = \quad\quad 5 \quad\quad +3 \ +2 \quad +4 \quad\ +1+1$$

図 2

今度は最後の 1 の並びが残ってしまいました．この例のように，a 型和が 1 の並びで終わっている場合には，それらの 1 の並びが残ってしまいます．ところがもう 1 つの問題点である「和の値を $n+2$ となるようにしたい」ことを考え合わせることで，これらの問題は同時に解決します．a 型和の末尾に "$+2$" を付け加えておいてから，上述の操作を行えばよいのです（図 3）．

$$16 = 1+1+1+2+1+2+2+1+1+2+1+1$$
$$\downarrow$$
$$18 = \underbrace{1+1+1+2}_{\downarrow}+\underbrace{1^{*}+2}_{\downarrow}+2+\underbrace{1+1+2}_{\downarrow}+\underbrace{1+1+\underline{\underline{2}}}_{\downarrow}$$
$$18 = \quad\quad 5 \quad\quad +3 \ +2 \quad +4 \quad\quad +4$$

図 3

この一連の操作の逆の操作によって，$n+2$ についての b 型和から n についての a 型和の 1 つが得られますから，先程の一連の操作によって n についての a 型和の全体から $n+2$ についての b 型和の全体がモレも重複もなく得られることがわかります．後述する解答では，上記の方針に沿って証明します．

「どの + を採用するか」で考えると

寄せられた解答では，上記の考え方によるものがほとんどだったのですが，『数学発想ゼミナール 1』の問題 1.3.7 に見られる「n を $n = \underbrace{1+1+\cdots+1}_{n \text{ 個}}$ と表す」表し方を用いてこの問題を捉えてみましょう．

例えば，$n = 16$ に対する a 型和について，これを $1+1+\cdots+1$（1 が 16 個）のうちのいくつかの "$1+1$" を 2 で置き換えたものとみます（図 4 上段：a 型和として，$16 = 2+1+1+1+1+2+1+2+1+1+1+2$ を考えています）．そうして，1 を 16 個用いた最初の和 $1+1+\cdots+1$ の + 記号のうち，上述の置き換え後も + 記号として残るものに○印を対応させ，置き換えに組み込まれる + 記号には×印を対応させます．こうして得られる○と×の並びは，もとの a 型和と同一視できます．

a 型和に用いられる数が 1 または 2 だけであることは，

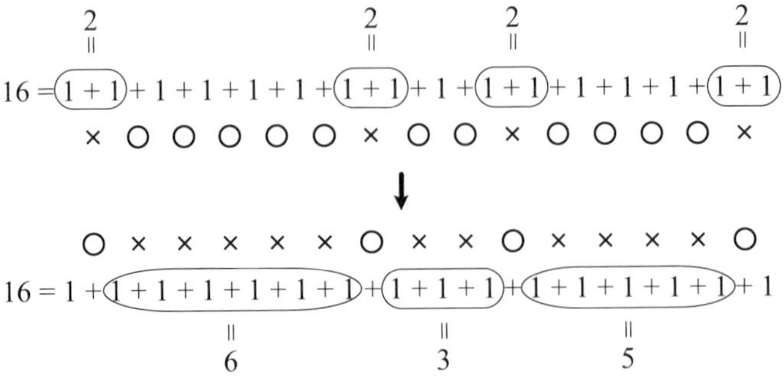

$$16 = \underset{\substack{\| \\ 2}}{(1+1)} + 1 + 1 + 1 + 1 + \underset{\substack{\| \\ 2}}{(1+1)} + 1 + \underset{\substack{\| \\ 2}}{(1+1)} + 1 + 1 + 1 + \underset{\substack{\| \\ 2}}{(1+1)}$$
$$\times \bigcirc \bigcirc \bigcirc \bigcirc \bigcirc \times \bigcirc \bigcirc \times \bigcirc \bigcirc \bigcirc \times$$
$$\downarrow$$
$$\bigcirc \times \times \times \times \times \bigcirc \times \times \bigcirc \times \times \times \times \bigcirc$$
$$16 = 1 + \underset{\substack{\| \\ 6}}{(1+1+1+1+1+1)} + \underset{\substack{\| \\ 3}}{(1+1+1)} + \underset{\substack{\| \\ 5}}{(1+1+1+1+1)} + 1$$

図4

×印が2個以上は並ばない (1)

ことに対応します．いま，この○と×の並びについて，○を×で，×を○で置き換えた並びを考え，それに対応する和を考えます（図4下段）．新たに得られる○と×の並びについて，(1)に対応して

○印が2個以上は並ばない (2)

ことになります．したがって，それに対応する和について，途中に1が現れることはありません．ただし，図4下段の例のように，先頭または末尾が1になることはあります．

この和をベースに $n+2$ についての b 型和をつくるために，図4の下段の右辺の先頭に "1+" を，末尾に "+1" を付け加え，また，これらに含まれる＋記号に対応させて×印を付け加えます（図5）．こうして新たに得られた○と×の並びに基づいて得られる和（図5下段）に含まれる項はすべて2以上であり，全体として $n+2$ についての b 型和になっています（この b 型和は，図3に例を示した1つ目の方針で得られるものと同じです）．また，この操作の逆の操作で，$n+2$ についての b 型和から n についての a 型和が1つ得られることも確かめられます．

(b) n についての a 型和の集合と，$n-1$ および $n-2$ についての a 型和の集合との間に1対1の対応関係をつけることを考えます．なお，応募者の何人かの方が言及しているように，$a(n)$ は「n 段の階段を上るのに，1回に1段または2段上るときの上り方の総数」などとして本問の漸化式とともに取り上げられるこ

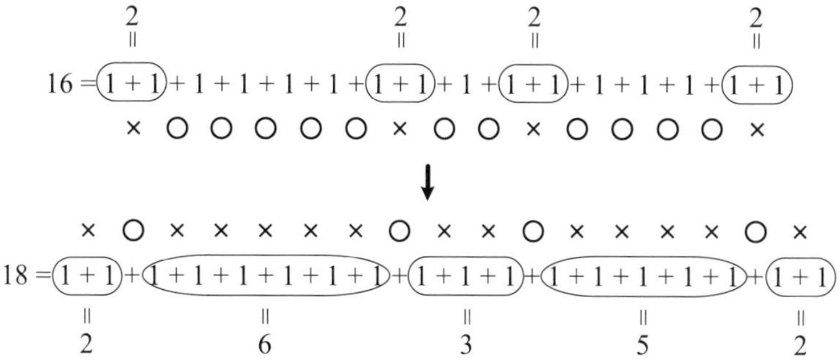

$$16 = \underbrace{(1+1)}_{=2} + 1+1+1+1+\underbrace{(1+1)}_{=2}+1+\underbrace{(1+1)}_{=2}+1+1+1+\underbrace{(1+1)}_{=2}$$

× ○ ○ ○ ○ ○ × ○ ○ × ○ ○ ○ ○ ×

↓

× ○ × × × × × ○ × × ○ × × × × × ○ ×

$$18 = \underbrace{(1+1)}_{=2} + \underbrace{(1+1+1+1+1)}_{=6} + \underbrace{(1+1+1)}_{=3} + \underbrace{(1+1+1+1+1)}_{=5} + \underbrace{(1+1)}_{=2}$$

図 5

とがあります．

解答

(a) n についての任意の a 型和に対して，その末尾に「$+2$」を付け加えて得られる和

$$(n+2 =) \underbrace{1+1+\cdots+1}_{k_1\,個} + 2 + \underbrace{1+1+\cdots+1}_{k_2\,個} + 2 + \cdots + 2 + \underbrace{1+1+\cdots+1}_{k_m\,個} + 2$$

（ただし右辺に現れる 2 の個数を m とし，$k_i = 0$ である i もあり得る）

を考え，連続する和 $\underbrace{1+1+\cdots+1}_{k_i\,個} + 2$ $(i=1,2,\cdots,m)$ の値を l_i とおく．すると，$l_i = k_i + 2 \geqq 2$ だから，

$$n + 2 = l_1 + l_2 + \cdots + l_m$$

の右辺は $n+2$ についての b 型和である．

次に，$n+2$ についての任意の b 型和 $(n+2 =)\, l'_1 + l'_2 + \cdots + l'_{m'}$ に対して，上記の逆の操作を施すことを考える．まず，$l'_i \geqq 2$ $(i=1,2,\cdots,m')$ より，$l'_i = \underbrace{1+1+\cdots+1}_{(l'_i - 2)\,個} + 2$ ($l'_i - 2 = 0$ のこともあり得る) と表すことができて，

$$n+2 = \underbrace{1+1+\cdots+1}_{(l'_1-2)\text{個}} + 2 + \underbrace{1+1+\cdots+1}_{(l'_2-2)\text{個}} + 2$$
$$+ \cdots + \underbrace{1+1+\cdots+1}_{(l'_{m'}-2)\text{個}} + 2$$

となる．この両辺のそれぞれから末尾の 2 を除くことで，n についての a 型和が 1 つ得られる．

以上より，n についての a 型和と $n+2$ についての b 型和は 1 対 1 に対応させられるので，$a(n) = b(n+2)$ が成り立つ．

(b) $n=1$ についての a 型和は「1」の 1 個のみで，$n=2$ についての a 型和は「$1+1$」と「2」の 2 個である．

次に $n \geq 3$ とする．n についての a 型和の全体は，先頭が 1 であるものと先頭が 2 であるものに分けられる．先頭が 1 であるものは，

$$n = 1 + (n-1 \text{ についての } a \text{ 型和})$$

の形の和の全体だから全部で $a(n-1)$ 個ある．また，先頭が 2 であるものは，

$$n = 2 + (n-2 \text{ に対する } a \text{ 型和})$$

の形の和の全体だから全部で $a(n-2)$ 個ある．したがって，$a(n) = a(n-1) + a(n-2)$ $(n > 2)$ である． □

コメント

(b) から，$a(3) = a(2) + a(1) = 2 + 1 = 3$, $a(4) = 3 + 2 = 5$, $a(5) = 5 + 3 = 8, \cdots$ が得られます．その一般項は

$$a(n) = \frac{1}{\sqrt{5}}\left\{\left(\frac{1+\sqrt{5}}{2}\right)^{n+1} - \left(\frac{1-\sqrt{5}}{2}\right)^{n+1}\right\}$$

となります．やや複雑な形をしていますが，すべての自然数 n に対して $a(n)$ は自然数になります（この数列は，$a_1 = a_2 = 1$, $a_n = a_{n-1} + a_{n-2}$ $(n \geq 3)$ で定められる「フィボナッチ数列」の添数を 1 だけずらしたものです）．(a) を考慮すると，これで $b(n)\,(= a(n-2))$ も求められたことになります．

なお，(a), (b) から，$b(n) = b(n-1) + b(n-2)$ $(n > 4)$ も成り立つこと

になりますが，(b) と同様の考え方で，この式の意味を直接捉えることもできます．n についての b 型和の全体は，先頭が 3 以上であるものと 2 であるものに分けられ，前者の形の和が $b(n-1)$ 個（先頭の数を k として，これを $1+(k-1)$ に分けることで，$n = 1 + (n-1$ の b 型和) の形になることに着目して導けます），後者の形の和が $b(n-2)$ 個です．

問題 2

具体的な数値 $c = 27$, $d = 37$（および $c = 54$, $d = 74$）を挙げて解答している答案も多く見られました．「題意をみたす c, d が存在する」ことを示すうえでは，具体的な数値は必要ありませんから，以下の解説ではこれらの数値を使わずに論じていきます．本問では，下に示す「極端な場合について考えよ」に則して簡潔にまとめられた次の 5 名の方を最優秀者としました（到着順）．

最優秀者

A さん（名東高校），B さん（天王寺高校），C さん（麻布高校），D さん（桜蔭高校），E さん（大阪市立大学）

解説

以下では，問題文の条件にあるとおり，c, d は正の整数で $d < 100$ とします．

最初に，記号 $\lfloor\ \rfloor$ を用いて表された式の意味を図に表現してみます（『数学発想ゼミナール 1』の 1.2 節「図を活用せよ」参照）．$k \cdot \dfrac{73}{100}$ は，直線 $y = \dfrac{73}{100}x$ 上の x 座標が k である点（図 6 の○印の点）の y 座標として表されます．$\left\lfloor k \cdot \dfrac{73}{100} \right\rfloor$ はその y 座標の「整数部分」ですから，○印の点のすぐ下側にある●印の格子点（x 座標と y 座標がともに整数である点）の y 座標で表されます．図 6 に，x のいくつかの自然数値に対する，対応する格子点を●で表しています．$\left\lfloor k \cdot \dfrac{c}{d} \right\rfloor$ についても，直線 $y = \dfrac{c}{d}x$ を用いて同様に考えることができます．

このように図に表現すると，与えられた問題は，「うまく c, d を選ぶと，$k = 1, 2, 3, \cdots, 99$ に対して，$\left\lfloor k \cdot \dfrac{73}{100} \right\rfloor$ に対応する格子点と $\left\lfloor k \cdot \dfrac{c}{d} \right\rfloor$ に対応する格子点が一致するようにできる（つまり，図 7 のようにはならない）」ことを示す問題と捉えられます．

さて，$\dfrac{73}{100}$ は既約分数ですから，100 よりも小さな分母 d を用いて $\dfrac{c}{d} =$

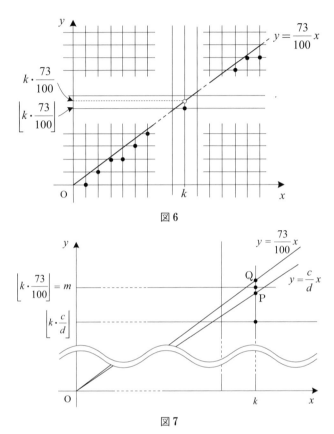

図 6

図 7

$\dfrac{73}{100}$ と表すことはできません.ですが,題意をみたす $\dfrac{c}{d}$ は $\dfrac{73}{100}$ に「近い」値ではあるはずです.そこで,「極端な場合」として,$\dfrac{73}{100}$ に "最も近い" $\dfrac{c}{d}$ を考えてみることにしましょう.$1 \leqq d \leqq 99$ の範囲で考えるわけですから,「$\dfrac{73}{100}$ に最も近い $\dfrac{c}{d}$」は(具体的に求めることは簡単なこととは限りませんが)存在します.xy 平面上で考えると,格子点 $P(x, y)$ $(1 \leqq x \leqq 99, 1 \leqq y)$ のうちで,直線 OP(O は原点)の傾きが $\dfrac{73}{100}$ に最も近くなるときの点を (d, c) とすれば,その傾き $\dfrac{c}{d}$ が「$\dfrac{73}{100}$ に最も近い $\dfrac{c}{d}$」です.

実は,単に「$\dfrac{73}{100}$ に最も近い $\dfrac{c}{d}$」とするだけでは不十分で,「$\dfrac{73}{100}$ 以下で

$\frac{73}{100}$ に最も近い $\frac{c}{d}$」とする必要があり（コメント 2 参照），解答ではそのような $\frac{c}{d}$ を用いています．

解答

$\frac{c}{d}$（c, d は正の整数で，$d < 100$）の形で表される数のうちで，$\frac{73}{100}$ 以下のものは有限個存在する．それらのうちで，$\frac{73}{100}$ に最も近いものを考える．その c, d に対して

$$\left\lfloor k \cdot \frac{c}{d} \right\rfloor = \left\lfloor k \cdot \frac{73}{100} \right\rfloor \quad (k = 1, 2, 3, \cdots, 99)$$

が成り立つことを示す．$\frac{c}{d} \leq \frac{73}{100}$ より $\left\lfloor k \cdot \frac{c}{d} \right\rfloor \leq \left\lfloor k \cdot \frac{73}{100} \right\rfloor$ であるが，いま，ある整数 k（$1 \leq k \leq 99$）に対して $\left\lfloor k \cdot \frac{c}{d} \right\rfloor < \left\lfloor k \cdot \frac{73}{100} \right\rfloor$ が成り立つ（図 7）と仮定する．この式の右辺の整数値を m とすると，図 7 の P，Q の y 座標を考えることで

$$k \cdot \frac{c}{d} < m \leq k \cdot \frac{73}{100} \tag{1}$$

がわかり，したがって，$m > 0$ で

$$\frac{c}{d} < \frac{m}{k} \leq \frac{73}{100} \tag{2}$$

である．これより，

$$\frac{m}{k} \text{ は } \frac{73}{100} \text{ 以下で，しかも } \frac{c}{d} \text{ よりも } \frac{73}{100} \text{ に近い} \tag{3}$$

ことになる．m, k が正の整数で，$k < 100$ であることを考え合わせると，(3) は，$\frac{c}{d}$ が，「c, d は正の整数で，$d < 100$」をみたす数のうちで，$\frac{73}{100}$ 以下で，$\frac{73}{100}$ に最も近いものであることに反する．したがって，すべての整数 k（$1 \leq k \leq 99$）に対して $\left\lfloor k \cdot \frac{c}{d} \right\rfloor = \left\lfloor k \cdot \frac{73}{100} \right\rfloor$ である． □

コメント

1. 「解説」で述べた「直線の傾き」を意識して図 7 を見れば（原点 O と格子点 (k, m) を結ぶ直線の傾きに注目），(3) が視覚的に読み取れます．

2. $\frac{c}{d}$（c, d は正の整数で，$d < 100$）を選ぶ際に，「$\frac{73}{100}$ 以下で」という条件をつけずに，単に「$\frac{73}{100}$ に最も近い $\frac{c}{d}$」とした場合，$\frac{c}{d} > \frac{73}{100}$ である可能性があります．その場合，$\left\lfloor d \cdot \frac{73}{100} \right\rfloor < \left\lfloor d \cdot \frac{c}{d} \right\rfloor (= c)$ となってしまうので，$k = d$ のときに等式が成り立ちません（図 8 に示すように，直線 $y = \frac{c}{d}x$ と直線 $y = \frac{73}{100}x$ を思い浮かべると状況が捉えやすいでしょう．なお，$\frac{73}{100}$ に最も近い $\frac{c}{d}$ は，$\frac{c}{d} = \frac{46}{63} = 0.730158\cdots > \frac{73}{100}$ です）．

なお，$\frac{73}{100}$ 以下で $\frac{73}{100}$ に最も近い $\frac{c}{d}$ は，$\frac{c}{d} = \frac{27}{37}\left(= \frac{54}{74}\right) = 0.729729\cdots$ で，この $\frac{c}{d}$ に対しては，題意がみたされます．

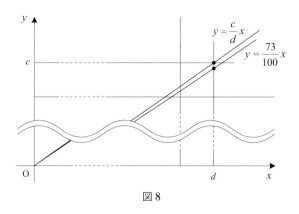

図 8

3. $\frac{73}{100}$ が既約分数であることから，解答の 6 行目の $\frac{c}{d} \leqq \frac{73}{100}$ における等号が成り立たないことはすぐにわかります．(1) や (2) における等号も同様です．

第3回

SPRINGER MATHEMATICS CONTEST
シュプリンガー数学コンテスト

🍎 問題

問題 1

(a) a, b, c が $a < b + c$ をみたす正の実数であるとき,次の不等式が成り立つことを証明せよ.
$$\frac{a}{1+a} < \frac{b}{1+b} + \frac{c}{1+c}$$

(b) a, b, c の長さをもつ 3 本の線分があり,これら 3 本の線分で三角形をつくることができるとする.このとき,$\frac{1}{a+b}, \frac{1}{b+c}, \frac{1}{c+a}$ の長さをもつ 3 本の線分も三角形をつくることを示せ.

問題 2

$a_1, a_2, \cdots, a_n$ は $1, 2, \cdots, n$ を任意の順に並べ替えて得られる数列とする.n が奇数のとき,積
$$(a_1 - 1)(a_2 - 2) \cdots (a_n - n)$$
がつねに偶数であることを示せ.

講評と解説

問題1
正解者

Aさん（清風高校），Bさん（筑波大学附属駒場高校），Cさん（青雲高校），Dさん（名東高校），Eさん（修猷館高校），Fさん（不動岡高校），Gさん（京都教育大学附属高校），Hさん（麻布高校），この他ペンネームで解答を寄せてくれたIさん，Jさん他5名

正解者の中から，独創性のある解法を用いているものや，ポイントを押さえて簡潔に，かつ，的確に表現されている次の8名の方を優秀者とします．

最優秀者

Aさん（清風高校），Bさん（筑波大学附属駒場高校），Fさん（不動岡高校），この他ペンネームで解答を寄せてくれたIさん，Jさん他3名

(a) の解説

最初に「逆にたどれ」（『数学発想ゼミナール1』第1.8節）で考えてみましょう．結論の式

$$\frac{a}{1+a} < \frac{b}{1+b} + \frac{c}{1+c} \tag{1}$$

から出発します．

(1)の右辺を通分して

$$\frac{a}{1+a} < \frac{b(1+c)+c(1+b)}{(1+b)(1+c)}$$

分母（ともに正）を払って，

$$a(1+b)(1+c) < (b+c+2bc)(1+a)$$

両辺を展開して，

$$a+ca+ab+abc < b+ab+c+ca+2bc+2abc$$

整理して，

$$a < b + c + 2bc + abc \qquad (2)$$

(2) から (1) は逆戻り可能ですから，(2) が成り立つことを示せば十分です．ここで，与えられた条件より $a < b + c$ かつ $0 < 2bc + abc$ ですから，これらを辺々加えて (2) が成り立つことがわかります．

今の議論の逆のステップをたどりながらまとめていくと，次のようになります．

(a) の解答

a, b, c が正であることから $0 < 2bc + abc$ であり，これと与えられた不等式 $a < b + c$ を辺々加えて，

$$a < b + c + 2bc + abc$$

両辺に $ab + ca + abc$ を加えて，

$$a + ab + ca + abc < b + c + 2bc + ab + ca + 2abc$$

両辺を因数分解して，

$$a(1+b)(1+c) < (b + c + 2bc)(1 + a)$$

よって

$$a(1+b)(1+c) < \{b(1+c) + c(1+b)\}(1+a)$$

両辺を $(1+a)(1+b)(1+c)\ (>0)$ で割って，

$$\frac{a}{1+a} < \frac{b(1+c) + c(1+b)}{(1+b)(1+c)} = \frac{b}{1+b} + \frac{c}{1+c}$$

となり，所望の結論が得られる． □

この他，示すべき不等式 (1) の右辺から左辺を引いた式を考え，

$$\frac{b}{1+b} + \frac{c}{1+c} - \frac{a}{1+a} = \cdots$$
$$= \frac{(b+c-a) + (2bc + abc)}{(1+a)(1+b)(1+c)} > \frac{b+c-a}{(1+a)(1+b)(1+c)} > 0$$

とする導き方などもあります（この場合にも，(2) を示すことに帰着されています）．

関数 $\dfrac{x}{1+x}$ を考える

この他の方法として，$x>0$ において関数 $f(x)=\dfrac{x}{1+x}=1-\dfrac{1}{1+x}$ が増加関数である（図1）ことに基づく次のような証明もあり，何名かの解答にこの方法が見られました．

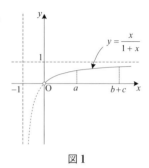

図1

$$\dfrac{a}{1+a}<\dfrac{b+c}{1+(b+c)}=\dfrac{b}{1+b+c}+\dfrac{c}{1+b+c}$$
$$<\dfrac{b}{1+b}+\dfrac{c}{1+c}$$

(b) の解説

a, b, c の長さをもつ3本の線分が三角形をつくる条件は $|b-c|<a<b+c$（これは "$a<b+c$ かつ $b<c+a$ かつ $c<a+b$" と表すこともできます）ですが，a, b, c のうちで a が最大だとわかっている場合には，$a<b+c$ だけで十分です．

本問 (b) では，a, b, c の大小関係は与えられていませんが，問題文において，a, b, c が「平等」に現れている，すなわち，問題文が a, b, c に関して「対称的」ですから，一般性を失うことなく

$$a \geqq b \geqq c > 0 \qquad (3)$$

と仮定して論じることができます．また，a, b, c は三角形の3辺の長さだから，

$$a < b + c \qquad (4)$$

が成り立ちます．

次に，(3) より，$0 < b+c \leqq c+a \leqq a+b$ ですから，$\dfrac{1}{a+b}, \dfrac{1}{b+c}, \dfrac{1}{c+a}$ のうちで $\dfrac{1}{b+c}$ が最大です．したがって，

$$\dfrac{1}{b+c} < \dfrac{1}{c+a} + \dfrac{1}{a+b} \qquad (5)$$

を示せばよいことになります（以下で引用する答案についても，(5) を示す形に

寄せられた解答から

寄せられた答案の中で最も簡潔だったのは，M さんのもので，(3) のもと，(4) から，

$$\frac{1}{b+c} < \frac{1}{a} = \frac{1}{2a} + \frac{1}{2a} \leq \frac{1}{c+a} + \frac{1}{a+b}$$

と導いていました．

また，A さんは，2 つの正の数に対する相加平均・調和平均の関係[1]

$$a, b > 0 \text{ のとき } \quad \frac{a+b}{2} \geq \frac{2}{\frac{1}{a} + \frac{1}{b}} \tag{6}$$

を用いて，(5) を次のように導いています：

$$\frac{1}{c+a} + \frac{1}{a+b} \geq 2 \cdot \frac{2}{(c+a)+(a+b)}$$
$$= \frac{4}{2a+b+c} > \frac{4}{2(b+c)+(b+c)}$$
$$= \frac{4}{3} \cdot \frac{1}{b+c} > \frac{1}{b+c}$$

この式からわかるように，実は，(5) よりも強い不等式

$$\frac{4}{3} \cdot \frac{1}{b+c} < \frac{1}{c+a} + \frac{1}{a+b} \tag{7}$$

が成り立ちます（上の証明よりも段階は増えますが，相加平均・相乗平均の関係

$$a, b > 0 \text{ のとき } \frac{a+b}{2} \geq \sqrt{ab}$$

を用いて (7) を導くこともできます）．

B さんも (7) にあたる式を導いており，解答全体の見通しもうまく立てられているので，その解答の概略を紹介しましょう（最後のあたりの式は書き方を少し変えてあります）．

はじめに $\frac{1}{a+b} = C, \frac{1}{b+c} = A, \frac{1}{c+a} = B$ とおきます．これらを $a, b,$

---

[1] 2 つの正の数 a, b の調和平均とは，a と b の逆数の相加平均の逆数，すなわち $\frac{1}{\frac{1}{a} + \frac{1}{b}} = \frac{2}{\frac{1}{a} + \frac{1}{b}}$
のことで，これはさらに $\frac{2ab}{a+b}$ とも書けます．また，(6) の等号成立条件は $a = b (> 0)$ です．

c について解いた形

$$a = \frac{1}{2}\Big(\frac{1}{B} + \frac{1}{C} - \frac{1}{A}\Big),\ b = \frac{1}{2}\Big(\frac{1}{A} + \frac{1}{C} - \frac{1}{B}\Big),\ c = \frac{1}{2}\Big(\frac{1}{A} + \frac{1}{B} - \frac{1}{C}\Big)$$

をつくり，これらを $a < b + c$ へ代入することで，A, B, C の間に成り立つ不等式を導こう，という方針です．代入により，$\frac{1}{B} + \frac{1}{C} < \frac{3}{A}$ が導かれ，両辺に $ABC(>0)$ を掛けて $A(B+C) < 3BC$ です．これに，相加平均・相乗平均の関係から導かれる $BC \leq \Big(\frac{B+C}{2}\Big)^2$ を考え合わせて，$A(B+C) < 3BC \leq \frac{3}{4}(B+C)^2$ となり，(7) にあたる $\frac{4}{3}A < B + C$ が得られます．

逆にたどって考える

今度は，「逆にたどれ」で考えてみましょう．(5) の両辺に $(a+b)(b+c)(c+a)(>0)$ を掛けて分母を払うと，

$$(a+b)(c+a) < (a+b)(b+c) + (b+c)(c+a)$$

となります．各辺を展開して整理すると，

$$a^2 + ab + bc + ca < b^2 + c^2 + 2ab + 2bc + 2ca$$

両辺から $ab + bc + ca$ を引いて

$$a^2 < b^2 + c^2 + ab + bc + ca \tag{8}$$

となります．

(8) から (5) は逆戻り可能ですから，(8) を示せばよいことになります．(4) の $a < b + c$ を利用して (8) を導く方法として，$a < b + c$ の両辺に a を掛けて得られる不等式 $a^2 < ab + ac$ の右辺に $b^2 + c^2 + bc(>0)$ を加えることが考えられます．後述する解答は，この方針に沿って，仮定から出発する書き方をしたものです．

この他に，(4) の両辺を 2 乗した式

$$a^2 < b^2 + c^2 + 2bc \tag{9}$$

から (8) を導くことを考え，((9) の右辺)≦((8) の右辺) すなわち

$$b^2 + c^2 + 2bc \leq b^2 + c^2 + ab + bc + ca \tag{10}$$

を示すことも考えられます．(10) は $bc \leqq ab + ca$ と変形できますが，これは (3) から，$bc \leqq ab < ab + ca$ と導くことができます．

(b) の解答　一般性を失うことなく，
$$a \geqq b \geqq c > 0 \tag{11}$$
と仮定してよい．また，a, b, c は三角形の 3 辺の長さだから，
$$a < b + c \tag{12}$$
である．(11) より $0 < b+c \leqq c+a \leqq a+b$ だから，$\dfrac{1}{b+c} \geqq \dfrac{1}{c+a} \geqq \dfrac{1}{a+b}$ である．したがって，$\dfrac{1}{b+c}, \dfrac{1}{c+a}, \dfrac{1}{a+b}$ の長さをもつ 3 本の線分が三角形をつくることを示すためには，
$$\frac{1}{b+c} < \frac{1}{c+a} + \frac{1}{a+b} \tag{13}$$
を示せばよい．

そこで，まず (12) の両辺に $a\,(>0)$ を掛けて，
$$a^2 < a(b+c) \tag{14}$$

(14) と $b > 0, c > 0$ より，
$$a^2 < ab + ca < ab + ca + (b^2 + c^2 + bc)$$
$$\therefore\ a^2 < b^2 + c^2 + ab + bc + ca$$
両辺に $ab + bc + ca$ を加えて
$$a^2 + ab + bc + ca < b^2 + c^2 + 2(ab + bc + ca)$$
$$\therefore\ (a+b)(c+a) < (a+b)(b+c) + (b+c)(c+a)$$
両辺を $(a+b)(b+c)(c+a)\,(>0)$ で割ると，$\dfrac{1}{b+c} < \dfrac{1}{c+a} + \dfrac{1}{a+b}$ となり，(13) が得られる．　　□

問題 2
正解者
　Aさん（清風高校），Bさん（筑波大学附属駒場高校），Cさん（金沢泉丘高校），Dさん（名東高校），Eさん（修猷館高校），Fさん（平塚江南高校），Gさん（不動岡高校），Hさん（高崎高校），Iさん（甲陽学院高校），Jさん（麻布高校），Kさん（ラ・サール高校），この他ペンネームで解答を寄せてくれた11名

　正解者のほとんどの方がほぼ同じ方針で証明をしていましたが，頭の中にあることを文章で表すことの難しさがあったようです．以上の方々の中からとくに的確な表現につとめている次の10名の方を優秀者とします．

最優秀者
　Aさん（清風高校），Bさん（筑波大学附属駒場高校），Fさん（平塚江南高校），Gさん（不動岡高校），Iさん（甲陽学院高校），この他ペンネームで解答を寄せてくれた5名

　本問（1906年のハンガリー(国内)数学オリンピックの問題の1つ）は，第Ⅰ部の p.23 の例題 4（小問による誘導があります）とほぼ同一の問題ですので，解説・解答は省略します．例題 4 の (2) の事実については，正解者のほとんどが p.24 に示す解答と同様の考え方で証明していましたが，Gさんは別解と同様の方法で証明していました．

第4回
SPRINGER MATHEMATICS CONTEST
シュプリンガー数学コンテスト

問題

問題1
24以下の正整数の中から勝手に選んだ7個の数からなる集合が1個与えられている．この集合の空でない部分集合のすべてについて，それぞれの要素の和を考える．このとき，要素の和がすべて異なることはないことを証明せよ．

問題2
正三角形の内部のある点から各頂点への距離が，5, 7, 8であるとき，この正三角形の1辺の長さを決定せよ．

講評と解説

問題1

正解者・最優秀者（到着順，下線つきは最優秀者）

Aさん（天王寺高校），Bさん（清風高校），Cさん（東大寺学園高校），Dさん（神戸高校），<u>Eさん（筑波大学附属駒場高校）</u>，Fさん（金沢泉丘高校），Gさん（甲陽学院高校），Hさん（灘中学校），Iさん（金沢泉丘高校），<u>Jさん（麻布高校）</u>，Kさん（神戸高校），<u>Lさん（奈良学園高校）</u>，Mさん（天王寺高校），Nさん（不動岡高校），Oさん（早稲田実業高等部），Pさん（灘中学校）

正解者の中から，解説の解答1の方法で簡潔に証明をした3名を優秀者としました．

解説

24以下の7個の正整数からなる任意の集合を S とします．S の異なる部分集合は，空集合も含めて全部で $2^7 = 128$ 個（各要素について，それを含むか含まないかで2通りずつ考えられるから）ですから，空集合を除けば127個です．したがって，

「部分集合の要素の和」としてとり得る値の個数が126以下である (1)

ことが示せれば，鳩の巣原理（p.21〜p.24参照）により，ある2つの部分集合について，それらの要素の和が等しいことになります．

上述の方針で進める場合の解答例は解答2で紹介することとして，最初に，優秀者に選ばれた人たちの解答を紹介しましょう．本問は，「S の空でない部分集合の全体の中に，要素の和が等しい2つの異なる部分集合が存在することを示せ」という問題ですが，ここに紹介する解答では，

(1個以上) **4個以下の要素からなる部分集合**の全体の中に，要素の和が等しい2つの異なる部分集合が存在する

ことを示しています．すなわち，示すべき命題を強めることで，かえって簡潔な証明が得られています．

解答1 24以下の7個の正整数からなる任意の集合をSとする.Sの相異なる部分集合で,要素が1個のもの,2個のもの,3個のもの,4個のものはそれぞれ,${}_7C_1 = 7$(個),${}_7C_2 = 21$(個),${}_7C_3 = 35$(個),${}_7C_4 = {}_7C_3 = 35$(個)である.したがって,

$$\left.\begin{array}{l}\text{4個以下の要素からなる空でない部分集合は,全部で}\\7 + 21 + 35 + 35 = 98\,(\text{個})\,\text{である}.\end{array}\right\} \quad (2)$$

一方,4個以下の要素からなる空でない部分集合について,それぞれの要素の和は,高々$24 + 23 + 22 + 21 = 90$だから,

$$\text{「要素の和」としてとり得る値は90個以下である}. \quad (3)$$

(2),(3)より,4個以下の要素からなるある2つの異なる部分集合について,それらの要素の和は等しいことになる.よって題意は示せた. □

Lさんは,これと同様の証明に加え,**5個以下の要素からなる部分集合**を考えた場合の証明(解答1と同様に証明できます)も記していました.

次に,最初に述べたSの空でない部分集合(全部で127個)のすべてを考察の対象にする解答を紹介します.24以下の7個の正整数を小さい方から順にa_1, a_2, $\cdots$, a_7として,$S = \{a_1, a_2, \cdots, a_7\}$とします.また,$S$の空でない部分集合の要素の和としてとり得る値の個数をNとします.まずは(1),すなわち,$N \leq 126$が示せないか考えてみましょう.Sの部分集合の要素の和の最大値と最小値は,それぞれ$a_1 + a_2 + \cdots + a_7$とa_1です.このことから,

$$N \leq (a_1 + a_2 + \cdots + a_7) - (a_1 - 1)$$
$$= a_2 + a_3 + \cdots + a_7 + 1$$
$$\leq 19 + 20 + 21 + 22 + 23 + 24 + 1 = 130$$

です.$N \leq 126$は導けていませんが,Nが126よりも大きくなる場合がかなり限定され,$a_2, a_3, \cdots, a_7$が「大きな」値である場合に限られることがわかります.そして,その場合には,例えば$\{21, 24\}$と$\{22, 23\}$のように,「和が等しい異なる部分集合で,2つずつの要素からなるものが含まれる」ことが期待できます.次の解答2は,このことに注目した解答で,多くの答案が,基本的にこの

流れに沿っていました.

解答 2 24 以下の 7 個の正整数を小さい方から順に $a_1, a_2, \cdots, a_7$ として, $S = \{a_1, a_2, \cdots, a_7\}$ とする. S には, $2^7 - 1 = 127$（個）の相異なる空でない部分集合がある.

ここで, $a_4 \geqq 21$ の場合には, $a_4 = 21, a_5 = 22, a_6 = 23, a_7 = 24$ となり, $a_4 + a_7 = a_5 + a_6 = 45$ だから, 2 つの部分集合 $\{a_4, a_7\}$ と $\{a_5, a_6\}$ の要素の和が等しいことになる. そこで, $a_4 \leqq 20$ とする. すると, $a_2 < a_3 < a_4 \leqq 20$ であり, これと $a_5 < a_6 < a_7 \leqq 24$ より,

$$a_2 \leqq 18, \ a_3 \leqq 19, \ a_4 \leqq 20, \ a_5 \leqq 22, \ a_6 \leqq 23, \ a_7 \leqq 24 \qquad (4)$$

である. 空でない部分集合の要素の和は, a_1 から $a_1 + a_2 + \cdots + a_7$ までの範囲にあるから, 和としてとり得る値の個数 N について, $N \leqq (a_1 + a_2 + \cdots + a_7) - (a_1 - 1) = a_2 + a_3 + \cdots + a_7 + 1$ が成り立つ. したがって, (4) より

$$N \leqq a_2 + a_3 + \cdots + a_7 + 1 \leqq 18 + 19 + 20 + 22 + 23 + 24 + 1 = 127 \qquad (5)$$

である. ここで, $N \leqq 126$ の場合には, 127 個の部分集合の中に, 要素の和が等しい 2 つの異なる部分集合が存在することになる. また, $N = 127$ の場合には, (5) の 2 つの $\leqq$ の等号がともに成り立つことになるが, とくに 2 つ目の等号が成り立つことから, (4) における等号がすべて成り立つことになる. したがって, $a_2 = 18, a_3 = 19, a_4 = 20, a_5 = 22, a_6 = 23, a_7 = 24$ であり, このとき, $a_2 + a_7 = a_3 + a_6 (= a_4 + a_5) = 42$ が成り立ち, $\{a_2, a_7\}$ と $\{a_3, a_6\}$ の要素の和が等しいことになる. よって題意は示せた. □

なお, コメント 2 で示されるように, 実際には $N = 127$ となることはありません.

コメント

解答 2 と同様, S の要素を小さい方から順に $a_1, a_2, \cdots, a_7$ とします.

1. 解答 1 では「4 個以上の要素からなる部分集合」だけを考えましたが,「2 個以上の要素からなる部分集合」だけを考える方法も見られました. 2 個以上の要

素からなる部分集合は全部で $2^7 - 7 - 1 = 120$ (個) あります．各部分集合の要素の和のとり得る値の個数は，高々 $(a_1 + a_2 + \cdots + a_7) - (a_1 + a_2 - 1) = a_3 + a_4 + \cdots + a_7 + 1 \leqq 20 + 21 + \cdots + 24 + 1 = 111$ であり，これが上記の 120 よりも小さいことから題意が示せます．

正解者の中では A さんと I さんがこれに類する方法でした．

2. 解答 2 で用いた不等式 $N \leqq (a_1 + a_2 + \cdots + a_7) - (a_1 - 1)$ は，「a_1 よりも小さい $a_1 - 1$ 個の自然数は部分集合の和とはならない」ことに基づく式ですが，M さんは，さらなる考察を加えることで，$N \leqq 113$ ($< 127 =$ 空でない部分集合の個数) を導き，場合分けすることなく題意を示していました．その考察とは，部分集合の和のうちで最も小さな値 a_1 とその次に小さな値 a_2 の間にある $a_2 - a_1 - 1$ 個の自然数と，部分集合の和のうちで最も大きな値 $a_1 + a_2 + \cdots + a_7$ とその次に大きな値 $a_2 + a_3 + \cdots + a_7$ の間にある $a_1 - 1$ 個の自然数も部分集合の和にならない，というものです．これにより，

$$N \leqq (a_1 + a_2 + \cdots + a_7) - \{(a_1 - 1) + (a_2 - a_1 - 1) + (a_1 - 1)\}$$
$$= a_3 + a_4 + \cdots + a_7 + 3$$
$$\leqq 20 + 21 + 22 + 23 + 24 + 3 = 113$$

が導けます．

問題 2
正解者・最優秀者 (到着順，下線つきは最優秀者)

A さん (天王寺高校)，B さん (清水東高校)，C さん (清風高校)，D さん (都立西高校)，E さん (東大寺学園高校)，F さん (高崎高校)，G さん (清水東高校)，H さん (東大寺学園高校)，<u>I さん (青雲高校)</u>，J さん (青雲高校)，K さん (筑波大学附属駒場中学校)，<u>L さん (筑波大学附属駒場高校)</u>，M さん (都立西高校)，N さん (青雲中学校)，O さん (金沢泉丘高校)，P さん (灘中学校)，Q さん (金沢泉丘高校)，<u>R さん (麻布高校)</u>，S さん (青雲中学校)，T さん (天王寺高校)，U さん (私立武蔵高校)，V さん (奈良学園高校)，W さん (高知小津高校)，X さん (不動岡高校)，Y さん (早稲田実業高等部)，Z さん (天王寺高校)，<u>Γ さん (灘中学校)</u>，Δ さん (奈良学園中学校)，Θ さん (小倉高校)，Λ さん (小倉高校)

正解者の中から，解説の解答 1 の方法（またはそれに類する方法）で正解を導いた 4 名を優秀者としました．

解説

正三角形の 3 頂点を A, B, C とし，P を PA = 5, PB = 7, PC = 8 をみたす点とします（図 1）．解答には，座標を導入する解法，ベクトルを用いる解法，および，以下に紹介する 2 つの解法とその他の解法が見られました．

はじめに，優秀者に選ばれた人たちの解法を紹介しましょう．その解法は，以下の流れに沿ったもの（またはこれに類する方法）です．

解答 1 （上述のように A, B, C, P をとり）△APB を A のまわりに 60° だけ回転させる（図 2）と，B は C にうつる．また，このときに P がうつる先の点を P′ とする．すると，AP′ = AP = 5, ∠PAP′ = 60° より △APP′ は 1 辺の長さ 5 の正三角形だから，

$$PP' = 5 \tag{1}$$
$$\angle APP' = 60° \tag{2}$$

である．(1) および PC = 8, P′C = PB = 7 より，△CPP′ で余弦定理を用いると，

$$\cos \angle CPP' = \frac{5^2 + 8^2 - 7^2}{2 \cdot 5 \cdot 8} = \frac{1}{2}$$

これより，∠CPP′ = 60° であり，これと (2) より ∠APC = 120° である．したがって，△ACP で余弦定理を用いて，

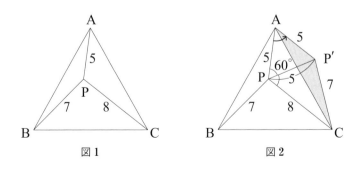

図 1　　　　　図 2

$$\mathrm{AC}^2 = 5^2 + 8^2 - 2 \cdot 5 \cdot 8 \cos 120° = 129 \tag{3}$$

よって，正三角形の 1 辺の長さは

$$\mathrm{AC} = \sqrt{129} \quad \cdots \text{(答)}$$

次に紹介する解答 2 は 2 名（K さん，P さん）の解答に見られた方法で，その次に紹介する解答 2′（H さん，O さん，Q さん，T さん，U さん，Δ さん，Λ さん）とともに，正三角形 ABC と P をもとに構成された六角形（図 3）を使って議論しています．V さんと Y さんは，これらとは異なる方法で構成された六角形（図 5：解答 1 のように，例えば，△ACE は △ABP を A のまわりに 60°だけ回転させたものです）を用いていました．

解答 2　（A, B, C, P はこれまでと同じで）AB, BC, CA のそれぞれに関して P を線対称移動して得られる点を，それぞれ，D, E, F とする（図 3）．このとき，

$$\mathrm{AF} = \mathrm{AD} = \mathrm{AP} = 5, \quad \mathrm{BD} = \mathrm{BE} = \mathrm{BP} = 7, \quad \mathrm{CE} = \mathrm{CF} = \mathrm{CP} = 8 \tag{4}$$

である．また，$\angle \mathrm{CAP} = \angle \mathrm{CAF}$，$\angle \mathrm{BAP} = \angle \mathrm{BAD}$，$\angle \mathrm{CAP} + \angle \mathrm{BAP} = 60°$ だから，$\angle \mathrm{FAD} = 2 \times 60° = 120°$ であり，同様にして，$\angle \mathrm{DBE} = \angle \mathrm{ECF} = 120°$ である．したがって，△ADF, △BED, △CFE はすべて図 4 に示す二等辺三角形に相似で，

$$\mathrm{FD} = 5\sqrt{3}, \quad \mathrm{DE} = 7\sqrt{3}, \quad \mathrm{EF} = 8\sqrt{3} \tag{5}$$

であり，また，とくに

$$\angle \mathrm{AFD} = \angle \mathrm{CFE} = 30° \tag{6}$$

である．ここで，(5) を用いて △DEF において余弦定理を適用すると，

$$\cos \angle \mathrm{DFE} = \frac{(5^2 + 8^2 - 7^2) \cdot (\sqrt{3})^2}{2 \cdot 5 \cdot 8 \cdot (\sqrt{3})^2} = \frac{1}{2}$$

したがって，$\angle \mathrm{DFE} = 60°$ である．これと (6) より $\angle \mathrm{AFC} = 120°$ であり，(4) も用いて △AFC に余弦定理を適用すると

$$AC^2 = 5^2 + 8^2 - 2 \cdot 5 \cdot 8 \cos 120° = 129$$

よって，正三角形の 1 辺の長さは

$$AC = \sqrt{129} \qquad \cdots (答)$$

解答 2 の (5) までを導いた後，六角形 ADBECF の面積を 2 通りに表すことにより正三角形の 1 辺の長さを導く解法も見られました．概略は以下のとおりです．

解答 2′　正三角形の 1 辺の長さを l とすると，$\triangle ABC = \dfrac{\sqrt{3}}{4}l^2$ だから，

$$六角形\ ADBECF = 2 \times \triangle ABC = \frac{\sqrt{3}}{2}l^2 \qquad (7)$$

一方，図 4 に示す二等辺三角形の面積は（1 辺の長さ a の正三角形の面積と同じで）$\dfrac{\sqrt{3}}{4}a^2$ だから，

$$\triangle ADF + \triangle BED + \triangle CFE = \frac{\sqrt{3}}{4}(5^2 + 7^2 + 8^2) = \frac{69}{2}\sqrt{3} \qquad (8)$$

また，$\dfrac{DE + EF + FD}{2} = 10\sqrt{3}$ だから，ヘロンの公式[1]により，

$$\triangle DEF = \sqrt{10\sqrt{3} \cdot 5\sqrt{3} \cdot 3\sqrt{3} \cdot 2\sqrt{3}} = 30\sqrt{3} \qquad (9)$$

(8), (9) より六角形 $ADBECF = \left(\dfrac{69}{2} + 30\right)\sqrt{3} = \dfrac{129}{2}\sqrt{3}$ で，これと (7) より

$$\frac{\sqrt{3}}{2}l^2 = \frac{129}{2}\sqrt{3}$$

これより，正三角形の 1 辺の長さは

$$l = \sqrt{129} \qquad \cdots (答)$$

なお，図 5 の六角形 AFBDCE の面積も $\triangle ABC$ の面積の 2 倍であり，このことを用いて正三角形の 1 辺の長さを求めることもできます．

---

[1] ヘロンの公式：3 辺の長さが a, b, c の三角形の面積 S は，

$$S = \sqrt{s(s-a)(s-b)(s-c)} \quad \left(ただし\ s = \frac{a+b+c}{2}\right)$$

また，解答 2 のようにして $\angle DFE = 60°$ を導き，$\triangle DEF = \dfrac{1}{2}FD \cdot FE \sin 60° = 30\sqrt{3}$ としている解答もありました．

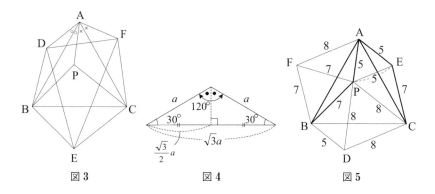

図 3   図 4   図 5

コメント

1. たとえば，アメリカ数学協会から出版されている *Which Way Did the Bicycle Go?...and Other Intriguing Mathematical Mysteries*(Joseph D.E. Konhauser, Dan Velleman, Stan Wagon, 1996) では，3 頂点への距離が 3, 4, 5 の場合の問題が紹介されており，その問題は古くからあるとのことです．本問の解答 1 と同様の解法とともに，「3 頂点への距離を a_1, a_2, a_3, 正三角形の 1 辺の長さを a_0 とすると $\left(\sum_{i=0}^{3} a_i^2\right)^2 = 3 \sum_{i=0}^{3} a_i^4$ が成り立つ」ことが紹介されています．

2. 解答 1 と似た方法は，「平面上に 3 点 A, B, C が与えられているときに，AP + BP + CP が最小となる点 P の位置を決定せよ」というフェルマーが提案した問題の解法でよく知られています（△ABC のどの内角も 120° 未満である場合に対する解法）．その方法を簡単に紹介します．

P を平面上の勝手な位置にとり，△BCP を B のまわりに 60° 回転したときに C と P がうつる先の点をそれぞれ C′, P′ とする（図 6）．BP = BP′, ∠PBP′ = 60° より △BPP′ は正三角形だから，BP = PP′ である．したがって，

$$AP + BP + CP = AP + PP' + P'C' \geqq AC' \tag{10}$$

である．C′ は P のとり方に依存しない定点であり，したがって，(10) の最右辺は定数で，等号は ∠APP′ = ∠PP′C′ = 180°, すなわち ∠APB = ∠BP′C′ =

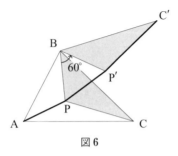

図 6

120° のとき．したがって，

$$\angle APB = \angle BPC = \angle CPA = 120° \tag{11}$$

のときに成り立つ．つまり，(11) をみたす P の位置が求める位置である．

(注) どの内角も 120° 未満である任意の三角形 ABC に対しては，(11) をみたす点 P が存在し，この点は**フェルマー点**とよばれます（ただし，鋭角三角形 ABC に対する (11) をみたす点 P に限定してフェルマー点とよぶことも多いです）．

第5回
SPRINGER MATHEMATICS CONTEST
シュプリンガー数学コンテスト

🍏 問題

次の性質を満たす自然数 a が無数に存在することを証明せよ．
任意の自然数 n に対して $n^4 + a$ は素数ではない．

講評と解説

n と a が自然数のとき $n^4 + a \geq 2$ ですから,「$n^4 + a$ が素数でない」とは,「$n^4 + a$ が合成数（1 でも素数でもない自然数）である」と言い表すこともできます．本問の正解者は到着順に以下の方々です．

正解者・最優秀者（下線つきは最優秀者）

<u>A さん（清風高校）</u>，B さん（筑波大学附属駒場高校），C さん（筑波大学附属駒場中学校），D さん（不動岡高校），E さん（市立西宮高校），<u>F さん（奈良学園高校）</u>，G さん（早稲田実業学校高等部）

正解者の中から，後述するような簡潔な証明をした 2 名を最優秀者としました．

解説

はじめに，$a > 0$ という条件を除いて「整数 a」として考えてみます．例えば $a = 0$ とすれば，$n^4 + a = n^4$ は 2 以上の自然数 n に対して合成数です．また，$a = -1$ とすれば，$n^4 + a = n^4 - 1 = (n^2 - 1)(n^2 + 1)$ であり，$n \geq 2$ に対して $n^2 + 1 > n^2 - 1 \geq 3$ だから，$n^4 + a = n^4 - 1$ は 3 以上の自然数の積であり，したがって合成数です．一般に，$a = -b^2$（b は自然数）とすれば，$n^4 + a = n^4 - b^2 = (n^2 - b)(n^2 + b)$ ですから，$n \geq \sqrt{b+2}$ をみたす自然数 n に対して $n^4 + a$ は合成数です．

本問における a は自然数ですが，この場合にも $n^4 + a$ が整数係数の範囲で因数分解できるような自然数 a は存在します．因数分解の問題で，$x^4 + y^4$ を

$$x^4 + y^4 = (x^2 + y^2)^2 - 2x^2 y^2$$
$$= (x^2 - \sqrt{2}xy + y^2)(x^2 + \sqrt{2}xy + y^2)$$

という手順で因数分解した経験のある人もいるでしょう．この因数分解は整数係数ではありませんが，同様の変形で整数係数の因数分解が得られるように a を定めることを目標にします．

解答

$a = 4b^4$（b は 2 以上の自然数）の形で表される a を考えると，a は自然数で，

$$n^4 + a = n^4 + 4b^4 = (n^2 + 2b^2)^2 - 4b^2 n^2$$
$$= (n^2 - 2bn + 2b^2)(n^2 + 2bn + 2b^2) \quad (1)$$

である．ここで，n と b が自然数であることから $n^2 - 2bn + 2b^2$ と $n^2 + 2bn + 2b^2$ はともに整数で，

$$n^2 + 2bn + 2b^2 > n^2 - 2bn + 2b^2 = (n-b)^2 + b^2 \geqq b^2 \geqq 4$$

だから，(1) の最右辺は 4 以上の自然数の積である．したがって，$n^4 + a$ は素数ではない．

b は 2 以上の任意の自然数でよく，また，b の値が異なれば a の値も異なる．したがって，「任意の自然数 n に対して $n^4 + a$ は素数ではない」をみたす自然数 a は無数に存在する． □

正解者のうち，A さん，C さん，D さん，F さんが，上述の解答のように $a = 4b^4$（b は 2 以上の自然数）とおく方法で証明していました．その他の正解答案も，この条件に書き直せたり，この条件に含まれるものでした．

コメント

n の多項式について，それが整数係数の範囲で因数分解できなくても，n に具体的な値を代入して得られる値が合成数であることはあります．例えば，$a = 1$ のとき，$n^2 + 1$ は整数係数の範囲では因数分解できませんが，n に 3 以上の奇数 $3, 5, \cdots$ を代入して得られる値 $10, 26, \cdots$ は合成数です（もっと簡単な例でいえば，1 次式 n は積の形ではありませんが，$n = 4, 6, 8, 9, \cdots$ のときには合成数です）．

第6回
SPRINGER MATHEMATICS CONTEST
シュプリンガー数学コンテスト

🍒 問題

次の性質 (i) かつ (ii) をみたす最小の自然数 n を求めよ.

(i) 10進法表示したとき, 最下位の桁に表れる数字が6である.

(ii) 最下位の桁の数字6をとり除き, 残った数字の並びの一番前に6をおいてできる数は, 最初の数 n の4倍である.

講評と解説

本問の応募者すべての方が答の 153846 を導いていました．

正解者・最優秀者（到着順，下線つきは最優秀者）

Aさん（藤井寺市立第三中学校），Bさん（諏訪清陵高校），Cさん（加古川東高校卒），Dさん（市立千葉高校），Eさん（筑波大学附属駒場高校），Fさん（名東高校），Gさん（平塚江南高校），Hさん（天王寺高校），Iさん（小倉高校），Jさん（小倉高校），Kさん（小倉高校），Lさん（麻布高校），Mさん（小倉高校），Nさん（京都教育大学附属高校），Oさん，<u>Pさん（桐朋中学校）</u>，Qさん（4月から桐朋高校），Rさん（京都共栄学園高校），<u>Sさん（滝中学校）</u>，<u>Tさん（麻布高校）</u>，Uさん（市立西宮高校），Vさん（青雲高校），Wさん（奈良学園中学校），Xさん（泉陽高校），Yさん（奈良学園高校），Zさん（麻布高校）

正解者の中から，解説の解法 (a) と解法 (b) に示す簡潔な表現で証明をした次の 3 名を最優秀者としました．

解説

寄せられた解答は，大きく 2 つの方法に分けられました．1 つ目の方法は，各位の数を 1 つずつ決定していく方法です．この方法は，さらに次の 3 つの方法に分類できました．

(a) n の最下位が 6 であることから $4n$ の最下位（n の下から 2 番目の位でもある）が $6 \times 4 = 24$ の 1 の位の数 4 で，したがって，n の下から 2 番目の位は 4 である，…，と下の位から決定していく方法．

(b) $4n$ の最上位が 6 であることから，$n(= 4n \div 4)$ の最高位を 1 と決定し，次に上から 2 番目の位の数を決定し，…と上の位から決定していく方法．

(c) (a), (b) の両方の考え方を併用する方法．

2 つ目の方法は，(i), (ii) から $n = 10m + 6$, $4n = 6 \times 10^k + m$（m は非負整数で，k はその桁数）と表し，これらから m または n を消去して得られる等式に対して「整数の合同」の概念（p.158 参照）などを用いるものです．この方法

は，n, m のどちらを消去するかに応じてさらに分類できますが，ここでは m を消去することにします（コメント 3 に注意）．この方法が次の (d) です．

(d) 2 つの式から m を消去して $13n = 2(10^{k+1} - 1)$ を導き，$10^{k+1} - 1$ が 13 の倍数となることから k を決定し，それを用いて定まる n が (i), (ii) をみたすことを確かめる方法．

以下に，解法 (a), (b), (d) のそれぞれに沿う解説をしていきます．

解法 (a) (a) に示す解法については，最優秀者の S さんと T さんによる簡潔な考え方を紹介します．解法 (a) による解答については，この 2 名以外の方のものも本質的には同じ考え方なのですが，以下の解法は「筆算」の形で表現することで見通しよく解決しています．

(i), (ii) より，n の 10 進法表示を $a_m \cdots a_3 a_2 a_1 6$（$1 \leq i \leq m$ に対して a_i は $0 \leq a_i \leq 9$ をみたす整数で，$a_m \neq 0$）とすると，$4n$ の 10 進法表示は $6 a_m \cdots a_3 a_2 a_1$ となるので，$a_m \cdots a_3 a_2 a_1 6 \times 4 = 6 a_m \cdots a_3 a_2 a_1$ である（図 1）．はじめに，最下位の掛け算により，積の最下位の a_1 が 4 である（図 2）ことがわかり，したがって「掛けられる数」における a_1 も 4 である（図 3）．すると，積における a_2 が 8 である（図 4）ことがわかるので，「掛けられる数」における a_2 も 8 である（図 5）．同様の操作を続けると，積の下から 6 桁目に 6 が現れ（図 6），このとき繰り上がりは起こらないので，求める最小の自然数 n は $n = 153846$ である．

解法 (b) (b) に示す解法については，最優秀者の P さんによる簡潔な考え方を，図を補って紹介します．解法 (b) による解答についても，P さん以外のものも，本質的には同じ考え方によるものでしたが，P さんは「筆算」の形で表現することで，解法 (a) と同様，見通しよく解決しています．

$$\begin{array}{r} a_m \cdots a_3\, a_2\, a_1\, 6 \\ \times)\ \ \ \ \ \ \ \ \ \ \ \ \ \ 4 \\ \hline 6\, a_m \cdots a_3\, a_2\, a_1 \end{array} \qquad \begin{array}{r} a_m \cdots a_3\, a_2\, a_1\, 6 \\ \times)\ \ \ \ \ \ \ \ \ \ \ \ \ \ 4 \\ \hline 6\, a_m \cdots a_3\, a_2\, 4 \end{array} \qquad \begin{array}{r} a_m \cdots a_3\, a_2\, 4\, 6 \\ \times)\ \ \ \ \ \ \ \ \ \ \ \ \ \ 4 \\ \hline 6\, a_m \cdots a_3\, a_2\, 4 \end{array}$$

図 1 　　　　　　　　　　図 2 　　　　　　　　　　図 3

$$\begin{array}{r} a_m \cdots a_3\, a_2\, 4\, 6 \\ \times) 4 \\ \hline 6\, a_m \cdots a_3\, 8\, 4 \end{array} \qquad \begin{array}{r} a_m \cdots a_3\, 8\, 4\, 6 \\ \times) 4 \\ \hline 6\, a_m \cdots a_3\, 8\, 4 \end{array} \qquad \begin{array}{r} 1\, 5\, 3\, 8\, 4\, 6 \\ \times) 4 \\ \hline 6\, 1\, 5\, 3\, 8\, 4 \end{array}$$

図4 　　　　　　　　　図5 　　　　　　　　　図6

　(i), (ii) より, n の 10 進法表示を $a_1 a_2 a_3 \cdots a_m 6$ ($1 \leq i \leq m$ に対して a_i は $0 \leq a_i \leq 9$ をみたす整数で, $a_1 \neq 0$) とすると, $4n$ の 10 進法表示は $6 a_1 a_2 a_3 \cdots a_m$ となり, 図 7 のように表せる. ここから解法 (a) と同様の考え方を用いると, 商と「割られる数」が 1 桁ずつ決定されていく (図 8〜13). 商の先頭から 6 桁目に 6 が現れて, このときの余りは 0 である (図 13). これより求める最小の自然数 n は $n = 153846$ である.

解法 (d)　p.158 で解説する「整数の合同」の概念を用います.

　(i), (ii) から, 非負整数 m とその桁数 k を用いて

$$n = 10m + 6 \tag{1}$$
$$4n = 6 \times 10^k + m \tag{2}$$

と表される. (2)×10 − (1) をつくると, $39n = 6(10^{k+1} - 1)$, すなわち,

$$13n = 2(10^{k+1} - 1) \tag{3}$$

13 と 2 は互いに素だから, $10^{k+1} - 1$ が 13 の倍数であること, すなわち,

$$10^{k+1} \equiv 1 \pmod{13} \tag{4}$$

が必要である. ここで $10 \equiv -3 \pmod{13}$ より

$$10^2 \equiv (-3)^2 = 9 \pmod{13}$$
$$10^3 \equiv 9 \times (-3) = -27 \equiv -1 \pmod{13}$$
$$10^4 \equiv -1 \times (-3) = 3 \pmod{13}$$
$$10^5 \equiv 3 \times (-3) = -9 \equiv 4 \pmod{13}$$
$$10^6 \equiv 4 \times (-3) = -12 \equiv 1 \pmod{13}$$

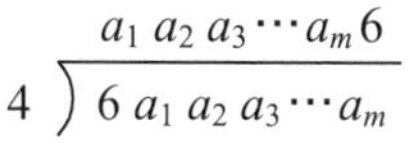

$$\begin{array}{r} a_1\,a_2\,a_3\cdots a_m\,6 \\ 4\,{\overline{\smash{\big)}\,6\,a_1\,a_2\,a_3\cdots a_m}} \end{array}$$

図 7

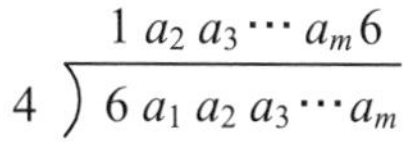

$$\begin{array}{r} 1\,a_2\,a_3\cdots a_m\,6 \\ 4\,{\overline{\smash{\big)}\,6\,a_1\,a_2\,a_3\cdots a_m}} \end{array}$$

図 8

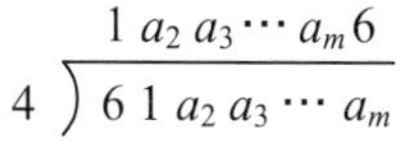

$$\begin{array}{r} 1\,a_2\,a_3\cdots a_m\,6 \\ 4\,{\overline{\smash{\big)}\,6\,1\,a_2\,a_3\cdotsa_m}} \\ \underline{4} \\ 2\,1 \end{array}$$

図 9

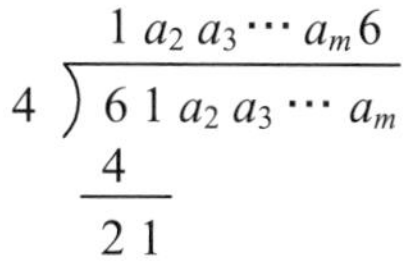

$$\begin{array}{r} 1\,a_2\,a_3\cdots a_m\,6 \\ 4\,{\overline{\smash{\big)}\,6\,1\,a_2\,a_3\cdotsa_m}} \\ \underline{4} \\ 2\,1 \end{array}$$

図 10

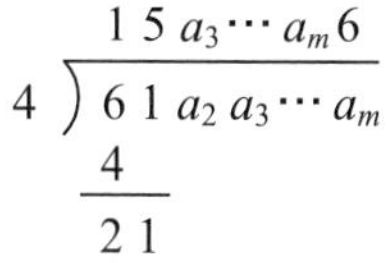

$$\begin{array}{r} 1\,5\,a_3\cdots a_m\,6 \\ 4\,{\overline{\smash{\big)}\,6\,1\,a_2\,a_3\cdots a_m}} \\ \underline{4} \\ 2\,1 \end{array}$$

図 11

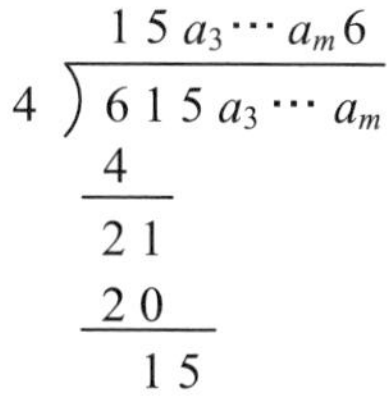

$$\begin{array}{r} 1\,5\,a_3\cdots a_m\,6 \\ 4\,{\overline{\smash{\big)}\,6\,1\,5\,a_3\cdots a_m}} \\ \underline{4} \\ 2\,1 \\ \underline{2\,0} \\ 1\,5 \end{array}$$

図 12

$$\begin{array}{r} 1\,5\,3\,8\,4\,6 \\ 4\,{\overline{\smash{\big)}\,6\,1\,5\,3\,8\,4}} \\ \underline{4} \\ 2\,1 \\ \underline{2\,0} \\ 1\,5 \\ \underline{1\,2} \\ 3\,3 \\ \underline{3\,2} \\ 1\,8 \\ \underline{1\,6} \\ 2\,4 \\ \underline{2\,4} \\ 0 \end{array}$$

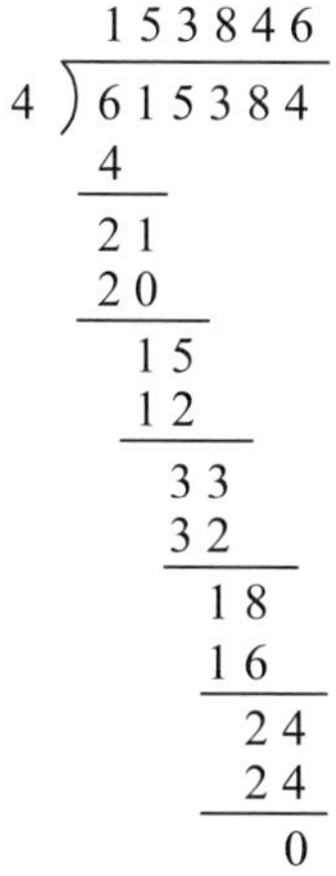

図 13

だから,(4) をみたす最小の自然数 k は 5 である.$k=5$ のとき,(3) より,$n=2\times(10^6-1)\div 13=153846$ であり,これらは (3) をみたす k と n のうち,いずれも最小のものである.ここで,$n=153846$ は (i) をみたしており,また,$4n$ を実際に計算すると $4n=615384$ となり (ii) がみたされる.したがって

$$n=153846 \qquad \cdots \text{(答)}$$

は,(i),(ii) をみたす最小の自然数 n である.

本問については,それぞれの解法を解答としてまとめ直すことは省略します.

コメント

1. 本問に関して,何名かの方が,$153846153846\cdots 153846 = 153846(10^{6k}+10^{6(k-1)}+\cdots+1)$($k$ は自然数)も (i),(ii) の性質をみたすことにまで言及していました.とくに,F さん,T さん,S さんは,本問に潜む数理について,とても深い考察を加えていました.

2. (3),すなわち,$2\underbrace{00\cdots 0}_{(k+1)\text{個}} = 13n + 2$ から,「$200\cdots 0$ を 13 で割ったときの余りが 2 になるまで($200\cdots 0$ の末尾に 0 を書きたしながら)割り続ける(図 14:このときの商が n)」という方法もあります.Y さんは,(1) と (2) から n を消去して得られる $13m = 2(10^k - 4)$ に対して,これと同様な簡潔な方法を用いています.

```
           153846
       13)2000000
           13
           ──
            70
            65
            ──
             50
             39
             ──
            110
            104
            ───
              60
              52
              ──
               80
               78
               ──
                2
```
図 14

3. 解法 (d) では,(1) と (2) から m を消去して得られる (3) により $k = 5$ と $n = 153846$ を導きましたが,これだけでは (1) や (2) をみたす $k(=5)$ 桁の非負整数 m が存在することとは保証されません.そこで,(1) をみたす $m = 15384$ について,桁数が 5 であることを確認する((2) については,(3)×3 + (1) の両辺を 10 で割って得られますから,(1) を用いて確認すれば,(2) を用いた確認をする必要はありません)か,本問のように $n = 153846$ が (i),(ii) をみたすことを(実際に $4n$ を計算することなどにより)確認する必要があります.

4. 答として得られた 153846 の各位の数を,この順に時計まわりに円周上に配置すると,図 15 のようになります.本問で扱われた「153846 を 4 倍すると 615384 になる」という事実は,「図 15 の数の並びについて,1 を先頭にしたときの数を 4 倍すると,先頭を 6 にずらした数になる」と表現できます.さらに,もとの数 153846 を 3 倍したときには,先頭を 4 にずらした数 461538 になります.

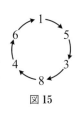

図 15

　同様の性質をもつ数としてよく取り上げられるのが,142857 です.これを 2 倍,3 倍,$\cdots$,6 倍して得られる数は,いずれも,142857 の先頭をずらした数であり,順に 285714, 428571, 571428, 714285, 857142 となります(本問の 153846 は,3 倍と 4 倍の場合にのみ「先頭をずらした数」になります).142857 のように,n 桁の整数であって,1 から $n-1$ までのどの整数との積も,もとの数の先頭をずらしたものになるような数を「巡回数」とよびます(なお,英語では cyclic number とよばれ,後述する Martin Gardner の *Mathematical Circus* (Knopf, 1979) では 12 ページにわたって扱われています).上記の 142857

(6桁)の次に大きい巡回数は，0588235294117647（先頭の0も含めて16桁の整数と考えます），その次が052631578947368421（0も含めて18桁）で，さらに桁数の大きな巡回数が続きます．

実は，142857 は $\frac{1}{7} = 0.\dot{1}4285\dot{7}$ の循環部分（循環節）であり，0588235294117647 は $\frac{1}{17} = 0.\dot{0}58823529411764\dot{7}$ の循環部分，052631578947368421 は $\frac{1}{19} = 0.\dot{0}5263157894736842\dot{1}$ の循環部分です．7 や 17，19 は素数ですが，この他の巡回数もすべて素数の逆数の循環部分になっています（どのような素数でもよいというわけではありません）．本問の 153846 は巡回数ではありませんが，類似した性質があり，この数は $\frac{2}{13} = 0.\dot{1}5384\dot{6}$ の循環部分になっています．この事実を踏まえると，「3倍や4倍すると先頭をずらした数になる」ことの仕組みがわかりやすくなります．上述の *Mathematical Circus* における巡回数に関する説明に準じて，その仕組みを説明します．

筆算で $2 \div 13$ を計算することを考えます．図 16 は 0.153846 まで商が得られた段階を表しています．ここまでの各段階に「余り」として現れた数は，順に，7, 5, 11, 6, 8, 2 です．余りに 2 が現れたところで，再び $2 \div 13$ の計算を進めていくことになるため，以降の商は，153846 を繰り返していくことになります．すなわち，

$$\frac{2}{13} = 0.153846\,153846\cdots \tag{5}$$

です．

では，図 16 の計算の途中段階の余りとして現れた 8 を 13 で割ったときの商，すなわち，$8 \div 13$ の商はどうなるでしょうか．$8 \div 13$ は，図 16 において 8 が現れた時点からの割り算と考えればよいので，

$$\frac{8}{13} = 0.615384\,615384\cdots$$

となり，(5) の右辺における循環部分の先頭がずれたものになります．ここで，$\frac{2}{13} \times 4 = \frac{8}{13}$ ですから，$0.\dot{1}5384\dot{6} \times 4 = 0.\dot{6}1538\dot{4}$，すなわち

$$153846 \times 0.000001000001\cdots \times 4 = 615384 \times 0.000001000001\cdots$$

（あるいは同じことですが，$\frac{153846}{999999} \times 4 = \frac{615384}{999999}$）です．

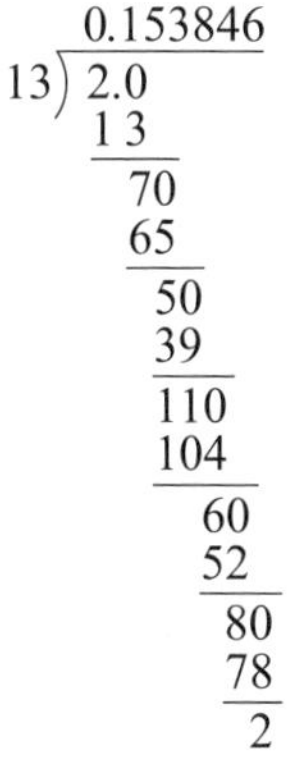

図16

したがって，153846 を 4 倍して得られる数は，先頭をずらした数 (615384) になるのです．「3 倍したときに先頭が 4 にずれる」という事実も，6 ÷ 13 の商を考えることで，同様に導くことができます．「8 ÷ 13 や 6 ÷ 13 における 8 や 6」が「2 ÷ 13 における 2」の倍数であることが効いていることに注意してください．

第7回

SPRINGER MATHEMATICS CONTEST
シュプリンガー数学コンテスト

問題

　数直線を思い浮かべれば明らかなように，n 個の連続した整数の中には，n で割り切れる数が 1 つ存在する．これを用いて，次の問題を解け．

(a) $n>2$ のとき，2^n-1 と 2^n+1 のどちらか一方が素数ならば，他方は合成数（1 でも素数でもない自然数）であることを示せ．

(b) すべての整数 n に対して，n^5-5n^3+4n を割り切る最大の数 N を求めよ．

(c) どの正整数についても，その倍数で，10 進法表示において 0 から 9 までのすべての数字が現れるものが存在することを示せ．

132　第Ⅱ部　シュプリンガー数学コンテスト

講評と解説

正解者・最優秀者（到着順，下線つきは最優秀者）

　A さん（麻布高校），B さん（滝中学校），C さん（大阪大学），D さん（灘中学校），E さん（市立西宮高校），F さん（京都大学），G さん（青雲高校），H さん（金沢泉丘高校），I さん（金沢泉丘高校），J さん（麻布高校）

　最優秀者については，候補にのぼった 4 名の方の答案が甲乙つけがたく，全員を最優秀者としました．

解説

(a) $2^n - 1$ と $2^n + 1$ の 2 つの整数だけでなく，これらの間にある整数 2^n を補って，「3 個の連続した整数」で考えます．すると，問題文に示される事実から，この中には 3 の倍数があることになりますが，それは 2^n ではありません．なお，「$2^n - 1$ と $2^n + 1$ のどちらか一方が素数ならば他方は合成数である」ことは，両方とも素数であるということはない，つまり，「$2^n - 1$ と $2^n + 1$ の少なくとも一方が合成数である」ことと同じですから，解答では後者の形で証明します．

(b) $n^5 - 5n^3 + 4n = (n-2)(n-1)n(n+1)(n+2)$ は連続する 5 個の整数の積です．問題文に示される事実から，それらの 5 個の整数の中には 5 の倍数があります．また，とくにそれらの中の連続する 4 個の整数に着目すれば，その中には 4 の倍数がありますし，連続する 3 個の整数に着目すれば，その中には 3 の倍数があります．同様にして，2 の倍数の存在も保証されますが，その結果として「与式の値は $5 \times 4 \times 3 \times 2 = 120$ の倍数である」と結論づけるために，上述の「4 の倍数」とは異なる 2 の倍数の存在を示します．

　このような議論に加え，「$N > 120$ にはできない」こと，つまり $N \leqq 120$ を示すことで，$N = 120$ とわかります．

(c) 例えば 365 の倍数で，0 から 9 までのすべての数字が現れるものが存在することを示すために，問題文に示される事実をどのように使えばよいでしょうか？「365 で割り切れる数」を考えているので，$n = 365$ とすればよさそうです．では，どの範囲にある連続する 365 個の整数を考えればよいでしょうか？　その

中のどの数を選んでも，0から9までのすべての数字が現れるようにしておきたいのですから，例えば，1234567890000 から 1234567890364 までの 365 個の整数を考えればよいですね．

解答

(a) $n > 2$ のとき，$2^n - 1$ または $2^n + 1$ のいずれかが（もう一方が素数であるか否かに依らず）「3 よりも大きな 3 の倍数である」ことを示せば十分である．いま，連続する 3 つの整数 $2^n - 1, 2^n, 2^n + 1$ に着目すると，この中には 3 の倍数があるが，2 と 3 は互いに素だから，2^n は 3 の倍数ではない．したがって，$2^n - 1$ または $2^n + 1$ が 3 の倍数である．また，$n > 2$ より $2^n + 1 > 2^n - 1 > 2^2 - 1 = 3$ だから，$2^n - 1$ も $2^n + 1$ も 3 より大きな自然数である．したがって，$2^n - 1$ または $2^n + 1$ は，3 よりも大きな 3 の倍数であり，合成数である． □

(b) $f(n) = n^5 - 5n^3 + 4n$ とおき，右辺を因数分解すると，
$$f(n) = (n-2)(n-1)n(n+1)(n+2)$$

右辺の因数 $n-2, n-1, n, n+1, n+2$ は連続する 5 個の整数だから，

$$\text{これらの中には 5 の倍数が存在する．} \tag{1}$$

また，これらのうちの

$$\left.\begin{array}{l}\text{4 個の連続する整数 } n-2, n-1, n, n+1 \text{ の中には}\\ \text{4 の倍数が存在し，}\end{array}\right\} \tag{2}$$

$$\left.\begin{array}{l}\text{3 個の連続する整数 } n-2, n-1, n \text{ の中には 3 の倍数が}\\ \text{存在する．}\end{array}\right\} \tag{3}$$

さらに，連続する 2 整数 $n-2, n-1$ および $n, n+1$ のそれぞれの中に 2 の倍数が 1 つずつ存在するので，

$$\left.\begin{array}{l}\text{4 個の整数 } n-2, n-1, n, n+1 \text{ の中には，(2) における}\\ \text{4 の倍数とは異なる 2 の倍数が存在する．}\end{array}\right\} \tag{4}$$

5 と 3 は互いに素だから，(1), (3) より，$f(n)$ は $5 \times 3 = 15$ の倍数である．

また，(2),(4) より，$f(n)$ は $4 \times 2 = 8$ の倍数である．15 と 8 は互いに素だから，$f(n)$ は $15 \times 8 = 120$ の倍数であり，したがって，$N \geqq 120$ である．

また，とくに $n + 2 = 5$ (すなわち $n = 3$) の場合を考えると，$f(3) = 1 \cdot 2 \cdot 3 \cdot 4 \cdot 5 = 120$ だから，$N \leqq 120$ であり，したがって $N = 120$ …(答)

(c) n を任意の正整数として，その桁数を m とする．このとき，1234567890×10^m から $1234567890 \times 10^m + (n-1)$ までの連続する n 個の整数は，いずれも先頭からの 10 桁の数の並びが 1234567890 であり，0 から 9 までのすべての数字が現れている．そして，これらの連続する n 個の整数の中には n の倍数が存在するので，題意が成り立つ． □

コメント

(b) について

一般に，n 個の連続する整数の積は $n!$ の倍数です．『数学発想ゼミナール 1』では，n 個の連続する自然数の積 $(m+1)(m+2)\cdots(m+n)$ を $n!$ で割った商が $_{m+n}C_n$ に一致することを用いた証明が紹介されています．

(c) について

せっかくですから，解説で言及した「365 の倍数で 0 から 9 までのすべての数字が現れるもの」を 1 つ具体的に求めてみましょう．

$$1234567890000 = 365 \times 3382377780 + 300 \qquad (5)$$

ですから，$1234567890065 = 365 \times 3382377781$ となり，1234567890065 が得られます．

なお，「365 の倍数で 0 から 9 までのすべての数が現れるもの」で最小のものは，$365 \times 2804589 = 1023674985$ です．

第8回 シュプリンガー数学コンテスト

SPRINGER MATHEMATICS CONTEST

問題

a, b, c を三角形の3辺の長さとする.このとき,次の不等式が成り立つことを示せ.

$$\frac{3}{2} \leqq \frac{a}{b+c} + \frac{b}{c+a} + \frac{c}{a+b} \leqq 2$$

講評と解説

正解者・最優秀者（到着順，＊は一着正解賞，下線つきは最優秀者）

Aさん＊（麻布高校），Bさん＊（ラ・サール高校），Cさん＊（小倉高校），Dさん（市立西宮高校），Eさん（小金高校），<u>Fさん（滝中学校）</u>，Gさん（灘中学校），Hさん（大阪星光学院高校），Iさん（麻布高校）

解説

a, b, c が三角形の 3 辺の長さであることから

$$a < b+c \quad \text{かつ} \quad b < c+a \quad \text{かつ} \quad c < a+b$$

が成り立ちます．これは「三角形の成立条件」などとよばれますが，本問では，その "必要性" のみを用います．

問題の不等式を証明するための 1 つの方針として，

$$\frac{a}{b+c} + \frac{b}{c+a} + \frac{c}{a+b} - \frac{3}{2} \geqq 0 \quad \text{と} \quad 2 - \left(\frac{a}{b+c} + \frac{b}{c+a} + \frac{c}{a+b}\right) \geqq 0$$

のそれぞれについて，左辺を通分することによって不等式の成立を示すことが考えられます．実際に通分して不等式が示せる形に左辺を変形すると，それぞれ，

$$\frac{a}{b+c} + \frac{b}{c+a} + \frac{c}{a+b} - \frac{3}{2}$$
$$= \frac{(b+c)(b-c)^2 + (c+a)(c-a)^2 + (a+b)(a-b)^2}{2(b+c)(c+a)(a+b)}$$

$$2 - \left(\frac{a}{b+c} + \frac{b}{c+a} + \frac{c}{a+b}\right)$$
$$= \frac{a^2(b+c-a) + b^2(c+a-b) + c^2(a+b-c) + abc}{(b+c)(c+a)(a+b)}$$

などとなります．寄せられた答案では，この方針によるものが最も多く見られました．通分して分子の項をすべて展開した場合，しばしば，その結果得られる項を何個かずつまとめなおす必要があります．その際に，どのようにまとめなおすと都合がよいかという見通しをもつことが大切です．本問では，三角形の成立条件は式変形の際に念頭においておきたいところです（コメント 3 も参照してください）．また，「通分する」という方針ではありませんが，コメント 2(ii) に示す

Eさんの方法には，式変形全般にわたって広く有効な考え方が見られます．
さて，不等式の証明では，式の一部分を，それとの大小関係がわかっている他の式で置き換えていくことで，面倒な計算を大幅に削減できることがあります．例えば，本問の右側の不等式について考えてみましょう．一般性を失うことなく $a \leq b \leq c$ としてかまいません．すると，$0 < a+b \leq b+c$, $0 < a+b \leq c+a$, また，三角形の成立条件より $c < a+b$ ですから，

$$\frac{a}{b+c} + \frac{b}{c+a} + \frac{c}{a+b} \leq \frac{a}{a+b} + \frac{b}{a+b} + \frac{c}{a+b}$$
$$= \frac{a+b+c}{a+b} < \frac{2(a+b)}{a+b} = 2$$

となります．最優秀者のFさんがこの方法で，Hさんもこれに類する方法でした．

では，左側の不等式については，どのようにすれば面倒な計算を回避して示すことができるでしょうか？

分数の和の形で与えられた式，例えば，$\frac{a}{b} + \frac{b}{a}$ $(a > 0, b > 0)$ について，相加平均・相乗平均の関係から，

$$\frac{a}{b} + \frac{b}{a} \geq 2\sqrt{\frac{a}{b} \cdot \frac{b}{a}} = 2$$

と導くような方法を見たことがあるのではないでしょうか？（相加平均・相乗平均の関係を表す不等式 $\frac{x+y}{2} \geq \sqrt{xy}(x > 0, y > 0)$ を $x+y \geq 2\sqrt{xy}$ の形で用いています．）この方法は，積 xy が一定である2つの正の数 x, y について，和の最小値を導く場合などに有効な方法です（コメント5(i)）．上記の例では，$\frac{a}{b}(=x)$ と $\frac{b}{a}(=y)$ の一方の分母と他方の分子が等しいことが効いていることに注意してください．

本問の左側の不等式については，$\frac{a}{b+c} + \frac{b}{c+a} + \frac{c}{a+b}$ の形のままで相加平均・相乗平均の関係を使おうとしてもうまくいきません（3つの正の数に対する相加平均・相乗平均の関係（コメント5(ii)）でもうまくいきません．しかし，うまく変形して分数とその逆数（つまり，積＝1となる2つの正の数）の形を作り出すことで，2つの正の数に対する相加平均・相乗平均の関係で処理できるようになります．FさんとIさんがこの考え方を用いていました．下の解答において，分母に現れる $b+c, c+a, a+b$ を用いて分子の a, b, c を表すことで，

相加平均・相乗平均の関係の利用につなげていることに注意してください（「分子を分母で表す」ことにより，式をばらせるようになっています）．なお，コメントで後述するように，この他にも工夫がされた証明がありました．

解答

はじめに左側の不等式を証明する．
$$\frac{x}{y+z} = \frac{1}{2} \cdot \frac{(x+y)+(z+x)-(y+z)}{y+z} = \frac{1}{2}\left\{\frac{(x+y)+(z+x)}{y+z} - 1\right\}$$
だから，
$$\frac{a}{b+c} + \frac{b}{c+a} + \frac{c}{a+b}$$
$$= \frac{1}{2}\left\{\frac{(a+b)+(c+a)}{b+c} - 1\right\} + \frac{1}{2}\left\{\frac{(b+c)+(a+b)}{c+a} - 1\right\}$$
$$+ \frac{1}{2}\left\{\frac{(c+a)+(b+c)}{a+b} - 1\right\}$$
$$= \frac{1}{2}\left\{\left(\frac{a+b}{b+c} + \frac{b+c}{a+b}\right) + \left(\frac{b+c}{c+a} + \frac{c+a}{b+c}\right) + \left(\frac{c+a}{a+b} + \frac{a+b}{c+a}\right) - 3\right\} \quad (1)$$

(1) の最右辺の中かっこ内に現れる分数はすべて正の値をとり，相加平均・相乗平均の関係より，
$$\frac{a+b}{b+c} + \frac{b+c}{a+b} \geqq 2\sqrt{\frac{a+b}{b+c} \cdot \frac{b+c}{a+b}} = 2$$
であり，同様に
$$\frac{b+c}{c+a} + \frac{c+a}{b+c} \geqq 2, \quad \frac{c+a}{a+b} + \frac{a+b}{c+a} \geqq 2$$
が成り立つ．これらと (1) より，
$$\frac{a}{b+c} + \frac{b}{c+a} + \frac{c}{a+b} \geqq \frac{1}{2}(2+2+2-3) = \frac{3}{2}$$

次に右側の不等式を示す．一般性を失うことなく，$a \leqq b \leqq c$ としてよい．すると，$0 < a+b \leqq b+c, 0 < a+b \leqq c+a$ であり，また，三角形の成立条件より $c < a+b$ だから，

$$\frac{a}{b+c} + \frac{b}{c+a} + \frac{c}{a+b} \leqq \frac{a}{a+b} + \frac{b}{a+b} + \frac{c}{a+b}$$
$$= \frac{a+b+c}{a+b} < \frac{2(a+b)}{aївa+b} = 2$$

よって，示すべき不等式は成り立つ． □

コメント

寄せられた答案からの引用を交えながらいくつかのコメントを挙げていきます（引用では，もとの答案と表現を変えたり，説明のために書き加えたりした箇所もあります）．

1. 等号の成立

上述の証明より，左側の等号つき不等号の等号が成り立つのは，

$$\frac{a+b}{b+c} = \frac{b+c}{a+b} \quad \text{かつ} \quad \frac{b+c}{c+a} = \frac{c+a}{b+c} \quad \text{かつ} \quad \frac{c+a}{a+b} = \frac{a+b}{c+a}$$

すなわち，$a+b = b+c = c+a$ のとき，つまり $a = b = c\,(>0)$ のときで，また，このときに限ります．右側の不等式については，等号は成り立ちません．ただし，$\frac{a}{b+c} + \frac{b}{c+a} + \frac{c}{a+b}$ は 2 にいくらでも近い値をとることはできます．例えば，$b = c = 1$ として a を 0 に近づけていけば，この分数式の値はいくらでも 2 に近づきます．

2. 左側の不等式の証明

(i) H さんは，コーシー・シュワルツの不等式 $(u^2+v^2+w^2)(x^2+y^2+z^2) \geqq (ux+vy+wz)^2$ を用いて，

$$\{(b+c)+(c+a)+(a+b)\}\left(\frac{1}{b+c} + \frac{1}{c+a} + \frac{1}{a+b}\right)$$
$$\geqq \left(\sqrt{b+c}\cdot\frac{1}{\sqrt{b+c}} + \sqrt{c+a}\cdot\frac{1}{\sqrt{c+a}} + \sqrt{a+b}\cdot\frac{1}{\sqrt{a+b}}\right)^2 = 3^2$$

すなわち，

$$(a+b+c)\left(\frac{1}{b+c} + \frac{1}{c+a} + \frac{1}{a+b}\right) \geqq \frac{9}{2}$$

を導き，左辺が $\dfrac{a+b+c}{b+c} + \dfrac{a+b+c}{c+a} + \dfrac{a+b+c}{a+b} = \dfrac{a}{b+c} + \dfrac{b}{c+a} +$

$\dfrac{c}{a+b}+3$ であることから，問題の左側の不等式を導いていました．

(ii) 「$\dfrac{a}{b+c}+\dfrac{b}{c+a}+\dfrac{c}{a+b}-\dfrac{3}{2}$ が 0 以上であることを示す」という方針では，E さんが次のような上手な証明をしていました．

$$\dfrac{a}{b+c}+\dfrac{b}{c+a}+\dfrac{c}{a+b}-\dfrac{3}{2}$$
$$=\left(\dfrac{a}{b+c}-\dfrac{1}{2}\right)+\left(\dfrac{b}{c+a}-\dfrac{1}{2}\right)+\left(\dfrac{c}{a+b}-\dfrac{1}{2}\right)$$
$$=\dfrac{2a-b-c}{2(b+c)}+\dfrac{2b-c-a}{2(c+a)}+\dfrac{2c-a-b}{2(a+b)}$$
$$=\dfrac{(a-b)+(a-c)}{2(b+c)}+\dfrac{(b-c)+(b-a)}{2(c+a)}+\dfrac{(c-a)+(c-b)}{2(a+b)}$$
$$=\dfrac{a-b}{2}\left(\dfrac{1}{b+c}-\dfrac{1}{c+a}\right)+\dfrac{b-c}{2}\left(\dfrac{1}{c+a}-\dfrac{1}{a+b}\right)$$
$$\quad+\dfrac{c-a}{2}\left(\dfrac{1}{a+b}-\dfrac{1}{b+c}\right)$$
$$=\dfrac{(a-b)^2}{2(b+c)(c+a)}+\dfrac{(b-c)^2}{2(c+a)(a+b)}+\dfrac{(c-a)^2}{2(a+b)(b+c)}$$
$$\geqq 0$$

最初の変形では $\dfrac{3}{2}$ を 3 つの $\dfrac{1}{2}$ に分けて 3 箇所に配分しています．その後も $2a-b-c$ を $(a-b)+(a-c)$ と分けるなど，"バランス感覚よく分ける"ことで，$b+c$ や $a-b$ などの和や差のまとまりを活かした変形をしています．

3. 右側の不等式の証明

上述の証明では，$a\leqq b\leqq c$ を仮定して，導かれる不等式 $\dfrac{a}{b+c}+\dfrac{b}{c+a}+\dfrac{c}{a+b}\leqq\dfrac{a}{a+b}+\dfrac{b}{a+b}+\dfrac{c}{a+b}$ により簡潔な証明が得られています．問題文で与えられていなくても，文字の値に大小関係を自ら設定することは，しばしばとても有効な手段です．

このことは，$2-\left(\dfrac{a}{b+c}+\dfrac{b}{c+a}+\dfrac{c}{a+b}\right)$ を通分して 0 以上であることを示す場合にも同じです．$a\leqq b\leqq c$ を仮定しておけば，通分した式を $\dfrac{a^2(c-a)+b^2(c-b)+c^2(a+b-c)+ab(a+b+c)}{(b+c)(c+a)(a+b)}$ と変形することで証明できます．A さんがこれにあたる式を導いて処理していました（A さんは，$\dfrac{b}{a}=x,\ \dfrac{c}{a}=y$ とおいて文字を 2 つに減らした不等式 $\dfrac{3}{2}\leqq\dfrac{1}{x+y}+\dfrac{x}{y+1}+\dfrac{y}{1+x}<2$ を示しています）．

4. 変数の導入

a, b, c の式 $\dfrac{a}{b+c} + \dfrac{b}{c+a} + \dfrac{c}{a+b}$ において，例えば a を変数 x で置き換えることにより，x の関数 $\dfrac{x}{b+c} + \dfrac{b}{c+x} + \dfrac{c}{x+b}$ が得られます．すると，与えられた問題は，（適当な定義域における）この関数の値域を求めることに帰着されます．変数を導入したことにより，微分などの道具が使えるようになったことに注意してください（x に置き換えずに，a のままで「a の関数」と見てもよいのですが）．以下の証明では，$a \leqq b \leqq c$ の仮定のもとで，c を変数 x で置き換えています．ここに示す方法とは異なりますが，D さんが「変数 x を導入して微分を用いる」考え方をしていました．

別証明（概略）

一般性を失うことなく $a \leqq b \leqq c$ としてよい．三角形の成立条件より $c < a+b$ だから，とくに $b \leqq c < a+b$ である．そこで，$\dfrac{a}{b+c} + \dfrac{b}{c+a} + \dfrac{c}{a+b}$ における c を変数 x で置き換え，

$$f(x) = \frac{a}{b+x} + \frac{b}{x+a} + \frac{x}{a+b}$$

とおき，$b \leqq x < a+b$ における $f(x)$ の値域を調べる．

$f(x)$ はとくに $x \geqq b$ で連続であり，また，

$$f'(x) = -\frac{a}{(x+b)^2} - \frac{b}{(x+a)^2} + \frac{1}{a+b}$$

はとくに $x \geqq b$ で増加するので，$x > b \ (\geqq a > 0)$ において

$$f'(x) > -\frac{a}{(a+b)^2} - \frac{b}{(b+a)^2} + \frac{1}{a+b} = -\frac{1}{a+b} + \frac{1}{a+b} = 0$$

である．したがって，$f(x)$ は $x \geqq b$ で増加する．ここで，$f(b) = \dfrac{a}{2b} + \dfrac{2b}{a+b} = \dfrac{a+b}{2b} + \dfrac{2b}{a+b} - \dfrac{1}{2}$ であるが，$\dfrac{a+b}{2b} > 0$，$\dfrac{2b}{a+b} > 0$ だから，相加平均・相乗平均の関係を用いて

$$f(b) = \frac{a+b}{2b} + \frac{2b}{a+b} - \frac{1}{2} \geqq 2\sqrt{\frac{a+b}{2b} \cdot \frac{2b}{a+b}} - \frac{1}{2} = 2 - \frac{1}{2} = \frac{3}{2}$$

また，a, b はともに正だから

$$f(a+b) = \frac{a}{a+2b} + \frac{b}{2a+b} + 1 < \frac{a}{a+b} + \frac{b}{a+b} + 1 = \frac{a+b}{a+b} + 1 = 2$$

である．

以上より，$b \leqq x < a+b$ において $\frac{3}{2} \leqq f(x) < 2$ が成り立つので，示すべき不等式は成り立つ． □

なお，c のかわりに a または b のいずれかを変数 x で置き換えることも考えられます．それらの場合の証明と比較すると，c を x で置き換えた場合の関数 $f(x)$ は，定義域において単調であり，しかも，$x=b$ や $x=a+b$ を代入して得られる式は証明のための変形の見通しが立てやすいものになっています．

5. 相加平均・相乗平均の関係による不等式の証明について
(i) x^2 と $\frac{1}{x}$ のように，積 ($=x$) が一定値にならない場合，$x>0$ における和 $x^2+\frac{1}{x}$ の最小値を次のようにして「求める」のは誤りです：

(誤)　$x^2+\frac{1}{x} \geqq 2\sqrt{x^2 \cdot \frac{1}{x}} = 2\sqrt{x}$ より，$x^2+\frac{1}{x}$ は $x^2 = \frac{1}{x}$, すなわち，$x=1 \, (>0)$ のときに最小になる．その最小値は $2\sqrt{x}$ に $x=1$ を代入した値 2 である．

この議論の誤りは，図1のグラフを見るとわかりやすいでしょう．「不等式 $x^2+\frac{1}{x} \geqq 2\sqrt{x}$ が成り立ち，$x=1$ のときに等号が成立する」ことは，図1に示すように，「$x \neq 1$ において $y=x^2+\frac{1}{x}$ のグラフが $y=2\sqrt{x}$ のグラフの上側にあり，$x=1$ において共有点をもつ」ことを述べているに過ぎません．一方，$x+\frac{1}{x} \geqq 2\sqrt{x \cdot \frac{1}{x}} = 2$ (定数) のように，(最)右辺が定数になる場合には，「等号が成立するときに $x+\frac{1}{x}$ が最小になる」と結論づけることができます (図2)．$x^2+\frac{1}{x}$ の最小値を相加平均・相乗平均の関係を用いて求めるなら，次の (ii) で述べる「3つの正の数に対する相加平均・相乗平均の関係」を用いて

$$x^2+\frac{1}{x} = x^2+\frac{1}{2x}+\frac{1}{2x} \geqq 3\sqrt[3]{x^2 \cdot \frac{1}{2x} \cdot \frac{1}{2x}} = \frac{3}{\sqrt[3]{4}}$$

と導くことが考えられます．

(ii) 3つの正の数 a, b, c に対する相加平均・相乗平均の関係は

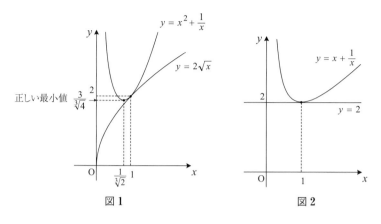

図1   図2

$$\frac{a+b+c}{3} \geqq \sqrt[3]{abc}$$

（左辺が相加平均，右辺が相乗平均で，等号が成り立つのは $a = b = c$ のとき）であり，これは例えば次のようにして示せます．まず，$\sqrt[3]{a} = A$，$\sqrt[3]{b} = B$，$\sqrt[3]{c} = C$ とおくと，示すべき不等式は

$$A^3 + B^3 + C^3 - 3ABC \geqq 0 \tag{2}$$

です．（コメント4で述べたように）左辺の A を変数 $x(> 0)$ で置き換えると，x の3次関数 $x^3 - 3BCx + B^3 + C^3$ が得られ，その増減を調べることで (2) が示せて，その等号が成り立つのが $B = C$ かつ $x = \sqrt{BC}(= B)$ のとき（つまり $a = b = c$ のとき）であることがわかります．

第9回
SPRINGER MATHEMATICS CONTEST
シュプリンガー数学コンテスト

😈 問題

r を正整数とし，$r+1$ 個の正整数 $n_1, n_2, \cdots, n_{r+1}$ のそれぞれを素因数分解する．それらの素因数分解の全体に現れる異なる素数は全部で r 個だけであるものとする．このとき，$n_1, n_2, \cdots, n_{r+1}$ の中のいくつか（1個だけでもよい）の積は平方数となることを示せ．

講評と解説

「それらの素因数分解の全体に現れる異なる素数は全部で r 個だけである」とは，「ある r 個の素数 $p_1, p_2, \cdots, p_r$ が存在して，n_1 から n_{r+1} までのいずれの n_i も，$p_1, p_2, \cdots, p_r$ のうちの何個か（1 個でもよい）をそれぞれ正整数乗したものの積で表される」という意味です．同じことですが，いずれの n_i も，$n_i = p_1{}^{k_1} p_2{}^{k_2} \cdots p_r{}^{k_r}$ ($k_1, k_2, \cdots, k_r$ は 0 以上の整数) の形で表される，ともいい表せます（なお，$n_1, n_2, \cdots, n_{r+1}$ の中に同じ整数が含まれていてもかまいません）．今回の正解者は以下の方々です（到着順）．

正解者・最優秀者（到着順，＊は一着正解賞，下線つきは最優秀者）

A さん＊（京都大学），B さん（麻布高校），C さん（大阪星光学院高校），<u>D さん（金沢泉丘高校）</u>，E さん（前橋高校），F さん（青雲高校）

正解答案は甲乙つけがたいものが多かったのですが，最終的に，D さんを最優秀者としました．

解説

はじめに，r が小さな値の場合について具体的に考察することで，問題の感覚をつかむとともに，解法の手掛かりを探ってみましょう．

まず，$r = 1$ の場合を考えます．この場合，「2 個の正整数 n_1, n_2 があって，それらの素因数分解に現れる素数がただ 1 つ」ということが仮定です．例えば，$n_1 = 2^{m_1}$，$n_2 = 2^{m_2}$（m_1, m_2 は 0 以上の整数）の場合を考えてみましょう．m_i（$i = 1$ または $i = 2$）が偶数の場合には，$n_i = 2^{m_i}$ が平方数です．m_1 も m_2 も奇数である場合には $m_1 + m_2$ が偶数ですから，$n_1 n_2 = 2^{m_1 + m_2}$ が平方数です．

次に，$r = 2$ の場合として，$n_1 = 2^{m_1} \cdot 3^{k_1}$，$n_2 = 2^{m_2} \cdot 3^{k_2}$，$n_3 = 2^{m_3} \cdot 3^{k_3}$（各 m_i と各 k_i はすべて 0 以上の整数）の場合を考えてみましょう．「n_1, n_2, n_3 の中のいくつかの積」として，$n_1, n_2, n_3, n_1 n_2, n_1 n_3, n_2 n_3, n_1 n_2 n_3$ の 7 個が考えられますが，これらのいずれも平方数でないとすると，それぞれの積は

$$2^{奇数} \cdot 3^{偶数}, \quad 2^{偶数} \cdot 3^{奇数}, \quad 2^{奇数} \cdot 3^{奇数} \tag{1}$$

（指数部分の「奇数」や「偶数」はすべて 0 以上です）のいずれかになっている

はずです．7個の積を，この3つのパターンのいずれであるかによって分類すると，鳩の巣原理（p.21 参照）により，ある2つの異なる積が同一のパターンに分類されることがわかります（より強い形で述べると，「ある3つ以上の異なる積が同一のパターンに分類される」となります）．それらをうまく利用して矛盾を導けないでしょうか？

例えば，$n_1 n_2$ と n_3 がともに $2^{奇数} \cdot 3^{偶数}$ の形であるとすると，これらの積 $n_1 n_2 n_3$ は $2^{奇数 + 奇数} \cdot 3^{偶数 + 偶数} = 2^{偶数} \cdot 3^{偶数}$ の形（つまり平方数）となり，(1) の形ではないので矛盾です．

$n_1 n_2$ と $n_2 n_3$ がともに $2^{奇数} \cdot 3^{偶数}$ の形である場合には，これらの積が $n_1 n_2^2 n_3 = 2^{偶数} \cdot 3^{偶数} = l^2$（$l$ は正整数）となりますが，最左辺と最右辺を $n_2{}^2$ で割る（最左辺が $n_2{}^2$ で割り切れることから，最右辺の l^2 も $n_2{}^2$ で割り切れることになり，したがって，l は n_2 で割り切れることになります）ことで，$n_1 n_3 = \left(\dfrac{l}{n_2}\right)^2 =$ 平方数 となり，やはり矛盾が生じます．

次の解答では，「矛盾を導く」方法としてではなく，「平方数を見つける」方法として上述の考え方を扱っています．

解答

r 個の素数を $p_1, p_2, \cdots, p_r$ とする．$n_1, n_2, \cdots, n_{r+1}$ の中のいくつかで積をつくるとき，各 n_i（$1 \leqq i \leqq r+1$）について，それを積に含めるか否かで2通りずつ考えられ，いずれも含まない場合を除くことで，積が全部で $2^{r+1} - 1$ 個あることがわかる．それらの積の各を $p_1{}^{m_1} p_2{}^{m_2} \cdots p_r{}^{m_r}$（$m_1, m_2, \cdots, m_r$ は0以上の整数）の形で表したときの指数の組 $(m_1, m_2, \cdots, m_r)$ を考え，それが

$$\left.\begin{array}{c}(偶数, 偶数, \cdots, 偶数, 偶数), \ (偶数, 偶数, \cdots, 偶数, 奇数), \\ (偶数, 偶数, \cdots, 奇数, 偶数), \ (偶数, 偶数, \cdots, 奇数, 奇数), \\ \cdots\cdots \\ (奇数, 奇数, \cdots, 奇数, 偶数), \ (奇数, 奇数, \cdots, 奇数, 奇数)\end{array}\right\} \quad (2)$$

の 2^r 通りのいずれであるかによって，$2^{r+1} - 1$ 個の積をグループ分けする．

（積の総数）$= 2^{r+1} - 1 = 2^r + (2^r - 1) > 2^r =$（パターンの総数）だから，ある2つの異なる積 M, N は同一のグループに属する．すなわち，これらの M, N に対応する組 $(m_1, m_2, \cdots, m_r)$, $(m_1', m_2', \cdots, m_r')$ は同一の偶奇のパター

ンをもつ．各 j $(1 \leq j \leq r)$ に対して，m_j と m'_j の偶奇が一致することから，$m_j + m'_j$ は偶数となるので，

$$MN = p_1^{m_1+m'_1} p_2^{m_2+m'_2} \cdots p_r^{m_r+m'_r}$$

は平方数である．

したがって，M と N に共通する n_i が存在しない場合には，MN が所望の積の1つである．そこで，そうでない場合を考え，M と N に共通する n_i の全体からなる積を K として，$M = M'K$, $N = N'K$ と表し，また，$MN = L^2$ (L は正整数) と表す．すると，$M'N'K^2 = MN = L^2$ より，

$$M'N' = \frac{L^2}{K^2} = \left(\frac{L}{K}\right)^2$$

最左辺は整数だから L^2 は K^2 で割り切れ，したがって，L は K で割り切れるので，$\frac{L}{K}$ は整数であり，これより最右辺は平方数である．さらに，$M'N'$ は何個かの異なる n_i の積だから，$M'N'$ は所望の積の1つである． □

正解者のうち，Aさん，Bさん，Cさん，Dさんがこの方法（またはこれに準ずる方法）でした．Eさんも，アプローチのしかたは異なりますが，本質的にはこれに準ずる考え方でした．

Fさんは，数学的帰納法を用いて，「$r+1$ 個の正整数 $n_1, n_2, \cdots, n_{r+1}$ の素因数分解の全体に現れる異なる素数が，全部で高々 r 個であるならば，$n_1, n_2, \cdots, n_{r+1}$ の中のいくつかの積は平方数である」という形で証明していました．

コメント

(2) には全部で 2^r 通りのパターンがありますが，1つ目の (偶数, 偶数, $\cdots$, 偶数, 偶数) ($m_1, m_2, \cdots, m_r$ がすべて偶数) のパターンに該当する積がある場合には，それ以上の議論をする必要はなく，その積そのものが平方数です．ただし，この場合を別扱いすると場合分けが増えてしまうため，別扱いはしませんでした．

第10回

SPRINGER MATHEMATICS CONTEST
シュプリンガー数学コンテスト

🦇 問題

[0] $x_1\, y_2$
[1] $x_1\, y_2\, y_3\, x_4$
[2] $x_1\, y_2\, y_3\, x_4\, y_5\, x_6\, x_7\, y_8$
[3] $x_1\, y_2\, y_3\, x_4\, y_5\, x_6\, x_7\, y_8\, y_9\, x_{10}\, x_{11}\, y_{12}\, x_{13}\, y_{14}\, y_{15}\, x_{16}$

　列 $[0]$ が与えられている．$n+1$ 番目の列 $[n]$ は 2^{n+1} 個の項をもち，その前半の 2^n 個の項は，n 番目の列にある項をそのままコピーし，後半の項は，n 番目の列の 2^n 個の項のおのおのを x と y を変えて添数（添え字）を続けて書いたものである．

　このとき，各 $n \geqq 1$ に対して，列 $[n]$ における x の添数の k 乗の和と y の添数の k 乗の和が等しいということが，任意の $k=1, 2, \cdots, n$ に対して成り立つことを示せ．たとえば $n=2$ ならば，$1^1+4^1+6^1+7^1 = 2^1+3^1+5^1+8^1$ と $1^2+4^2+6^2+7^2 = 2^2+3^2+5^2+8^2$ が成り立つ．

講評と解説

正解者・最優秀者(到着順,＊は一着正解賞,下線つきは最優秀者)
　Aさん＊(灘中学校),Bさん＊(大阪星光学院高校),<u>Cさん(金沢泉丘高校)</u>,Dさん(京都大学),Eさん(名東高校),Fさん(青雲高校),Gさん(麻布高校)

　正解答案はいずれも,ほぼ同じ方針に基づくものでしたが,証明の読みやすさなどを考慮し,Cさんを代表として最優秀者としました.

解説

列$[n]$には,x_i の形の項と y_i の形の項がともに 2^n 個ずつあります.x の添数を小さい順に $a_1, a_2, \cdots, a_{2^n}$,$y$ の添数を小さい順に $b_1, b_2, \cdots, b_{2^n}$ とします.証明すべきことは,すべての自然数 n に対して

$$a_1^k + a_2^k + \cdots + a_{2^n}^k = b_1^k + b_2^k + \cdots + b_{2^n}^k \quad (k=1, 2, \cdots, n) \quad (1)$$

が成り立つ,ということです.

各列の項の決め方を考慮すると,数学的帰納法による証明を考えるのは自然な発想でしょう.$n=1$ のとき,示すべき (1) は $a_1 + a_2 = b_1 + b_2$ となりますが,実際,$a_1 + a_2 = 1 + 4 = 5 = 2 + 3 = b_1 + b_2$ が成り立っています.

次に,$n=1$ で成立することに基づいて $n=2$ での成立を示すことや,$n=2$ での成立に基づいて $n=3$ での成立を示すことを試みます.これにより,数学的帰納法による証明の手掛かりをつかんでみましょう.ここでは,解説が冗長になることを避けるために,$n=2$ での成立に基づいて $n=3$ での成立を示すことを試みます.

$n=3$ での成立を示す

数学的帰納法の仮定にあたるのは,$n=2$ での成立,すなわち,次の2つの式です(問題文の最後に例示されている式にあたります):

$$a_1 + a_2 + a_3 + a_4 = b_1 + b_2 + b_3 + b_4 \quad (2)$$

$$a_1^2 + a_2^2 + a_3^2 + a_4^2 = b_1^2 + b_2^2 + b_3^2 + b_4^2 \quad (3)$$

$n=2$ に対する a_i, b_i と $n=3$ に対する a_i, b_i は，図1に示すとおりです．

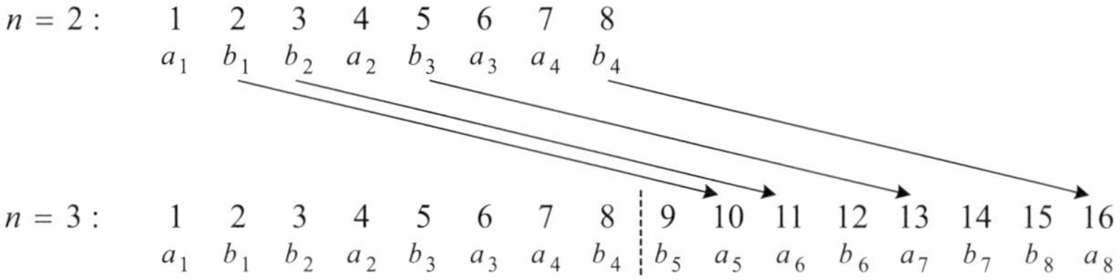

$n=2$:　1　2　3　4　5　6　7　8
　　　　　a_1　b_1　b_2　a_2　b_3　a_3　a_4　b_4

$n=3$:　1　2　3　4　5　6　7　8　9　10　11　12　13　14　15　16
　　　　　a_1　b_1　b_2　a_2　b_3　a_3　a_4　b_4　b_5　a_5　a_6　b_6　a_7　b_7　b_8　a_8

図1

$n=3$ のときの添数のうち，はじめの8個 $a_1=1$, $b_1=2$, $b_2=3$, $a_2=4$, $b_3=5$, $a_3=6$, $a_4=7$, $b_4=8$ は $n=2$ のときの8個の添数そのものです（そのため，2つの列で同じ文字 a_i, b_i ($1 \leqq i \leqq 4$) を用いても差し支えは生じません）．後半の8個の添数のうち，$a_5=10$, $a_6=11$, $a_7=13$, $a_8=16$ はそれぞれ，

$$a_5 = b_1 + 8, \quad a_6 = b_2 + 8, \quad a_7 = b_3 + 8, \quad a_8 = b_4 + 8 \tag{4}$$

により定められたものです．同様に，b_5, b_6, b_7, b_8 はそれぞれ，

$$b_5 = a_1 + 8, \quad b_6 = a_2 + 8, \quad b_7 = a_3 + 8, \quad b_8 = a_4 + 8 \tag{5}$$

により定められたものです．(2)～(5) を用いて，

$$a_1^k + a_2^k + \cdots + a_8^k = b_1^k + b_2^k + \cdots + b_8^k \tag{6}$$

($k = 1, 2, 3$) を示すことを考えます．まず，(4), (5) を用いて，この式の両辺を書き直してみます．

$k = 1$ のとき
((6) の左辺)
$$= a_1 + a_2 + a_3 + a_4 + a_5 + a_6 + a_7 + a_8$$
$$= a_1 + a_2 + a_3 + a_4 + (b_1 + 8) + (b_2 + 8) + (b_3 + 8) + (b_4 + 8)$$
$$((4) \text{より})$$
$$= a_1 + a_2 + a_3 + a_4 + b_1 + b_2 + b_3 + b_4 + 4 \cdot 8 \tag{7}$$

同様に，(5) を用いて，

$((6)の右辺) = b_1 + b_2 + b_3 + b_4 + b_5 + b_6 + b_7 + b_8$
$\qquad\qquad = b_1 + b_2 + b_3 + b_4 + a_1 + a_2 + a_3 + a_4 + 4\cdot 8 \qquad (8)$

となり，(7)と(8)の最右辺どうしが一致するので，(6)は $k=1$ のとき成り立ちます．

$k=2$ のとき
$((6)の左辺)$
$= a_1^2 + a_2^2 + a_3^2 + a_4^2 + a_5^2 + a_6^2 + a_7^2 + a_8^2$
$= a_1^2 + a_2^2 + a_3^2 + a_4^2 + (b_1+8)^2 + (b_2+8)^2 + (b_3+8)^2 + (b_4+8)^2$
$\qquad\qquad\qquad\qquad\qquad\qquad\qquad\qquad\qquad\qquad ((4)\text{より})$
$= a_1^2 + a_2^2 + a_3^2 + a_4^2 + (b_1^2 + 2\cdot 8b_1 + 8^2) + (b_2^2 + 2\cdot 8b_2 + 8^2)$
$\quad + (b_3^2 + 2\cdot 8b_3 + 8^2) + (b_4^2 + 2\cdot 8b_4 + 8^2) \qquad (9)$
$= a_1^2 + a_2^2 + a_3^2 + a_4^2 + b_1^2 + b_2^2 + b_3^2 + b_4^2$
$\quad + 2\cdot 8(\underline{b_1 + b_2 + b_3 + b_4}) + 4\cdot 8^2 \qquad (10)$

同様に，(5)を用いて，
$((6)の右辺) = b_1^2 + b_2^2 + b_3^2 + b_4^2 + b_5^2 + b_6^2 + b_7^2 + b_8^2$
$\qquad\qquad = b_1^2 + b_2^2 + b_3^2 + b_4^2 + a_1^2 + a_2^2 + a_3^2 + a_4^2$
$\qquad\qquad\quad + 2\cdot 8(\underline{a_1 + a_2 + a_3 + a_4}) + 4\cdot 8^2 \qquad (11)$

(式変形の過程を思い浮かべれば，(10)の a と b を入れ換えればよいことがわかります．) (2) より，(10) と (11) の下線部どうしは等しいので，(10), (11) の値は一致します．すなわち (6) は $k=2$ のときにも成り立ちます．

$k=3$ のとき
$((6)の左辺)$

$$= a_1{}^3 + a_2{}^3 + a_3{}^3 + a_4{}^3 + a_5{}^3 + a_6{}^3 + a_7{}^3 + a_8{}^3$$
$$= a_1{}^3 + a_2{}^3 + a_3{}^3 + a_4{}^3 + (b_1+8)^3 + (b_2+8)^3 + (b_3+8)^3 + (b_4+8)^3$$
$$((4) \text{ より})$$
$$= a_1{}^3 + a_2{}^3 + a_3{}^3 + a_4{}^3 + b_1{}^3 + b_2{}^3 + b_3{}^3 + b_4{}^3$$
$$+ 3\cdot 8(\underline{b_1{}^2 + b_2{}^2 + b_3{}^2 + b_4{}^2}) + 3\cdot 8^2(\underline{\underline{b_1 + b_2 + b_3 + b_4}}) + 4\cdot 8^3 \quad (12)$$

同様に,(5) を用いて,
((6) の右辺)
$$= b_1{}^3 + b_2{}^3 + b_3{}^3 + b_4{}^3 + b_5{}^3 + b_6{}^3 + b_7{}^3 + b_8{}^3$$
$$= b_1{}^3 + b_2{}^3 + b_3{}^3 + b_4{}^3 + a_1{}^3 + a_2{}^3 + a_3{}^3 + a_4{}^3$$
$$+ 3\cdot 8(\underline{a_1{}^2 + a_2{}^2 + a_3{}^2 + a_4{}^2}) + 3\cdot 8^2(\underline{\underline{a_1 + a_2 + a_3 + a_4}}) + 4\cdot 8^3 \quad (13)$$

(3) と (2) より,これらの式の下線部どうし,二重下線部どうしはそれぞれ等しいので,$k=3$ のときにも (6) が成り立つことがわかります.

上述の証明では,下線部どうしや二重下線部どうしが等しいことを示すために,「$n=2$ で等号が成立する」という(問題文に例示されている)事実を用いています.一般の場合にも,数学的帰納法の仮定を用いて,これに該当する議論ができそうです.

なお,上述の議論が首尾良く行えたことには,列 [2] における x の添数と y の添数が同数個(4 個ずつ)であることも 1 つの要因となっています.そこで,下の解答の中では,各列における x の添数と y の添数が同数個である(コメント 1 参照)ことも含めて,数学的帰納法で証明します.

解答

n に関する数学的帰納法により,$n \geqq 1$ に対して,

$$\left.\begin{array}{l}\text{列 } [n] \text{ における } x \text{ の添数と } y \text{ の添数が同数個(}2^n \text{ 個)ずつ}\\\text{であること,}\end{array}\right\} \quad (14)$$

および,

$$\left.\begin{array}{l}\text{列}[n]\text{における}x\text{の添数の}k\text{乗の和と}y\text{の添数の}k\text{乗の和が等しい}\\(k=1,\,2,\,\ldots,\,n)\end{array}\right\} \quad (15)$$

が成り立つことを証明する.

まず, $n=1$ のとき, x の添数と y の添数はともに 2 個だから (14) は成り立ち, $a_1+a_2=1+4=5=2+3=b_1+b_2$ だから, (15) も成り立つ.

次に, m を 1 以上の自然数として, $n=m$ に対して (14) および (15) が成り立つと仮定し, 列 $[m]$ における x の添数を小さい順に $a_1, a_2, \cdots, a_l$, y の添数を小さい順に $b_1, b_2, \cdots, b_l$ とおく (ただし, $l=2^m$). すると, 仮定となる一連の等式は

$$\sum_{i=1}^{l} a_i^k = \sum_{i=1}^{l} b_i^k \quad (k=1,\,2,\,\cdots,\,m) \tag{16}$$

と表される. また, 列 $[m]$ の項の総数は $2l$ だから, 列 $[m+1]$ の x の添数と y の添数はそれぞれ,

$$x \text{ の添数 : } a_1,\,a_2,\,\cdots,\,a_l,\,b_1+2l,\,b_2+2l,\,\cdots,\,b_l+2l, \tag{17}$$
$$y \text{ の添数 : } b_1,\,b_2,\,\cdots,\,b_l,\,a_1+2l,\,a_2+2l,\,\cdots,\,a_l+2l \tag{18}$$

であり, ともに $l+l=2l$ 個だから, (14) は $n=m+1$ のときにも成り立つ.

$k=1, 2, \cdots, m+1$ なる任意の k に対して, 列 $[m+1]$ の x の添数の k 乗の和を S_k とすると, (17) より

$$\begin{aligned}S_k &= \sum_{i=1}^{l} a_i^k + \sum_{i=1}^{l}(b_i+2l)^k \\ &= \sum_{i=1}^{l} a_i^k + \sum_{i=1}^{l}\Big\{\sum_{j=0}^{k} {}_k\mathrm{C}_j\, b_i^{k-j}(2l)^j\Big\} \end{aligned} \tag{19}$$

$$= \sum_{i=1}^{l} a_i^k + \sum_{j=0}^{k}\Big\{{}_k\mathrm{C}_j\,(2l)^j \sum_{i=1}^{l} b_i^{k-j}\Big\} \tag{20}$$

$$= \sum_{i=1}^{l} a_i^k + \sum_{i=1}^{l} b_i^k + \sum_{j=1}^{k-1}\Big\{{}_k\mathrm{C}_j\,(2l)^j \sum_{i=1}^{l} b_i^{k-j}\Big\} + (2l)^k \cdot l \tag{21}$$

$$(j=0 \text{ と } j=k \text{ に対応する部分を分離した})$$

次に, 列 $[m+1]$ の y の添数の k 乗の和を T_k として, (18) を用いて上と同様にして T_k を計算すると,

$$T_k = \sum_{i=1}^{l} b_i{}^k + \sum_{i=1}^{l}(a_i + 2l)^k$$
$$= \sum_{i=1}^{l} b_i{}^k + \sum_{i=1}^{l} a_i{}^k + \sum_{j=1}^{k-1}\left\{{}_k\mathrm{C}_j (2l)^j \sum_{i=1}^{l} a_i{}^{k-j}\right\} + (2l)^k \cdot l \quad (22)$$

$k \leqq m+1$ より,$1 \leqq j \leqq k-1$ なる j に対して $1 \leqq k-j \leqq m$ だから,(16) より,

$$\sum_{i=1}^{l} b_i{}^{k-j} = \sum_{i=1}^{l} a_i{}^{k-j}$$

よって (21) と (22) の中括弧内の値は一致し,したがって,(21) と (22) の値も一致するので,$S_k = T_k$ である.

以上より,任意の自然数 n に対して ((14) および) (15) が成り立つ. □

コメント

1. (14) を除いた (15) のみを示そうとして,「$n = m$ のときに (15) が成り立つ」ことを仮定した場合,

$$\sum_{i=1}^{l_1} a_i{}^k = \sum_{i=1}^{l_2} b_i{}^k \quad (l_1, l_2 \text{ は } 0 \text{ 以上のある正数で,} l_1 + l_2 = 2^{m+1})$$

が $k = 1, 2, \cdots, m$ に対して成り立つことしか仮定されません.さらに $l_1 = l_2$ までが仮定されていなければ,解説における議論はできません.なお,(14) は (15) において,$k = 0$ の場合と考えることもできます.

2. (19) の後半部分は $\sum$ 記号が 2 つあって複雑に見えますが,(19) から (20) への変形は,解説の (9) から (10) への変形などに該当します.結果的には,2 つの $\sum$ 記号の入れ換えが行われていますが,$\sum$ 記号の入れ換えを安易に行うことは危険です(例えば,$\sum_{i=1}^{10}\left\{\sum_{j=1}^{i}(i+j)\right\}$ を $\sum_{j=1}^{i}\left\{\sum_{i=1}^{10}(i+j)\right\}$ とすることはできません)から,(9) のように具体的な形で書き表したものを参考にしながら変形するとよいでしょう.

3. 添数 a_i, b_i の i は,いわば,「添数の添数」です.こうした複雑さを回避して

すっきりした表現にするために，例えば，列 m の x の添数の集合を A_m（同様に，y の添数の集合を B_m）などと表し，本文中の $\sum_{i=1}^{l} a_i{}^k$ を $\sum_{i \in A_m} i^k$ と表す方法もあります．A さん，B さん，D さんがこのような表し方をしていました．

第11回
SPRINGER MATHEMATICS CONTEST
シュプリンガー数学コンテスト

🍀 問題

a, b, c, d は固定した整数とし，d は 5 で割り切れないとする．m は
$$am^3 + bm^2 + cm + d$$
が 5 で割り切れるような整数と仮定する．このとき，
$$dn^3 + cn^2 + bn + a$$
が 5 で割り切れるような整数 n が存在することを示せ．

講評と解説

正解者 （到着順．＊は一着正解賞，下線つきは最優秀者）

Aさん＊（大阪大学），Bさん＊（灘中学校），Cさん＊（麻布高校），<u>Dさん（滝中学校）</u>，Eさん（京都大学），Fさん（青雲高校），Gさん（京都共栄学園高校），Hさん（前橋高校），Iさん（渋谷教育学園渋谷高校卒）

正解者の中には，問題の背後に潜む数理に踏み込み，本質が浮き彫りになる証明を与えた方も見られました．それらの正解者の中から，Dさんを今回の最優秀者としました．

解説

以下の解説では，「2つの整数の**合同**」の概念を用います．2つの整数の合同について，他の問題で用いる事実も含めて簡単にまとめておくと，以下のようになります．

[整数の合同]

mを自然数として，2つの整数x, yのそれぞれをmで割ったときの余りが等しいとき，xとyはmを**法として合同**であるといい，$\boldsymbol{x \equiv y \pmod{m}}$と表します（この式を**合同式**といいます．また，合同でないときには$x \not\equiv y \pmod{m}$と表します）．なお，整数をmで割ったときの余りは0から$m-1$までの範囲で考えることに注意してください．例えば，-7を5で割ったときの余りは3となります（$-7 = (-2) \times 5 + 3$より）．したがって，$\cdots \equiv -7 \equiv -2 \equiv 3 \equiv 8 \equiv 13 \equiv \cdots \pmod{5}$となります．

[法による計算]

整数x, y, u, vと自然数mに対して，$x \equiv y \pmod{m}$かつ$u \equiv v \pmod{m}$のときには，$x \pm u \equiv y \pm v \pmod{m}$（複号同順）や$x \cdot u \equiv y \cdot v \pmod{m}$が成り立ちます．これらは，$x = mq + r$（$q$は整数で，$0 \leq r \leq m-1$）などとおいて示せます．積に関する性質を繰り返し用いることで次の事実が得られます：$x \equiv y \pmod{m}$ならば，自然数kに対して$x^k \equiv y^k \pmod{m}$である．

これより，例えば$n \equiv 2 \pmod{5}$のとき$n^3 \equiv 8 \equiv 3 \pmod{5}$です．さら

に，例えば $9 \equiv 4 \pmod 5$, $7 \equiv 2 \pmod 5$ ですから，上記の n に対して，

$$9n^3 + 7n \equiv 4 \times 3 + 2 \times 2 = 16 \equiv 1 \pmod 5$$

となります．

なお，自然数 k, x, y および n に対して，$x \equiv y \pmod n$ であっても，$k^x \equiv k^y \pmod n$ とは限りません．

本問の解説

本問で示すべきことを合同の概念を用いて表現すると，次のようになります：

固定した整数 a, b, c, d（ただし，$d \not\equiv 0 \pmod 5$）に対して，

$$am^3 + bm^2 + cm + d \equiv 0 \pmod 5 \tag{1}$$

をみたす整数 m が存在するならば，

$$dn^3 + cn^2 + bn + a \equiv 0 \pmod 5 \tag{2}$$

をみたす整数 n が存在する．

本問では，m や n の多項式の値について「5 で割り切れる（5 で割ったときの余りが0）」という条件を扱っていくので，m や n 自身を 5 で割ったときの余りで分類して考えるとよいでしょう．

整数 k について，$k \equiv 0, 1, \cdots, 4 \pmod 5$ のそれぞれの場合について，k^2, k^3, k^4 が，5 を法として 0 から 4

表 1

k	0	1	2	3	4
k^2	0	1	4	4	1
k^3	0	1	3	2	4
k^4	0	1	1	1	1

のいずれの値と合同であるかを調べると表 1 のようになります（例えば，$k \equiv 2 \pmod 5$ のとき，$k^2 \equiv 2^2 \equiv 4 \pmod 5$ であり，これと $k \equiv 2$ を掛けて $k^3 \equiv 8 \equiv 3 \pmod 5$ などと計算していけます．なお，k^4 についての結果は解答 2 で使います）．

$am^3 + bm^2 + cm + d$ が 5 で割り切れて d が 5 で割り切れないという仮定から，$am^3 + bm^2 + cm = m(am^2 + bm + c)$ は 5 で割り切れません．したがって，m は 5 で割り切れません．すなわち，$m \not\equiv 0 \pmod 5$ です．

はじめに，$m \equiv 1 \pmod 5$ の場合について考えます．このとき，
$$0 \equiv am^3 + bm^2 + cm + d \equiv a + b + c + d \pmod 5 \tag{3}$$
です．したがって，
$$a + bn + cn^2 + dn^3 \equiv a + b + c + d \pmod 5 \tag{4}$$
が成り立つ整数 n が存在すれば，(3) により，その n に対して $a + bn + cn^2 + dn^3 \equiv 0 \pmod 5$，すなわち (2) が成り立ちます．整数 n が (4) をみたすためには，$n \equiv n^2 \equiv n^3 \equiv 1 \pmod 5$ であれば十分ですが，$n \equiv 1 \pmod 5$ である n がこれをみたします．つまり，$m \equiv 1 \pmod 5$ の場合には，$n \equiv 1 \pmod 5$ をみたす n に対して (2) が成り立ちます．

では，$m \equiv 2 \pmod 5$ の場合はどうでしょうか？ 表より，
$$0 \equiv am^3 + bm^2 + cm + d \equiv 3a + 4b + 2c + d \pmod 5 \tag{5}$$
です．したがって，
$$a + bn + cn^2 + dn^3 \equiv 3a + 4b + 2c + d \pmod 5 \tag{6}$$
が成り立つ整数 n が見つかれば，その n が (2) をみたします．しかし，(6) の左辺の定数項 a について，右辺ではその係数が 3 となっているため，このままでは表から n を見つけることができません．

そこで，(5) から得られる $0 \equiv 3a + 4b + 2c + d \pmod 5$ をうまく変形して a の係数が 1 である式をつくることを考え，この式の両辺を 2 倍します．すると，
$$0 \equiv 6a + 8b + 4c + 2d \equiv a + 3b + 4c + 2d \pmod 5$$
となります．そこで，$a + bn + cn^2 + dn^3 \equiv a + 3b + 4c + 2d \pmod 5$ が成り立つための十分条件「$n \equiv 3 \pmod 5$, $n^2 \equiv 4 \pmod 5$, $n^3 \equiv 2 \pmod 5$」をみたす n を表 1 から求めます．すると，$n \equiv 3 \pmod 5$ をみたす n が適することがわかり，このような n に対して，(2) が成り立ちます．

こうした考え方を用いて，$m \equiv 1, 2, 3, 4 \pmod 5$ の各場合について n を求めていったものが次の解答 1 です．正解者の多くの方が同様の方針でした．なお，後に紹介する解答 2 では，場合分けをすることなく処理しています．

解答 1（上記の解説中の表 1 を用います）

はじめに，$m \not\equiv 0 \pmod{5}$ を示す．もし，$m \equiv 0 \pmod{5}$ であれば，$am^3 + bm^2 + cm \equiv 0 \pmod{5}$ であり，これと仮定である $d \not\equiv 0 \pmod{5}$ より，$am^3 + bm^2 + cm + d \not\equiv 0 \pmod{5}$ となる．しかし，これは m に対する仮定に反する．よって，$m \not\equiv 0 \pmod{5}$ である．

場合 1. $m \equiv 1 \pmod{5}$ のとき：

このとき，
$$0 \equiv am^3 + bm^2 + cm + d \equiv a + b + c + d \pmod{5} \qquad (7)$$

一方，$n \equiv 1 \pmod{5}$ をみたす n に対して，
$$a + bn + cn^2 + dn^3 \equiv a + b + c + d \pmod{5}$$

これと (7) より，$n \equiv 1 \pmod{5}$ をみたす整数 n に対して $a + bn + cn^2 + dn^3 \equiv 0 \pmod{5}$ が成り立つ．

場合 2. $m \equiv 2 \pmod{5}$ のとき：

表 1 を用いると，
$$0 \equiv am^3 + bm^2 + cm + d \equiv 3a + 4b + 2c + d \pmod{5}$$

最左辺と最右辺を 2 倍して，
$$0 \equiv 2(3a + 4b + 2c + d)$$
$$\equiv 6a + 8b + 4c + 2d \equiv a + 3b + 4c + 2d \pmod{5} \qquad (8)$$

一方，表 1 より，$n \equiv 3 \pmod{5}$ をみたす n に対して，
$$a + bn + cn^2 + dn^3 \equiv a + 3b + 4c + 2d \pmod{5}$$

したがって，(8) より，このような n に対して $a + bn + cn^2 + dn^3 \equiv 0 \pmod{5}$ が成り立つ．

場合 3. $m \equiv 3 \pmod{5}$ のとき：

表 1 を用いると，

$$0 \equiv am^3 + bm^2 + cm + d \equiv 2a + 4b + 3c + d \pmod 5$$

最左辺と最右辺を 3 倍して,

$$0 \equiv 3(2a + 4b + 3c + d)$$
$$\equiv 6a + 12b + 9c + 3d \equiv a + 2b + 4c + 3d \pmod 5 \quad (9)$$

表 1 より, $n \equiv 2 \pmod 5$ をみたす n に対して, $a + bn + cn^2 + dn^3 \equiv a + 2b + 4c + 3d \pmod 5$ だから, (9) により, $a + bn + cn^2 + dn^3 \equiv 0 \pmod 5$ が成り立つ.

場合 4. $m \equiv 4 \pmod 5$ のとき:
　表 1 を用いると,

$$0 \equiv am^3 + bm^2 + cm + d \equiv 4a + b + 4c + d \pmod 5$$

最左辺と最右辺を 4 倍して,

$$0 \equiv 4(4a + b + 4c + d)$$
$$\equiv 16a + 4b + 16c + 4d \equiv a + 4b + c + 4d \pmod 5 \quad (10)$$

表 1 より, $n \equiv 4 \pmod 5$ をみたす n に対して, $a + bn + cn^2 + dn^3 \equiv a + 4b + c + 4d \pmod 5$ だから, (10) により, $a + bn + cn^2 + dn^3 \equiv 0 \pmod 5$ が成り立つ.

以上より, $m \equiv 1, 2, 3, 4 \pmod 5$ のいずれの場合も $dn^3 + cn^2 + bn + a$ が 5 で割り切れる. □

この証明では, 場合分けの各場合ごとに n を定めるという方針をとりました. 一方, 次のように, 4 つの場合を統一的に扱った証明 (または証明の後の考察) も見られました. C さん, D さん, E さん, G さん, H さんが, この証明またはこれに類する証明をしていました.

解答 2
　(解答 1 と同様にして, $m \not\equiv 0 \pmod 5$ を示した後) 表より, $m \not\equiv 0 \pmod 5$ のとき, $m^4 \equiv 1 \pmod 5$ である. よって, $n = m^3$ とおくと,

$$mn \equiv 1 \pmod 5$$

$0 \equiv am^3 + bm^2 + cm + d \pmod 5$ の両辺に n^3 を掛けて,

$$\begin{aligned}
0 &\equiv am^3 n^3 + bm^2 n^3 + cmn^3 + dn^3 \\
&\equiv a(mn)^3 + b(mn)^2 n + c(mn)n^2 + dn^3 \\
&\equiv a + bn + cn^2 + dn^3 \pmod 5
\end{aligned}$$

したがって, $n = m^3$ に対して, $dn^3 + cn^2 + bn + a$ は 5 で割り切れる. □

このように考えると, この問題に示されている事実を一般化することもできます. D さんは, 次の事実を導いています:

$l, N\ (\geqq 2)$ を自然数, $a_0, a_1, \cdots, a_l$ を整数とし,

$$a_0 m^l + a_1 m^{l-1} + a_2 m^{l-2} + \cdots + a_{l-1} m + a_l \equiv 0 \pmod N \qquad (11)$$

をみたす整数 m が存在するものとする. このとき, m と N が互いに素であれば,

$$a_0 + a_1 n + a_2 n^2 + \cdots + a_{l-1} n^{l-1} + a_l n^l \equiv 0 \pmod N \qquad (12)$$

をみたす整数 n が存在する ($mn \equiv 1 \pmod N$ をみたす整数 n が (12) をみたす).

とくに, N が素数で $a_l \not\equiv 0 \pmod N$ のときには, (11) をみたす m と N は互いに素であることになりますから, (12) をみたす整数 n が存在することになります (本問は, $N = 5$ の場合). このような形での一般化は, E さん, H さんも行っていました.

上述の一般化した事実は, 解答 2 と同様の流れで証明できます. ただし, 解答 2 では, 表から $m^4 \equiv 1 \pmod 5$ を導きましたが, これにあたる事実として, 「m と N が互いに素であるとき, $m^{\varphi(N)} \equiv 1 \pmod N$ (ただし, $\varphi(N)$ は N 以下の自然数のうち, N と互いに素であるものの個数を表します. N が素数のときには $\varphi(N) = N - 1$ です)」という事実を用います (この事実は, **オイラーの定理**とよばれ, N が素数のときに限定したものは**フェルマーの小定理**とよばれます).

第12回
SPRINGER MATHEMATICS CONTEST
シュプリンガー数学コンテスト

🍂 問題

Q を有理数の集合とする.次の2条件をみたすような Q から Q への関数 f をすべて求めよ.

(i) $f(1) = 2$, かつ

(ii) すべての $x, y \in Q$ に対して $f(xy) = f(x)f(y) - f(x+y) + 1$

講評と解説

正解者・最優秀者（到着順，＊は一着正解賞，下線つきは最優秀者）

Aさん＊（金沢泉丘高校），Bさん（東海高校），Cさん（大阪大学），Dさん（東京大学），Eさん（麻布高校），Fさん（灘中学校），Gさん（青雲高校），Hさん（大阪星光学院高校），Iさん，Jさん（桐朋高校），Kさん（九州大学）

解説

$$f(1) = 2 \tag{1}$$
$$f(xy) = f(x)f(y) - f(x+y) + 1 \tag{2}$$

x, y として，最初から一般の有理数を考えても，うまくいきそうにありません．最初に，x, y に具体的な自然数を入れて変形してみることで「感触をつかむ」ことが大切です．これにより f の特徴が浮き彫りになり，まず，(2 条件をみたす f が存在するなら) 整数 x に対して $f(x) = x+1$ であることがわかります．そして，これを利用して，x の範囲を有理数に広げても $f(x) = x+1$ であることがわかります．本書第 I 部「6. 山登り法」で解説されている考え方（やさしい場合から解決し始め，すでに解決済みの結果を利用していく）です．

Step 1 手掛かりをつかむ
Step 1-(i) 具体的な値の代入

上述したように，まずは x, y に具体的な値を代入してさまざまな関数値を実際に求め，解決の手掛かりを探ってみましょう．具体的な値としては，有理数の中でもとくに単純なもの，すなわち自然数を代入するとよいでしょう．(1) を利用することを考えて $x = y = 1$ とおけば，$f(1) = f(1)f(1) - f(2) + 1$，したがって $f(2) = 3$ が得られます．次に，$x = 2, y = 1$ とおけば，$f(2) = f(2)f(1) - f(3) + 1$ となり，$f(1) = 2$ と $f(2) = 3$ を用いて $f(3) = 4$ が得られます．

この考え方を繰り返していけば，$f(n)$ の値（および $f(1) = 2$）を用いて $f(n+1)$ の値を求められることに気づくでしょう（なお，$x = y = 0$ を代入した場合には，(1) を用いることなく $f(0) = 1$ が導けます）．

Step 1-(ii) f の特徴を表す式

上述の考察を手掛かりに考え進めてみましょう．(2) において，x はそのままにして $y=1$ のみを代入すると $f(x) = f(x)f(1) - f(x+1) + 1$ となり，これに (1) を用いて

$$f(x+1) = f(x) + 1 \tag{3}$$

が得られます．x には何の制約もつけていませんから，任意の有理数 x に対して (3) が成り立つことになり，この式は

$$x \text{ の値が } 1 \text{ 増えれば（減れば）} f(x) \text{ の値も } 1 \text{ 増える（減る）} \tag{4}$$

ことを意味しています．

Step 2 整数 x に対する $f(x)$

(1) を考慮すると，(4) より

$$\cdots, \ f(-3) = -2, \quad f(-2) = -1, \quad f(-1) = 0,$$
$$f(0) = 1, \quad f(1) = 2, \quad f(2) = 3, \quad f(3) = 4, \cdots$$

すなわち，整数 x に対して $f(x) = x+1$ となることがわかります．

Step 3 有理数 x に対する $f(x)$

次に，x の範囲を有理数の範囲にまで広げて考えてみましょう[1]．有理数 $\dfrac{m}{n}$（m, n は整数で，$n > 0$ とする）をどのような形で (2) へあてはめるかに応じた 2 通りの方針を以下に示します．その後の式変形では，すでに得られた結論「(2) 条件をみたす f が存在するなら）整数 m に対して $f(m) = m+1$ である」などが利用できないか注意しましょう．

Step 3-(i) $f\left(\dfrac{m}{n}\right) = f\left(\dfrac{1}{n} \times m\right)$ と考える

1 つの方針として考えられるのは，有理数 $\dfrac{m}{n}$ について，$\dfrac{m}{n} = \dfrac{1}{n} \times m$ と考えて (2) を用いることです．具体的には，

---

[1] $f(x) = x+1$（x は有理数）が与えられた 2 条件をみたすことを確かめても，「$f(x) = x+1$ 以外に 2 条件をみたす f が存在しない」ことを示したことにはなりません（問題文は，「f をすべて求めよ」となっています）．

$$f\left(\frac{m}{n}\right) = f\left(\frac{1}{n} \times m\right) = f\left(\frac{1}{n}\right)f(m) - f\left(\frac{1}{n} + m\right) + 1 \quad (5)$$

となります．ここで，すでに導いたように，整数 m に対しては $f(m) = m+1$ であり，また，(4) より「x の値が m 増えれば（減れば）$f(x)$ の値も m 増える（減る）」(x は整数である必要はありません）ので，$f\left(\frac{1}{n} + m\right) = f\left(\frac{1}{n}\right) + m$ です．したがって，(5) より

$$f\left(\frac{m}{n}\right) = (m+1)f\left(\frac{1}{n}\right) - \left\{f\left(\frac{1}{n}\right) + m\right\} + 1 = mf\left(\frac{1}{n}\right) - m + 1 \quad (6)$$

です．とくに $m = n$ とおき，$f(1) = 2$ を用いると

$$2 = nf\left(\frac{1}{n}\right) - n + 1 \quad \therefore \ f\left(\frac{1}{n}\right) = \frac{n+1}{n} = \frac{1}{n} + 1$$

これを (6) に用いて，

$$f\left(\frac{m}{n}\right) = m\left(\frac{1}{n} + 1\right) - m + 1 = \frac{m}{n} + 1$$

すなわち，有理数 x に対しても $f(x) = x+1$ が得られます．

ここでは，$f\left(\frac{m}{n}\right)$ を考察する中で $f\left(\frac{1}{n}\right)$ を求めましたが，寄せられた答案では，最初から $f\left(\frac{1}{n}\right)$ を考察し，その結果を利用して $f\left(\frac{m}{n}\right)$ を考察するという方針も多く見られました．

Step 3-(ii) $f(m) = f\left(\frac{m}{n} \times n\right)$ と考える

Step 3-(i) の (5) を導く際には，$x = \frac{1}{n}$, $y = m$ に対して (2) を用いました．x, y のとり方を工夫して，より簡潔に同じ結論に到達できないかを考えてみます．

$x = \frac{m}{n}$, $y = n$ とおくと，左辺は $f\left(\frac{m}{n} \times n\right) = f(m)$ ですから，

$$f(m) = f\left(\frac{m}{n}\right)f(n) - f\left(\frac{m}{n} + n\right) + 1$$

となります．先程と同じように，整数 k に対して $f(k) = k+1$ であること，および (4) より得られる等式 $f\left(\frac{m}{n} + n\right) = f\left(\frac{m}{n}\right) + n$ を用いて，

$$m + 1 = (n+1)f\left(\frac{m}{n}\right) - \left\{f\left(\frac{m}{n}\right) + n\right\} + 1 = nf\left(\frac{m}{n}\right) - n + 1$$

これより，

$$f\left(\frac{m}{n}\right) = \frac{m+n}{n} = \frac{m}{n} + 1$$

が得られます．この方法では，$f\left(\frac{1}{n}\right) = \frac{1}{n} + 1$ を導くことを経由せず，直接，$f\left(\frac{m}{n}\right) = \frac{m}{n} + 1$ を導けました．Aさん，Cさん，Gさん，Iさん，Jさん，Kさんがこの方針でした．

Step 4 十分性のチェック

ここまでの議論は，特殊な x, y の組合せの場合を調べることで，「2条件をみたす f が存在するなら，$f(x) = x + 1$ ($x \in Q$) 以外にはあり得ない」という「絞り込み」の議論です．そこで，逆に，$f(x) = x + 1$ ($x \in Q$) がもとの条件をすべてみたすこと，つまり「f が Q から Q への関数で (i), (ii) をみたす $\Leftrightarrow$ $f(x) = x + 1$ ($x \in Q$)」の $\Leftarrow$ が成り立つことを示します．この確認をして，$f(x) = x + 1$ ($x \in Q$) を答とすることができます（コメント参照）．

解答では，Step 1-(ii), 2, 3-(ii), 4 の順でまとめていきます．

解答

$$f(1) = 2 \tag{1}$$

$$f(xy) = f(x)f(y) - f(x+y) + 1 \tag{2}$$

(2) で $y = 1$ とおいて (1) を用いると，

$$f(x) = f(x)f(1) - f(x+1) + 1 = 2f(x) - f(x+1) + 1$$

したがって

$$f(x+1) = f(x) + 1 \tag{7}$$

である．これより，

$$x \text{ の値が 1 増えれば } f(x) \text{ の値も 1 増える} \tag{8}$$

ことがわかる．よって，(1) を考慮すると，とくに

$$x \text{ が整数のときに } f(x) = x + 1 \tag{9}$$

であることが必要である．

さらに，(2) において，$x = \dfrac{m}{n}, y = n$ (m, n は整数で，$n > 0$) とおくと，

$$f\left(\dfrac{m}{n} \times n\right) = f\left(\dfrac{m}{n}\right)f(n) - f\left(\dfrac{m}{n} + n\right) + 1 \qquad (10)$$

ここで，(9) より $f\left(\dfrac{m}{n} \times n\right) = f(m) = m+1, f(n) = n+1$ であり，また，(8) より「x の値が n 増えれば $f(x)$ の値も n 増える」ので，$f\left(\dfrac{m}{n} + n\right) = f\left(\dfrac{m}{n}\right) + n$ である．したがって，(10) は

$$m+1 = (n+1)f\left(\dfrac{m}{n}\right) - f\left(\dfrac{m}{n}\right) - n + 1 = nf\left(\dfrac{m}{n}\right) - n + 1$$

と書き直せて，これより，

$$f\left(\dfrac{m}{n}\right) = \dfrac{m+n}{n} = \dfrac{m}{n} + 1$$

を得る．任意の有理数は $\dfrac{m}{n}$ (m, n は整数で，$n > 0$) の形で表されるので，これより，与えられた条件をみたす関数 f が存在するなら，

$$f(x) = x + 1 \quad (x \in \mathbb{Q}) \qquad (11)$$

である．

逆に (11) であるとき，f は確かに $\mathbb{Q}$ から $\mathbb{Q}$ への関数であって，(i) をみたし，また，(2) の左辺，右辺は，それぞれ

$$f(xy) = xy + 1$$
$$f(x)f(y) - f(x+y) + 1 = (x+1)(y+1) - (x+y+1) + 1$$
$$= xy + 1$$

となり，これらは一致するので，(ii) もみたす．

以上より，求める f は

$$f(x) = x + 1 \quad (x \in \mathbb{Q}) \qquad \cdots \text{(答)}$$

である．

コメント

本問における「十分性のチェック」の必要性について補足します．説明のために本問において，$f(1) = 2$ のかわりに $f(1) = 3$ として，また，f の定義域を自然数とした問題を考えます．このとき，(2) に $y = 1$ を代入することにより，

((7) に相当する式として)

$$f(x+1) = 2f(x) + 1 \quad (\text{数列の漸化式})$$

が得られ，これと $f(1) = 3$ より $f(x) = 2^{x+1} - 1$ が導けます．しかし，この f は (2) をみたしません．実際，$f(x) = 2^{x+1} - 1$ に対して，(2) の左辺と右辺はそれぞれ

$$f(xy) = 2^{xy+1} - 1$$
$$f(x)f(y) - f(x+y) + 1 = \cdots = 2^{x+y+1} - 2^{x+1} - 2^{y+1} + 3$$

となり，例えば $x = y = 2$ のときの値（それぞれ 31 と 19）が一致しません．すなわち，上述の問題に関しては，「条件をみたす f は存在しない」ことになります．

第13回
SPRINGER MATHEMATICS CONTEST
シュプリンガー数学コンテスト

問題

下図において，C は線分 AB 上の端点以外の点で，D は O を中心とする半円の周上の点であり，CD は半円の直径 AB に垂直である．P を中心とする円は，線分 AB, CD, 弧 BD に接している．円と線分 AB との接点を E，円と弧 BD との接点を F とする．△AED が二等辺三角形であることを示せ．

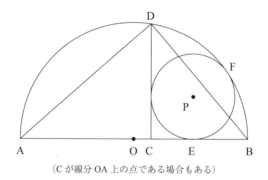

（C が線分 OA 上の点である場合もある）

講評と解説

正解者・最優秀者 （到着順，＊は一着正解賞，下線つきは最優秀者）
A さん＊（金沢泉丘高校），<u>B さん（天王寺高校）</u>，C さん（金沢泉丘高校），D さん（青雲高校），E さん（札幌南高校），F さん（清風南海高校），G さん（青雲高校），H さん，<u>I さん（宮崎西高校）</u>，J さん（東京大学），K さん（大阪大学）

簡潔な証明を心掛けている答案が多かったのですが，今回は 2 名を代表として最優秀者としました．

解説

半円の半径を R とします．$R=1$ として論じてもよいのですが，ここでは，諸線分の長さと半円の半径との関係を捉えやすくするために，R のままで進めます．応募された答案の大半が AD＝AE を示す方針でしたが，$\angle$ADE＝$\angle$AED を示す方針の答案も見られました．

ここでは，AD＝AE を示す方針の 3 つの解法を解説しますが，解答としてそれらをまとめなおすことは省略します．

AD^2 と AE^2

△ABD は $\angle D = 90°$ の直角三角形です．そして，CD がこの直角三角形の頂点 D から引かれた垂線であることに注目すると，△ADC ∽ △ABD ∽ △DBC が成り立ちます．

とくに
$$\triangle ADC \backsim \triangle ABD \tag{1}$$
に注目することにより AD：AB＝AC：AD，したがって，
$$AD^2 = AB \cdot AC \tag{2}$$
が成り立ちます．

一方，P を中心として，線分 AB，CD，弧 BD に接する円 P と半円との接点を F として，円 P と線分 AF の共有点で F と異なるものを S とします（図1：

(8) で示されるように，S は円 P と線分 CD の接点に一致します)．すると方べきの定理により，

$$AE^2 = AS \cdot AF \qquad (3)$$

が成り立ちます．

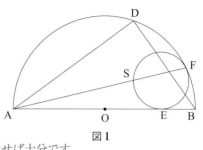

図 1

(2) と (3) により，AD = AE を示すためには，次の 3 つのうちのいずれかを示せば十分です．

$$AB \cdot AC = AS \cdot AF \qquad (4)$$
$$AD^2 = AS \cdot AF \qquad (5)$$
$$AE^2 = AB \cdot AC \qquad (6)$$

((2) と (6) により AD = AE を示す場合，(3) に言及する必要はありません)．

$AE^2 = AB \cdot AC$ を示す

多くの答案が (6) を示す方針またはそれに類する方針でした．そこで，はじめに (6) を示すことを考えてみましょう．図 2 のように AC = c とおき，円 P の半径を r とします．このとき，AE = $c + r$, AB $\cdot$ AC = $2R \cdot c = 2cR$ ですから，示すべき式 (6) は

$$(c+r)^2 = 2cR \qquad (7)$$

図 2

と書けます．

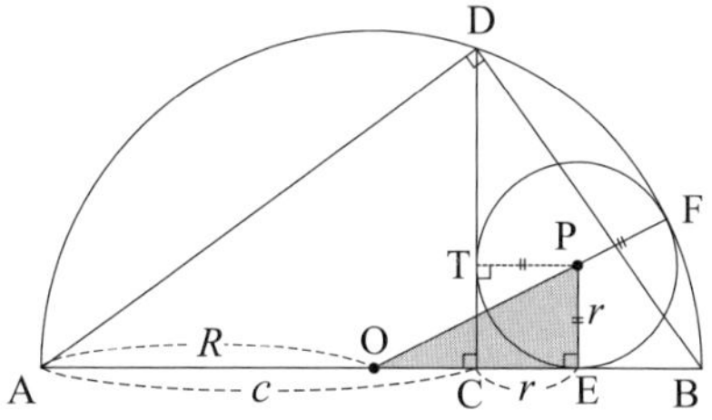

(3) を示すために，(後述するように) 3 辺の長さが c, r, R を用いて表される直角三角形 OPE に着目します．O, P, F は同一直線上にこの順に並んでいるので，

$$OP = OF - PF = R - r$$

です．また，E が線分 OB 上にあるときには OE = AE − AO, E が線分 OA 上にあるときには OE = AO − AE であり，これらをまとめて

$$\mathrm{OE} = |\mathrm{AE} - \mathrm{AO}| = |(\mathrm{AC} + \mathrm{CE}) - \mathrm{AO}| = |(c+r) - R|$$

となります.さらに $\mathrm{PE} = r$ ですから,直角三角形 OPE に三平方の定理を用いて,

$$(R-r)^2 = \bigl|(c+r) - R\bigr|^2 + r^2$$

となります.これを変形すれば,$(c+r)^2 = 2(c+r)R - 2rR = 2cR$ となり,目標としていた式 (7) が得られます.

途中で E が線分 OB 上にある場合と線分 OA 上にある場合の場合分けがありましたが,多くの答案がこの点について注意を払っていました.

$\mathbf{AB \cdot AC = AS \cdot AF}$ を示す

(4) の $\mathrm{AB} \cdot \mathrm{AC} = \mathrm{AS} \cdot \mathrm{AF}$ は,$\mathrm{AB} : \mathrm{AS} = \mathrm{AF} : \mathrm{AC}$ と書けますから,$\triangle \mathrm{ABF} \backsim \triangle \mathrm{ASC}$ が示されれば十分です.2 つの三角形について $\angle \mathrm{CAS}$ は共通で,また,$\angle \mathrm{AFB} = 90°$ であることから,$\angle \mathrm{ACS} = 90°$ を示せばよいのですが,これは

$$\text{S が円 P と線分 CD の接点に一致する} \tag{8}$$

ことを示すことでただちに得られます.I さんは答案の〈解 2〉の中で,次のようにして (8) を示しています(I さんの〈解 2〉では,最終的に (5) が導かれています).

まず,$\triangle \mathrm{AOF}$ は $\mathrm{OA} = \mathrm{OF}$ の二等辺三角形だから $\angle \mathrm{OAF} = \angle \mathrm{OFA}$ です(図 3).また,$\triangle \mathrm{PSF}$ は $\mathrm{PS} = \mathrm{PF}$ の二等辺三角形だから $\angle \mathrm{PSF} = \angle \mathrm{PFS} = \angle \mathrm{OFA}$ です.これらより,$\angle \mathrm{OAF} = \angle \mathrm{PSF}$ だから,$\mathrm{AB} \,/\!/\, \mathrm{SP}$ です.このことと,S における円 P の接線が線分 SP に垂直であることから,その

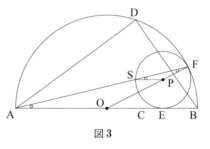

図 3

接線は,「円 P の接線のうち,線分 AB に垂直で,線分 AF と交わる直線」すなわち直線 CD であることがわかり,(8) がわかります.したがって $\mathrm{PS} \perp \mathrm{CD}$ ですから,(8) が成り立ちます.

$AD^2 = AS \cdot AF$ を示す

(5) の $AD^2 = AS \cdot AF$ は $AD : AF = AS : AD$ と書けます．これを示すために，例えば，$\triangle ADS \backsim \triangle AFD$（図4）を示すことが考えられます．

(8) を用いると，$\triangle ADS \backsim \triangle AFD$ は次のようにして示せます．まず，これらの三角形において，$\angle DAS$ が共通

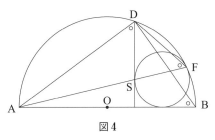

図4

です．また，(1) と (8) より $\angle ADS = \angle ABD$ であり，一方，円周角の定理より $\angle ABD = \angle AFD$ ですから，これらより $\angle ADS = \angle AFD$ です．したがって $\triangle ADS \backsim \triangle AFD$ です．I さんの〈解2〉や C さんの解法は，これとは異なる考え方を用いて (5) を示すものでした．

コメント

I さんは，本問の結果や証明に用いた事実を発展させて，3つの命題を証明していました．ここでは，1つだけを紹介します．

命題 円 O とそれに内接する円 O′ の接点を P とする．円 O′ 上の P 以外の任意の点 Q における接線と円 O の2交点を A, B とし，直線 PQ と円 O の交点で P と異なるものを R とする（図5）と，$\widehat{AR} = \widehat{BR}$ である．

図5に，証明に用いられていた線分なども描き込んであります．

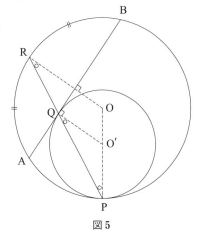

図5

第14回
SPRINGER MATHEMATICS CONTEST
シュプリンガー数学コンテスト

🍎 問題

次の不等式を示せ．

$$\frac{1}{2} \cdot \frac{3}{4} \cdot \frac{5}{6} \cdot \ldots \cdot \frac{999999}{1000000} < \frac{1}{1000}$$

講評と解説

正解者・最優秀者 （到着順，＊は一着正解賞，下線つきは最優秀者）

Aさん＊（奈良学園高校），Bさん＊（東海高校），Cさん（金沢泉丘高校），Dさん（筑波大学附属駒場中学校），Eさん（大阪星光学院高校），Fさん（九州大学），Gさん（八街中央中学校），<u>Hさん（小金高校）</u>，Iさん（天王寺高校），Jさん（信州大学），Kさん（不動岡高校），Lさん（桐朋高校），Mさん（聖光学院中学校），Nさん（水戸第一高校），Oさん（立教池袋高校），Pさん（清風南海高校），Qさん（高松高校），Rさん（滝高校）

正解答案のほとんどが，後述する解答（またはその直前の「解説」）と同様の方針や，その直後の「コメント」で述べる方針などにより，簡潔な証明をしていました．そのため，正解答案の優劣の差をつけにくかったのですが，簡潔な証明を与えるとともに，この問題に対してより深く踏み込んだアプローチをしたHさんを，代表として最優秀者としました．

解説

例えば $\sum_{k=1}^{n}\dfrac{1}{k(k+1)}$ について考えるときに，

$$\sum_{k=1}^{n}\frac{1}{k(k+1)} = \sum_{k=1}^{n}\left(\frac{1}{k}-\frac{1}{k+1}\right)$$
$$= \left(\frac{1}{1}-\frac{1}{2}\right)+\left(\frac{1}{2}-\frac{1}{3}\right)+\left(\frac{1}{3}-\frac{1}{4}\right)+\cdots$$
$$+\left(\frac{1}{n-1}-\frac{1}{n}\right)+\left(\frac{1}{n}-\frac{1}{n+1}\right) \quad (1)$$
$$= 1-\frac{1}{n+1}$$

といった変形をすることがあります．(1)において，各括弧内の2つ目の項が，次の括弧内の1つ目の項と互いに打ち消し合います．このような現象を**中抜け**とよぶことにします．中抜けは，

$$\frac{1}{2}\cdot\frac{2}{3}\cdot\frac{3}{4}\cdot\cdots\cdot\frac{98}{99}\cdot\frac{99}{100} = \frac{1}{100} \quad (2)$$

のように，積についても起こり得る現象です．

さて，本問で与えられた左辺に対しては，積についての中抜けを使うことができません．しかし，「中抜けを使えない」ことに気がつけば，「中抜けがうまく使えるようにする（と，何が起こるかを調べる）」という，この問題に対する1つのアプローチのしかたが与えられたことになります．与えられた式の左辺に $\frac{2}{3}$, $\frac{4}{5}$, $\frac{6}{7}$, $\cdots$, $\frac{999998}{999999}$ を補うと，(2)と同様に，

$$\frac{1}{2}\cdot\frac{2}{3}\cdot\frac{3}{4}\cdot\frac{4}{5}\cdot\frac{5}{6}\cdot\frac{6}{7}\cdot\cdots\cdot\frac{999998}{999999}\cdot\frac{999999}{1000000}=\frac{1}{1000000} \qquad (3)$$

となり，積の中抜けが使えます．しかも，この式の右辺は，示したい不等式の右辺 $\frac{1}{1000}$ の平方となっています．すなわち，示したい不等式の左辺 $P=\frac{1}{2}\cdot\frac{3}{4}\cdot\frac{5}{6}\cdot\cdots\cdot\frac{999999}{1000000}$ と，(3)で補った $\frac{2}{3}$, $\frac{4}{5}$, $\frac{6}{7}$, $\cdots$, $\frac{999998}{999999}$ の積 $Q=\frac{2}{3}\cdot\frac{4}{5}\cdot\frac{6}{7}\cdot\cdots\cdot\frac{999998}{999999}$ について，

$$PQ=\left(\frac{1}{1000}\right)^2 \qquad (4)$$

が成り立ちます[1]．「ここから $P<\frac{1}{1000}$ を導くためには？」と考えると，$P<Q$ を示せばよいことがわかります．すなわち，

$$P^2<PQ=\left(\frac{1}{1000}\right)^2$$

により，$P<\frac{1}{1000}$ が示されます．そこで，$P<Q$ を示すために，

$$\frac{1}{2}<\frac{2}{3},\quad \frac{3}{4}<\frac{4}{5},\quad \frac{5}{6}<\frac{6}{7},\quad \cdots,\quad \frac{999997}{999998}<\frac{999998}{999999}$$

が成り立つことを示します．これらと $\frac{999999}{1000000}<1$ を辺々掛ければ $P<Q$ が導けます．

さて，上述の解説では P や Q の文字を持ち出しましたが，下に示す解答では，これらの文字を持ち出さずに論じています．また，$\frac{999999}{1000000}<1$ のかわりに，（より強い）不等式 $\frac{999999}{1000000}<\frac{1000000}{1000001}$ を用いています．

正解答案の約半数が，これらのいずれかの方針かそれに類する方針によるものでした．

---

[1] 中抜けの考え方を用いずに，$\frac{1}{Q}=\frac{3}{2}\cdot\frac{5}{4}\cdot\frac{7}{6}\cdot\cdots\cdot\frac{999999}{999998}=\frac{1}{2}\cdot\frac{3}{4}\cdot\frac{5}{6}\cdot\cdots\cdot\frac{999997}{999998}\times 999999=P\times 1000000$ により(4)を導いている答案もありました．

解答

任意の自然数 k に対して,

$$\frac{k-1}{k} = 1 - \frac{1}{k} < 1 - \frac{1}{k+1} < \frac{k}{k+1} \tag{5}$$

が成り立つ. この式で, $k = 2, 4, 6, \cdots, 1000000$ とおくと,

$$\frac{1}{2} < \frac{2}{3}, \ \frac{3}{4} < \frac{4}{5}, \ \frac{5}{6} < \frac{6}{7}, \cdots, \ \frac{999997}{999998} < \frac{999998}{999999}, \ \frac{999999}{1000000} < \frac{1000000}{1000001}$$

が得られる. したがって,

$$\left(\frac{1}{2} \cdot \frac{3}{4} \cdot \frac{5}{6} \cdot \cdots \cdot \frac{999999}{1000000}\right)^2$$
$$= \frac{1}{2} \cdot \frac{1}{2} \cdot \frac{3}{4} \cdot \frac{3}{4} \cdot \frac{5}{6} \cdot \frac{5}{6} \cdot \cdots \cdot \frac{999999}{1000000} \cdot \frac{999999}{1000000} \tag{6}$$
$$< \frac{1}{\cancel{2}} \cdot \frac{\cancel{2}}{\cancel{3}} \cdot \frac{\cancel{3}}{\cancel{4}} \cdot \frac{\cancel{4}}{\cancel{5}} \cdot \frac{\cancel{5}}{\cancel{6}} \cdot \frac{\cancel{6}}{7} \cdot \cdots \cdot \frac{\cancel{999999}}{\cancel{1000000}} \cdot \frac{\cancel{1000000}}{1000001}$$
$$= \frac{1}{1000001} < \frac{1}{1000000} = \left(\frac{1}{1000}\right)^2 \tag{7}$$

であり, これより

$$\frac{1}{2} \cdot \frac{3}{4} \cdot \frac{5}{6} \cdot \cdots \cdot \frac{999999}{1000000} < \frac{1}{1000}$$

である. □

コメント

1. (6) からの変形としては, (5) のかわりに,

$$(k-1)(k+1) = k^2 - 1 < k^2 \tag{8}$$

を用いる方法もあります. 残りの正解答案の大半がこの方針でした. (8) を分数の分子に用いるか分母に用いるかによってさらに2通りの進め方に分けられますが, 分子に用いる場合には, 以下のようにして (7) までを導けます.

$$\frac{1}{2} \cdot \frac{1}{2} \cdot \frac{3}{4} \cdot \frac{3}{4} \cdot \frac{5}{6} \cdot \frac{5}{6} \cdot \cdots \cdot \frac{999999}{1000000} \cdot \frac{999999}{1000000}$$
$$= \frac{1 \cdot 3}{2^2} \cdot \frac{3 \cdot 5}{4^2} \cdot \frac{5 \cdot 7}{6^2} \cdot \cdots \cdot \frac{999997 \cdot 999999}{999998^2} \cdot \frac{999999}{1000000^2}$$

（分子の 1 を 1 つ省き，以降の分子を 1 つずつずらした）

$$< \frac{2^{\cancel{2}}}{2^2} \cdot \frac{4^{\cancel{2}}}{4^2} \cdot \frac{6^{\cancel{2}}}{6^2} \cdot \cdots \cdot \frac{\cancel{999998^2}}{\cancel{999998^2}} \cdot \frac{999999}{1000000} \cdot \frac{1}{1000000} \quad ((8) \text{ より})$$

$$< 1 \cdot 1 \cdot 1 \cdot \cdots \cdot 1 \cdot \frac{999999}{1000000} \cdot \frac{1}{1000000} < \frac{1}{1000000} = \left(\frac{1}{1000}\right)^2$$

2. 自然数 n に対して，

$$P_n = \frac{1}{2} \cdot \frac{3}{4} \cdot \frac{5}{6} \cdot \cdots \cdot \frac{2n-1}{2n}$$

とおくと，解答などと同様の方法で

$$P_n < \frac{1}{\sqrt{2n}}$$

（または，$P_n < \dfrac{1}{\sqrt{2n+1}}$ などのこれよりわずかに強い不等式）が示せます．

実は，次に示すように，定積分 $I_m = \displaystyle\int_0^{\frac{\pi}{2}} \sin^m x \, dx$ を利用することにより，十分大きな n に対して

$$P_n \fallingdotseq \frac{1}{\sqrt{\pi n}}$$

となる（P_n と $\dfrac{1}{\sqrt{\pi n}}$ の比が 1 に近づく）ことを意味する不等式や等式を導くことができます．一着正解者の B さんと最優秀者の H さん（H さんは 2 通りの証明方法で示しており，1 つが上述の解答の方法で，もう 1 つがこれにあたる方法です）がこの方針で証明しており，

$$\frac{1}{\sqrt{\pi\left(n+\frac{1}{2}\right)}} < P_n < \frac{1}{\sqrt{\pi n}} \tag{9}$$

$$\lim_{n\to\infty} \sqrt{\pi n} P_n = 1 \tag{10}$$

またはこれらに類する式を導いていました．以下で，これらを証明します．

まず，部分積分により，$m \geqq 2$ に対して

$$I_m = \int_0^{\frac{\pi}{2}} \sin^m x\,dx = \int_0^{\frac{\pi}{2}} \sin^{m-1} x \sin x\,dx$$
$$= \left[-\sin^{m-1} x \cos x\right]_0^{\frac{\pi}{2}} + (m-1)\int_0^{\frac{\pi}{2}} \sin^{m-2} x \cos^2 x\,dx$$
$$= 0 + (m-1)\int_0^{\frac{\pi}{2}} \sin^{m-2} x(1-\sin^2 x)\,dx$$
$$= (m-1)(I_{m-2} - I_m)$$

が得られます．これより $mI_m = (m-1)I_{m-2}$, すなわち，$I_m = \dfrac{m-1}{m}I_{m-2}$ だから，$m = 2n$, $m = 2n+1$ (n は自然数) のそれぞれに応じて，

$$I_{2n} = \frac{2n-1}{2n} \cdot \frac{2n-3}{2n-2} \cdot \cdots \cdot \frac{3}{4} \cdot \frac{1}{2} I_0$$

または

$$I_{2n+1} = \frac{2n}{2n+1} \cdot \frac{2n-2}{2n-1} \cdot \cdots \cdot \frac{4}{5} \cdot \frac{2}{3} I_1$$

となります．$I_0 = \int_0^{\frac{\pi}{2}} 1\,dx = \dfrac{\pi}{2}$, $I_1 = \int_0^{\frac{\pi}{2}} \sin x\,dx = 1$ ですから，

$$I_{2n} = \frac{\pi}{2} \cdot \frac{1}{2} \cdot \frac{3}{4} \cdot \cdots \cdot \frac{2n-3}{2n-2} \cdot \frac{2n-1}{2n} = \frac{\pi}{2} P_n \qquad (11)$$
$$I_{2n+1} = \frac{2}{3} \cdot \frac{4}{5} \cdot \cdots \cdot \frac{2n-2}{2n-1} \cdot \frac{2n}{2n+1} = \frac{1}{(2n+1)P_n}$$

さらに，

$$I_{2n-1} = \frac{2}{3} \cdot \frac{4}{5} \cdot \cdots \cdot \frac{2n-2}{2n-1} = \frac{1}{2nP_n} \quad (\text{ただし } n \geqq 2) \qquad (12)$$

です．これらより，

$$I_{2n}I_{2n+1} = \frac{\pi}{2(2n+1)} \qquad (13)$$
$$I_{2n}I_{2n-1} = \frac{\pi}{4n} \qquad (14)$$

が得られます．また，$0 < x < \dfrac{\pi}{2}$ において，$0 < \sin x < 1$ より $0 < \sin^{2n+1} x < \sin^{2n} x < \sin^{2n-1} x$ ですから，$0 < I_{2n+1} < I_{2n} < I_{2n-1}$ です．これより，

$$I_{2n}I_{2n+1} < I_{2n}^2 < I_{2n}I_{2n-1}$$

であり，これと (11), (13), (14) より
$$\frac{\pi}{2(2n+1)} < \left(\frac{\pi}{2}\right)^2 P_n^{\,2} < \frac{\pi}{4n}$$
です．したがって，
$$\frac{1}{\pi\left(n+\frac{1}{2}\right)} < P_n^{\,2} < \frac{1}{\pi n} \tag{15}$$
となり，これより (9) が得られ
$$\frac{1}{\sqrt{1+\frac{1}{2n}}} < \sqrt{\pi n}\, P_n < 1$$
と変形できますから，はさみうちの原理により (10) が得られます ((9) または (10) から，$\lim_{n\to\infty}\left(P_n - \frac{1}{\sqrt{\pi n}}\right) = 0$ も導けます).

なお，(15) から
$$\lim_{n\to\infty}(2n+1)P_n^{\,2} = \frac{2}{\pi} \tag{16}$$
が示せますが，
$$(2n+1)P_n^{\,2} = \left(\frac{1}{2}\right)^2 \cdot \left(\frac{3}{4}\right)^2 \cdot \left(\frac{5}{6}\right)^2 \cdots \left(\frac{2n-3}{2n-2}\right)^2 \cdot \left(\frac{2n-1}{2n}\right)^2 (2n+1)$$
$$= \frac{1\cdot 3}{2^2} \cdot \frac{3\cdot 5}{4^2} \cdot \frac{5\cdot 7}{6^2} \cdots \frac{(2n-3)(2n-1)}{(2n-2)^2} \cdot \frac{(2n-1)(2n+1)}{(2n)^2}$$
ですから，(16) より
$$\frac{2}{\pi} = \frac{1\cdot 3}{2^2} \cdot \frac{3\cdot 5}{4^2} \cdot \frac{5\cdot 7}{6^2} \cdots = \left(1-\frac{1}{2^2}\right)\left(1-\frac{1}{4^2}\right)\left(1-\frac{1}{6^2}\right)\cdots$$
が成り立ちます (**Wallis の公式**とよばれています).

最後に，本問の左辺である $P_{500000} = \frac{1}{2}\cdot\frac{3}{4}\cdot\frac{5}{6}\cdots\frac{999999}{1000000}$ の値と (9) の最左辺，最右辺の値を比較してみましょう．P_{500000} の正確な値は $0.000797884361\cdots$ ($=\frac{1}{1253.31\cdots}$) で，(9) の最左辺は $\frac{1}{\sqrt{\left(500000+\frac{1}{2}\right)\pi}} = 0.00079788\underline{4}16\cdots$，最右辺は $\frac{1}{\sqrt{500000\pi}} = 0.00079788\underline{4}56\cdots$ です．それぞれ，下線を付した 4 (小

数第 9 位）までが P_{500000} の真の値と一致しています．

第15回
SPRINGER MATHEMATICS CONTEST
シュプリンガー数学コンテスト

🦇 問題

　ある競技場で参加選手のどの2名どうしも戦っており，どの試合も勝負が決している．これらの試合の結果から優秀選手を確定したい．選手Aが優秀選手であるための条件は次の通りである．

　選手Aがどの選手Bにも勝っているか，または間接的に勝っている．
　ここで，選手Aが選手Bに間接的に勝っているとは，選手Aが選手Cに勝って，かつ選手Cが選手Bに勝っているような選手Cが存在することである．

　このような条件のもと，優秀選手が必ず存在すること，また，優秀選手がただ1名しか存在しないならば，その優秀選手は他のすべての選手に（直接的に）勝っていることを証明せよ．

🍎 講評と解説

今回の一着正解賞と最優秀者は以下の方々です．一着正解者のAさんは，答案送付が早いだけでなく，簡潔できちんとまとめた答案を送ってくれました．

一着正解賞：Aさん（大阪大学）
最優秀者：Bさん（群馬高専），Cさん（青雲高校），Dさん（麻布高校）

解説

この問題の出典は，中国(国内)数学オリンピックの1987年冬季合宿第3問（李成章・黄玉民編著，小室久二雄訳『数学オリンピック双書』吉林教育出版社）です．

前半の証明は，寄せられた答案のほとんどが，以下の2つの方針のうちのいずれかによるものでした．1つは「直接の勝ち試合数が最も多い選手」に着目して，その選手が優秀選手の1人であることを示す，という方針です．以下の解説・証明では，まず，この方針に沿っていきます．もう1つは参加選手の人数に関する数学的帰納法です（この方針は，さらに3つの方針に大別されます）．こちらについては，関連する方針とともに，解答の後の「コメント」で解説します．

後半については，ほとんどの答案が「唯一の優秀選手に勝っている選手がいると仮定して，それらの選手の中にも優秀選手がいるという矛盾を導く」という方針で，解説・解答でもこの方針を用います．

なお，いくつかの答案に次のような誤りが見られましたので，最初に注意しておきます：

(誤り) XがYに直接的または間接的に勝っていることをX → Yと表すこととすると，A → BかつB → Cならば，A → Cである．

A → BとB → Cの少なくとも一方が「直接は負けているが間接的に勝っている」ことを表している場合，A → Cとは限りません．例えば，

- AはBに直接的には負けているが，B, C以外のある選手を介して間接的に

勝っている（A → B）
- CはBに直接的に負けている（B → C）が，その他の選手には直接的に勝っている

とすると，A → Cにはなりません．

以下の解説や解答の図では，XがYに**直接勝っている**という意味でのみ，X → Yという表し方をします．

優秀選手の存在性

まず優秀選手が存在することを示しましょう．優秀選手は1人とは限りませんが，「優秀選手が少なくとも1人存在する」ことが示されれば十分です．参加選手のうちで，どのような選手が優秀選手になっている可能性が高いと（直感的に）思えるでしょうか？「**直接の勝ち試合数が最も多い選手**」は「強い選手」といえるでしょうから，優秀選手となっている可能性は高そうです．そこで，

（直接の）勝ち試合数が最多である選手の1人をA

として，Aが優秀選手の1人であることの証明を試みましょう．以下，単に「AがXに勝っている」と表現している箇所は，「AがXに直接勝っている」という意味（「負けている」についても同様）です．

もし，Aが他のすべての選手に勝っていれば，もちろんAは優秀選手です．そこで，Aが何人かの選手に負けている場合を考えます．図1に示すように，Aは$B_1, B_2, \cdots, B_k$には勝っているが，$B_{k+1}, B_{k+2}, \cdots, B_n \ (n > k)$には負けているものとします．Aが優秀選手であることを示すために，

Aが，どの$B_j \ (k+1 \leq j \leq n)$にも間接的には勝っている

ことを示します．

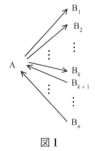

図1

もし，Aがある$B_j \ (k+1 \leq j \leq n)$に間接的にも勝っていないとすると，この$B_j$は，Aが勝った$B_1, B_2, \cdots, B_k$のすべてに勝っていることになります（図2）．$B_j$はAにも勝っているので，$B_j$の勝ち試合数は$k+1$以上となり，Aの勝ち試合数$k$よりも多いことになります．しかし，これ

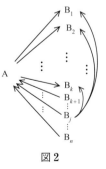

図2

は，A が勝ち試合数が最多の選手の 1 人であるという A の選び方に反します（ここで，勝ち試合数に関して極端（最多）な選手 A に注目したことが効いています）．したがって，A はどの B_j $(k+1 \leq j \leq n)$ にも間接的に勝っていることになり，A は優秀選手です．

優秀選手がただ 1 名のとき

次に，優秀選手がただ 1 名ならば，その選手は他のすべての選手に勝っていることを示します．A がただ 1 名の優秀選手であるにもかかわらず，A を負かした選手がいるものとして矛盾を導きます．再び図 1 のように，A は $B_1, B_2, \cdots,$ B_k $(k<n)$ には勝っているが，$B_{k+1}, \cdots, B_n$ には負けているものとします．このとき，「A 以外にも優秀選手がいる」という矛盾を導くことを考えます．

A 以外の優秀選手を見つけるために，A に勝った選手 $B_{k+1}, \cdots, B_n$ に注目してみます．これらの選手は，A に勝っているだけでなく，$B_1, B_2, \cdots, B_k$ にも，A を介して間接的に勝っています（もちろん直接勝っている可能性もあります）．したがって，$B_{k+1}, \cdots, B_n$ の中に，

$$\left.\begin{array}{l}\text{これらの選手間で行われた試合の結果，自分以外の}\\ \text{どの選手にも直接的または間接的に勝っている}\end{array}\right\} \quad (1)$$

ような選手が存在すれば，その選手も全体における優秀選手であることになります．(1) をみたす選手とは，「$B_{k+1}, \cdots, B_n$ の間で行われた試合だけに着目したときの優秀選手」ですから，その存在は，前半における証明によって保証されます（ただし，$k+1=n$，すなわち，A に勝った選手が 1 人だけのときには，その選手が該当します）．

応募答案の約半数がこれらの方針で，最優秀者では D さんがこれらの方針でした．

解答

以下の証明中，とくに「間接的に」と断らない限り，勝ち負けは直接的な勝ち負けを意味するものとする．

[優秀選手が存在することの証明]

勝ち試合数が最多である選手の 1 人を A として，A が優秀選手の 1 人である

ことを示す．

　Aが他のすべての選手に勝っていれば，Aは優秀選手である．そこで，そうでない場合を考える．A以外の選手を $B_1, B_2, \cdots, B_n$ として，Aは $B_1, B_2, \cdots, B_k$ $(k < n)$ には勝っているが，$B_{k+1}, B_{k+2}, \cdots, B_n$ には負けているものとする（図1）．

　ここで，Aがある B_j $(k+1 \leqq j \leqq n)$ に間接的にも勝っていないとすると，この B_j は，Aが勝った $B_1, B_2, \cdots, B_k$ のすべてに勝っていることになる（図2）．ところが，B_j はAにも勝っているので，B_j の勝ち試合数はAの勝ち試合数よりも少なくとも1だけは多いことになり，Aが勝ち試合数が最多の選手の1人であることに反する．したがって，Aはどの B_j $(k+1 \leqq j \leqq n)$ にも間接的に勝っており，Aは優秀選手である．

[優秀選手がただ1名ならば，その選手は他のすべての選手に勝っていることの証明]

　ただ1名の優秀選手をAとする．Aが勝っていない選手がいるものとして，再び図1のように，Aは $B_1, B_2, \cdots, B_k$ $(k < n)$ には勝っているが，$B_{k+1}, \cdots, B_n$ には負けているものとする．

　$k+1 < n$ の場合，すなわち，$B_{k+1}, \cdots, B_n$ が2人以上からなる場合，前半の証明により，これらの選手の間で行われた対戦だけに着目したときの優秀選手，すなわち，次の条件をみたす B_j $(k+1 \leqq j \leqq n)$ が存在する：

　　B_j は $B_{k+1}, \cdots, B_n$ の中の自分以外のすべての選手に直接的
　　または間接的に勝っている．

また，$k+1 = n$ の場合には，B_{k+1} $(= B_n)$ を B_j とする．

　B_j は，Aに勝っており，したがって，Aが勝った $B_1, \cdots, B_k$ にも間接的に勝っている（直接勝っていることもあり得る）ことになるので，結局，自分以外のすべての選手に直接的または間接的に勝っていることになる．すなわち，B_j は参加選手全体の中での優秀選手でもある．これは，Aがただ1名の優秀選手であることに反する．したがって，優秀選手がただ1名ならば，その選手は他のすべての選手に勝っていることになる． □

コメント

　後半の証明については，ほとんどの答案が上述の方針でしたが，前半は，参加選手の人数 $n\,(n \geqq 2)$ による数学的帰納法での証明も見られました．$n = 2$ の場合は，勝者の方が優秀選手です．この後の進め方は，3通りの方法に大別できました．ここでは，そのうちの2つについて，概略を紹介します．

　1つは，$n = k\,(k \geqq 2)$ のときに優秀選手が存在すると仮定して，$n = k+1$ のときにも優秀選手が存在することを示すものです．一着正解賞のAさん他数名の方がこの方針でした．

　$k+1$ 人のうち，1人（Aとする）を除いた k 人に着目します．すると，数学的帰納法の仮定により，この k 人の中での優秀選手（Aとの対戦は除いて考える）が存在しますから，そのうちの1人をBとします．BがAに勝っていれば，Bは優秀選手です．そこで，BがAに負けている場合について考えます．もし，Bが勝った選手の中にAに勝った選手がいれば，Bは間接的にAに勝っていることになりますから，この場合もBは優秀選手です．そして，Bが勝った選手が全員Aに負けている場合（図3）には，Aは，BおよびBが勝った選手に勝っているだけでなく，Bが間接的に勝った選手にも間接的に勝っている（直接勝っていることもあり得ます）ことになりますから，この場合はAが優秀選手の1人です．

　もう1つの方法は，$n \leqq k\,(k \geqq 2)$ のときに優秀選手が存在すると仮定して，$n = k+1$ のときにも優秀選手が存在することを示すものです（『数学発想ゼミナール1』の「2.3 強化帰納法」参照）．この方針による答案もいくつか見られ，最優秀者の中では，Bさんがこの方針です．上記の［優秀選手がただ1名ならば，その選手は他のすべての選手に勝っていることの証明］で展開されている議論と似た流れです．

　$k+1$ 人のうちの任意の1人Aに着目します．Aに勝った選手が存在しない場合には，Aが唯一の優秀選手です．そこで，Aに勝った選手が存在する場合（図4）を考え，それらの選手の全体を考えます．Aに勝った選手は k 人以下ですから，数学的帰納法の仮定により，これらの選手の中だけでの優秀選手（つまり，これらの選手の間で行われた対戦だけに着目したとき，自分以外のすべての選手に直接的または間接的に勝っている選手．Aに勝った選手が1人だけのとき

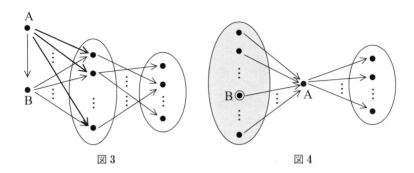

図3　　　　　　　　　図4

にはその選手とする）Bが存在します．Bは，Aに勝っており，さらに，Aが勝った選手にも間接的に勝っていることになります（直接勝っていることもあり得ます）から，Bは優秀選手の1人です．

2つ目に示した考え方は，「数学的帰納法」の形態ではなく，次のように「アルゴリズム」の形で表すこともできます．まず，参加選手全体の中から任意の選手 A_1 を選び，A_1 に勝った選手からなる集合 W_1 をつくります．$W_1 = \emptyset$ ならば，A_1 が優秀選手です．$W_1 \neq \emptyset$ のときには，W_1 の中での優秀選手が，全体での優秀選手です．

そこで，W_1 の中での優秀選手を見つけるために，W_1 の中で，今と同様の操作を繰り返していきます．すなわち，W_1 に属する任意の選手 A_2 を選び，W_1 の選手で A_2 に勝った選手からなる集合 W_2 をつくります．$W_2 = \emptyset$ ならば，A_2 が W_1 の（したがって全体の）優秀選手であり，そうでない場合には，同様の操作を繰り返します．

$W_1, W_2, \cdots$ に属する要素の個数（選手の人数）は少なくとも1ずつ減少していくので，ある段階で $W_i = \emptyset$ となります．このとき，A_i は優秀選手です．図5に $i = 3$ の場合の例を示してあります．

この考え方を用いると，後半について，次のような簡潔な証明ができます．何名かがこのような方針でしたが，最優秀者の中ではCさんがこの方針でした．

優秀選手が1名しかいないものとして，その選手をAとする．Aがある選手 A_1 に負けているとすると，$A \in W_1$（W_1 は A_1 に勝った選手からなる集合）である．また，A_1 は優秀選手ではないので $W_1 \neq \emptyset$ であり，したがって，上述のアルゴリズムによって，W_1 の中からも優秀選手を見つけることができる．これ

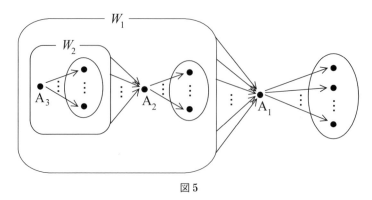

図 5

は，A がただ 1 名の優秀選手であることに反する．したがって，A は他のどの選手にも勝っていることになる．

応募された答案には，証明とは別に，この問題に関連する考察や数学的なおもしろい話題について書いてくれているものもありました．

第16回
SPRINGER MATHEMATICS CONTEST
シュプリンガー数学コンテスト

🍎 問題

　自然数 n に対して，2^n の 10 進法表示の左側から 2 桁の数字の並びと，5^n の 10 進法表示の左側から 2 桁の数字の並びが一致するとき，その 2 桁の数字の並びを求めよ（ちなみに，左側の 1 桁どうしが一致するときには，その一致する数字はつねに 3 である．例えば，$n = 5$ のとき，$2^5 = 32$ と $5^5 = 3125$ であり，いずれも左側から 1 桁目が 3 である）．

講評と解説

一着正解賞：A さん（大阪大学）
最優秀者：B さん（早稲田大学）

解説

この問題は，テキサス大学ダラス校の Titu Andreescu 博士から解答とともに提供していただいたものです．Andreescu 博士はアメリカやルーマニアの国際数学オリンピックチームのヘッドコーチやアシスタントコーチなどとして活躍し，2003 年に開催された国際数学オリンピック日本大会の運営にも尽力されました．

今回の応募者の全員が，題意の 2 桁の数字の並びとして 31 を導いていました．やや説明不足と感じられる答案もありましたが，方針としては，下記の方針 1 または 2 に示されるものがほとんどでした．いずれの方針も，$2^n \times 5^n = 10^n$ に着眼することがポイントです．

きちんとした解答を考える前に，まずは大雑把に考えてみましょう．以下の解説中，とくに断らなければ，n は 2^n と 5^n の 10 進法表示の左から 2 桁の数字の並びが一致する自然数 n（の 1 つ）を表します．さらに，求める数字の並びで表される 2 桁の整数を A とします．すると，

$$2^n \fallingdotseq A \times 10^k \tag{1}$$
$$5^n \fallingdotseq A \times 10^m \tag{2}$$

（k, m は非負整数）と表せます．これらの積を考えることにより，$10^n \fallingdotseq A^2 \times 10^{k+m}$ が得られますから，$A^2 \fallingdotseq 10^l$（l は整数）と表されます．答案の多くが，この方法を厳密にした次の方針 1 で $A = 31$ を導いていました．

方針 1. $\fallingdotseq$ を不等式で表す

上の (1), (2) のかわりに

$$A \times 10^k \leqq 2^n < (A+1) \times 10^k \tag{3}$$
$$A \times 10^m \leqq 5^n < (A+1) \times 10^m \tag{4}$$

（k, m は非負整数）を用います．さらに，次のような考察を加えると，（k, m が

自然数で) (3), (4) の "≦" が "<" で置き換えられることがわかります.

まず, 2^n が 2 桁の整数となる $n = 4, 5, 6$ に対しては, それぞれ, $2^4 = 16$ と $5^4 = 625$, $2^5 = 32$ と $5^5 = 3125$, $2^6 = 64$ と $5^6 = 15625$ となり, 左から 2 桁の数字の並びは一致しません. したがって, $n \geqq 7$ です. このとき, 2^n と 5^n はともに 3 桁以上の整数ですから, (3), (4) において, k, m は自然数で, 最左辺の値の 10 進法表示における 1 の位はともに 0 です. 一方, 自然数 n に対して, 2^n の 1 の位は 2, 4, 8, 6 の繰り返しですから, (3) の "≦" は "<" で置き換えられます. また, 5^n の 1 の位はつねに 5 ですから, (4) の "≦" も "<" で置き換えられ, 結局,

$$A \times 10^k < 2^n < (A+1) \times 10^k \tag{5}$$
$$A \times 10^m < 5^n < (A+1) \times 10^m \tag{6}$$

(k, m は自然数) となります.

さて, (5), (6) を辺々掛けると $A^2 \times 10^{k+m} < 10^n < (A+1)^2 \times 10^{k+m}$ が得られ, これより

$$A^2 < 10^l < (A+1)^2$$

(l は整数) と書けることがわかります. ここで, A は 2 桁の整数なので $A^2 \geqq 10^2$, $(A+1)^2 \leqq 100^2 = 10^4$ ですから, $l = 3$ でなければならず, したがって

$$A^2 < 10^3 < (A+1)^2 \tag{7}$$

となります.

この後は, $31^2 = 961$, $32^2 = 1024$ から $A = 31$ を導くこともできますし, $\sqrt{10^3} = 10\sqrt{10} = 31.62\cdots$ から $A = 31$ を導くこともできます. すなわち, 求める 2 桁の数字の並びは 31 です.

方針 2. ≒ を等式で表す

2^n と 5^n を

$$2^n = a \times 10^k \tag{8}$$
$$5^n = b \times 10^m \tag{9}$$

(k, m は自然数, $1 < a < 10$, $1 < b < 10$) と表します (「方針 1」のように,

2^n や 5^n の 1 の位を考えることにより,a や b が 1 でないことがわかります).このとき,a と b は 1 の位どうしと小数第 1 位どうしがそれぞれ一致する 2 数です.(8),(9) を辺々掛けると,

$$10^n = ab \times 10^{k+m}$$

となりますから,$ab = 10^l$(l は整数)と表されることがわかります.ここで,$1 < a < 10, 1 < b < 10$ より $1 < ab < 100$ ですから,$ab = 10$ です.では,a, b のそれぞれの値はどうなるでしょうか? a, b のうち一方は,2 数の相乗平均 $\sqrt{ab} = \sqrt{10} = 3.162\cdots$ 以上で,もう一方は $\sqrt{10} = 3.162\cdots$ 以下です(ともに $\sqrt{10}$ より小さければ,$ab < 10$ になってしまい,ともに $\sqrt{10}$ より大きければ,$ab > 10$ になってしまいます).すなわち,$\sqrt{10} = 3.162\cdots$ は a と b の間の数です.このことと,「a と b は 1 の位どうしと小数第 1 位どうしがそれぞれ一致する」ことを考え合わせると,a, b および $3.162\cdots$ の 1 の位どうしと小数第 1 位どうしがそれぞれ一致する,したがって,a, b が 3.1 で始まる数であることがわかります.これより,求める 2 桁の数字の並びは 31 です.

同様に考えると,左から 3 桁までの数字の並びが一致するとき,その並びは 316 であり,4 桁の数字の並びが一致するとき,その並びが 3162 であることなどがわかります.

解答は,方針 2 に沿ってまとめます.

解答

2^n と 5^n が 10 進法表示で 2 桁以上のとき,

$$2^n = a \times 10^k \tag{10}$$
$$5^n = b \times 10^m \tag{11}$$

(k, m は自然数,$1 \leq a < 10, 1 \leq b < 10$)と表すことができる.ここで,自然数 $n = 1, 2, 3, \cdots$ に対して 2^n の 1 の位は 2, 4, 8, 6 が繰り返され,5^n の 1 の位はつねに 5 だから,いずれの 1 の位も 0 にはならない.したがって,とくに $a \neq 1, b \neq 1$ だから,

$$1 < a < 10, \quad 1 < b < 10 \tag{12}$$

である.

いま，2^n と 5^n の 10 進法表示の左から 2 桁の数字の並びが一致しているものとする．このとき，

a と b は 1 の位どうしと小数第 1 位どうしがそれぞれ一致する．　　　(13)

また，(10), (11) を辺々掛けて，

$$10^n = ab \times 10^{k+m}$$

これより，$ab = 10^l$ ($l = n - k - m$ は整数) と表されるが，(12) より $1 < ab < 100$ だから，$ab = 10$ である．a, b はともに正だから，これより，a, b の一方は $\sqrt{ab} = \sqrt{10} = 3.16\cdots$ 以上であり，他方は $3.16\cdots$ 以下である．このことと (13) より，$a, b, 3.162\cdots$ は 1 の位どうしと小数第 1 位どうしがそれぞれ一致するので，a, b はともに 3.1 で始まる数であり，

　　　　　　　求める 2 桁の数字の並びは 31　　　　　　…（答）

である．

コメント

1. C さん（麻布高校），D さん（青雲高校），E さん（金沢泉丘高校），F さん（立教池袋高校），G さん（滝高校）（到着順）は，解答とは別に，2^n と 5^n の左から 2 桁の数字の並びがはじめて一致する (31 になる) n について，$n = 98$ であることを報告してくれました．$n = 98$ のとき，

$$2^{98} = 316912650057057350 37\cdots,$$
$$5^{98} = 31554436208840472216\cdots$$

となり，ともに 31 で始まります（ちなみに，左から 3 桁の数字の並びがはじめて一致するのは，$n = 1068$ のとき（このとき 4 桁目まで一致します）です）．

2. 「方針 2」の最後でも書きましたが，2^n の左から k 桁の数字の並びと，5^n の左から k 桁の数字の並びが一致するとき，その k 桁の数字の並びは，$\sqrt{10} = 3.16227\cdots$ の 1 の位「3」から小数第 $(k-1)$ 位までの k 個の数字の並びに一致します．こうした事実に言及している，または気づいていると思われる答案も少なくありませんでした．

3. 最優秀者の B さんは議論をさらに発展させ,$N_1 N_2 = m$ をみたす自然数 N_1, N_2, m と自然数 k に対して,「$N_1{}^n$ の m 進法表示の左から k 桁の数字の並びと,$N_2{}^n$ の m 進法表示の左から k 桁の数字の並びが一致する」場合について,その k 桁の数字の並びについて考察していました.

第17回

SPRINGER MATHEMATICS CONTEST
シュプリンガー数学コンテスト

🍫 問題

　どの内角も180°未満である多角形を凸多角形といい，合同な凸多角形を2枚重ね合わせ，すべての辺について，対応する辺を端から端までセロハンテープでとめてできる二面体のことを**凸多角形二面体**（これを記号 P で表す）という（図1の例参照）．すなわち，P はおもて面と裏面をもつ．

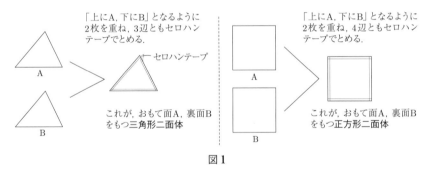

図1

　P はある凸多角形の形をした薄い板とみなせる．そこで，板 P のおもて面，裏面のそれぞれに異なる模様を彫り，両面にインクをつけ，次の操作を行う．

(1) P を大きな紙の上に置き，P の裏面を印刷する．
(2) 次に P の辺のうちの1本を勝手に選び，それを軸として P を（空間的に）180°回転させ，P のおもて面を印刷する．
(3) (2)の操作を終えた状態で，P の辺のうちの1本を勝手に選び，それを軸として P を（空間的に）180°回転させ，P の裏面を印刷する．
(4) この操作を繰り返す．

　このようにして，おもて・裏や向きの異なる模様がダブることなく，また，す

き間が生じることなく，大きな紙の上に模様を印刷できるとき，凸多角形二面体 P は**転がしハンコ**であるという．

図2に示すように正方形二面体（図2(a)）は転がしハンコである（図2(b)）．一方，正六角形二面体（図3(a)）は図3(b)の矢印で示す順に印刷した場合，おもてと裏の模様がダブってしまう（図3(c)）ので正六角形二面体は転がしハンコではない（正方形二面体ではこのようなダブりは生じない）．

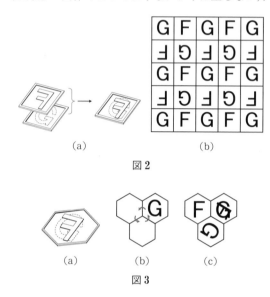

図2

図3

問題 転がしハンコになる凸多角形二面体の面の形をすべて決定せよ．

🎀 講評と解説

今回は，ほとんどの方が同じ方針で解いていましたが，比較・検討の結果，一着正解賞であるAさんを最優秀者にも選びました．

一着正解賞・最優秀者：Aさん（ラ・サール高校）

解説

凸多角形二面体の1つをPとします．Pの1辺を軸としてPを（空間的に）180°回転させる操作を，以下，単に「転がす」と表現します．また，Pの1つの頂点Aを固定しながら転がす操作を繰り返すことを，「PをAのまわりで転がす」と表すことにします（この際，Aを端点とする2つの辺を交互に軸として転がすこととします）．

転がしハンコであるための必要条件

図3(a)の正六角形二面体では，図3(b)の矢印で示すように，1つの頂点のまわりで3回転がすと，正六角形全体としては最初の位置に戻ってきますが，おもて・裏が逆になってしまい，向きもずれてしまいます（図3(c)）．

「最初の位置に戻る」ことについては，正六角形の内角120°の整数倍（「転がした回数」倍）がちょうど360°になることなどが効いています．もし，1つの頂点における内角が$\frac{360°}{整数}$の形でなければ，その頂点のまわりで転がしたときに，1周して最初の位置に戻ることすらありません（図4：∠Aが$\frac{360°}{整数}$と表される角でない場合の例）．正六角形二面体で図3(c)に示す「裏・おもてのダブり」が生じたのは，「転がした回数」3が奇数であることに起因します．

これらの考察を参考にして，凸多角形二面体Pが転がしハンコであるための必要条件を導きましょう．Pの1つの頂点をA，Aにおける内角（1つの面の内角）をαとして，最初の時点でPの裏面が下側になるように置かれているものとします．

Pが転がしハンコであるためには，PをAのまわりで転がして裏面・おもて面を交互に印刷していった（図5(a)）ときに，1周して最初の位置に戻り，かつ，その時点でPの裏面が下側になっていることが必要です（これらがみたされていれば，Aを端点とする2辺は最初の時点と同じ位置にあることになります

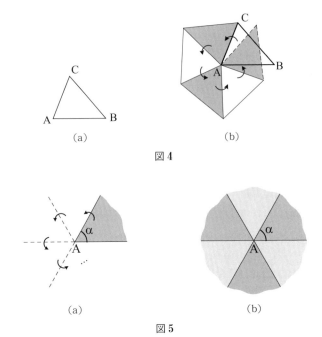

図 4

図 5

から，P の向きも最初と一致します)．このようにして得られた印刷には，A のまわりに裏面とおもて面が同数個（n 個ずつとする），すき間も重なりもなく印刷されている（図 5(b)）ことになるので，A に集まる角の和を考えると，

$$\alpha \times 2n = 360° \tag{1}$$

が成り立ちます．

したがって，

$$\alpha = \frac{360°}{2n} = \frac{180°}{n} \quad (n \text{ は自然数})$$

と書けることが必要です．ここで，面が凸多角形であることから $\alpha < 180°$，したがって $n \geqq 2$ ですから，α が

$$90°, \ 60°, \ 45°, \ 36°, \ 30°, \ \frac{180°}{7}, \ \cdots \tag{2}$$

のいずれかであることが必要です．

これらの議論は，二面体のどの頂点を A に選んだ場合にも成り立ちますから，

結局，凸多角形二面体が転がしハンコであるためには，

> どの内角も (2) のいずれかの角である

ことが必要です．

面は三角形または四角形

(2) に挙げた角を内角とする多角形といっても，無数にあるわけではありません．実際，五角形を構成するような角の組はありません．なぜなら，五角形の内角の和は $(5-2) \times 180° = 6 \times 90°$ ですが，(2) に挙げた角を 5 個加えても，$5 \times 90°$ 以下にしかならないからです．このように，内角の和に注目することにより，面が三角形または四角形であることを示せます．

四角形の場合には内角の和が $360°$ となることから，4 つの角すべてが $90°$，すなわち長方形の場合（もちろん正方形も含みます）しかありません．

三角形の場合はどうでしょうか？ (2) の中の角で，和が $180°$ となる 3 つの角の組を見つければよいのですが，3 つの角を α, β, γ として，大小関係を $\alpha \geq \beta \geq \gamma$ と設定しておき，最大角 α に応じて場合分けして考えるとよいでしょう．$(\alpha, \beta, \gamma) = (90°, 60°, 30°), (90°, 45°, 45°), (60°, 60°, 60°)$ しかあり得ないことがわかります．以下，$(\alpha, \beta, \gamma) = (90°, 60°, 30°)$ の三角形を**半正三角形**とよぶことにします．

以上の考察で，転がしハンコになる凸多角形二面体の面の形の候補を，

> 長方形，半正三角形，直角二等辺三角形，正三角形 　　　　(3)

に絞り込むことができました（図 6）．

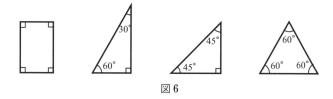

図 6

十分性

ここまでは，「各頂点のまわりで転がす」という特殊な転がし方だけを考察の

206　第Ⅱ部　シュプリンガー数学コンテスト

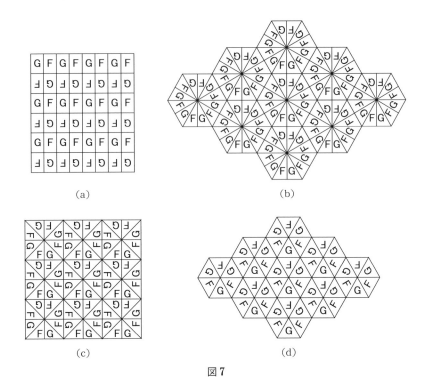

図 7

対象にして，面の形を絞り込みました．

　次に，(3) の各多角形を面にもつ二面体について，十分性をチェックします．該当する各二面体について，両面に図 2 (a) や図 3 (a) と同様の模様を彫ったときにおもて・裏がどのように印刷されるかを描いていけば（図 7），すき間が生じることなく，また，平面上の各点における印刷のされ方が一意的に定まることが読み取れるでしょう．解答の後に，この十分性についてもう少し踏み込んだ議論をします（コメント 2）．

解答

　P を凸多角形二面体として，P の頂点のうちの任意の 1 つを A，P の 1 つの面での A における内角を α とする．また，P は裏面が下側になるように置かれているものとする．

　P が転がしハンコであるならば，P を A のまわりで転がしていく（図 5 (a)

と，1周して最初の位置に戻り，かつ，その時点で転がしハンコは裏面が下側になる．こうして得られる印刷には，Aのまわりに裏面とおもて面が同数個ずつ，すき間も重なりもなく印刷されている（図5(b)）．そこで，裏面とおもて面が n 個ずつ印刷されているものとして A に集まる角の和を考えると，$\alpha \times 2n = 360°$ が成り立ち，これより，

$$\alpha = \frac{360°}{2n} = \frac{180°}{n} \quad (n \text{ は自然数})$$

と書けることがわかる．ここで，面が凸多角形であることから $\alpha < 180°$，したがって $n \geqq 2$ だから，α は，

$$90°, \ 60°, \ 45°, \ 36°, \ 30°, \ \frac{180°}{7}, \ \cdots \quad (4)$$

のいずれかである．A は P の任意の頂点であったから，P が転がしハンコであるためには，

$$\text{面のどの内角も (4) に挙げた角のいずれかである} \quad (5)$$

ことが必要である．

次に，(5)をみたす凸多角形 Q をすべて決定する．Q が凸 k 角形であるとすると，その内角の和は $(k-2) \times 180°$ であり，一方，(5) より，内角の和は $k \times 90°$ 以下であるから，

$$(k-2) \times 180° \leqq k \times 90°$$

が成り立つ．これより $k \leqq 4$ だから，Q は四角形または三角形である．

Q が四角形のとき：

四角形の内角の和は $360°$ であり，(5) を考えると，どの内角も $90°$ でなければならない．したがって Q は長方形である．

Q が三角形のとき：

三角形の 3 つの内角を α, β, γ とし，

$$\alpha \geqq \beta \geqq \gamma > 0° \quad (6)$$

とする．α, β, γ はそれぞれ (4) に挙げた角のいずれかであり，

$$\alpha + \beta + \gamma = 180° \tag{7}$$

をみたす．(6) と (7) より，$180° = \alpha + \beta + \gamma \leqq 3\alpha$ だから，$\alpha \geqq 60°$ である．

(i) $\alpha = 90°$ のとき：(7) より $\beta + \gamma = 90°$ であり，(6) を考慮すると $\beta \geqq 45°(\geqq \gamma)$ だから，$(\beta, \gamma) = (60°, 30°)$ または $(\beta, \gamma) = (45°, 45°)$ である．すなわち，Q は $30°$ と $60°$ を鋭角にもつ直角三角形または直角二等辺三角形である．

(ii) $\alpha = 60°$ のとき：(7) より $\beta + \gamma = 120°$ であり，(6) を考え合わせると $\beta \geqq 60°(\geqq \gamma)$ だから，$(\beta, \gamma) = (60°, 60°)$，すなわち，$Q$ は正三角形である．

以上より，転がしハンコとなる凸多角形二面体の面の形は，長方形，$30°$ と $60°$ を鋭角にもつ直角三角形，直角二等辺三角形，正三角形（図6）のいずれかであることが必要である．

逆に，これらを面の形とする凸多角形二面体に，図 2 (a), 3 (a) と同様の模様を彫って印刷をしていくとき，それぞれ図 7 (a)〜(d) のように，平面上の各点における印刷のされ方は一意的に定まる．したがって，4つの凸多角形二面体は，すべて転がしハンコである．

以上より，求める面の形は，

$$\left.\begin{array}{l}\text{長方形，}30°\text{ と }60°\text{ を鋭角にもつ直角三角形，}\\\text{直角二等辺三角形，正三角形}\end{array}\right\} \quad \cdots \text{(答)}$$

である．

コメント

1. 四角形や三角形を具体的に決定していく議論では，各内角が $\dfrac{180°}{n}$（n は 2 以上の自然数）の形で表されることに基づき，「方程式の整数解」の議論に帰着させることもできます．何名かの答案がこの方針で，「五角形以上にはならない」こともこの方針で示している答案もありました．

具体的には，「Q が三角形のとき」には，l, m, n の方程式

$$\frac{180°}{l} + \frac{180°}{m} + \frac{180°}{n} = 180°$$

すなわち

$$\frac{1}{l} + \frac{1}{m} + \frac{1}{n} = 1$$

について，l, m, n が 2 以上の整数解を求めることに帰着されます．この場合にも，$l \leqq m \leqq n$ などの大小関係を設定しておくと見通しがよくなります．

2. 十分性の議論について，半正三角形二面体の場合を例に，少し補足しておきます．

図 2 (a) と同様の模様を彫った半正三角形二面体を，30°，60°，90° の角をもつ頂点のまわりで転がすと，それぞれ，図 8 (a), (b), (c) に示す模様が印刷されます．いずれの場合も，1 周すると最初と同じ模様が印刷されます（以降，図 8 (a) の模様つきの正六角形を H_1 と表します）．

いま，半正三角形二面体が，例えば図 8 (a) の △ABO の位置にあるものとします．この二面体を AB を軸にして転がすと図 9 (a) に示す △ABO' が印刷されますが，これは △DCO を平行移動したものと一致します．したがって，その状態からさらに二面体を O' のまわりで転がせば，**H_1 を平行移動した模様つきの正六角形 H_2**（図 9 (b) に太線で示しています）が得られます．

同様の議論により，二面体が，例えば △A'BO の位置にある状況から上記と同様の操作を施した場合にも，H_1 を平行移動した印刷模様が得られる（図 9 (b) のグレーの模様）ことがわかります．また，**A のまわりの印刷模様や B のまわりの印刷模様**は，必然的に図 8 (c) や (b) と同様のものになります．そして，二面体が図 9 (b) に示される範囲で動く限り，各点における印刷のされ方は一意

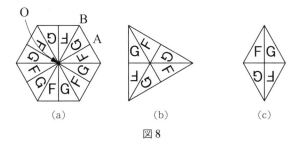

図 8

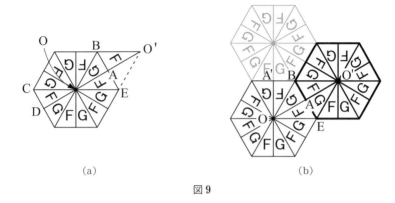

(a)   (b)

図 9

的に定まります.

 さらに同様の操作を繰り返すことで，H_1 の無数のコピーを向きを変えずに貼り合わせた「タイル貼り」(平面をすき間も重なりもなく埋め尽くしたもの) が得られ (図 7(b) はその一部)，平面上の各点における印刷のされ方は一意的に定まります.

3. 転がしハンコの問題を立体 (多面体) で考えた場合，転がしハンコに適する立体は，4 つの面が合同な四面体 (等面四面体) だけに限られます．等面四面体は，図 10 のように勝手な鋭角三角形を，その各辺の中点どうしを結ぶ線分で折ってできる四面体です (どの面ももとの鋭角三角形と相似です)．正四面体は等面四面体の 1 つです．

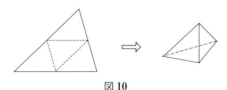

図 10

第 18 回
SPRINGER MATHEMATICS CONTEST
シュプリンガー数学コンテスト

🍂 問題

2 つの三角形が内部の点を共有していないとき，これらの三角形は**内素**であるということとする（境界上の点は共有していてもよい）．面積 S の任意の凸四角形（どの内角も 180° 未満である四角形）に対して，これに含まれる 2 つの内素な三角形 T_1, T_2（これらの面積もそれぞれ T_1, T_2 と表す）で，面積について，$T_1 = T_2 \geqq \dfrac{4}{9}S$ をみたすものが存在することを示せ（下図は，凸四角形 ABCD に含まれる 2 つの内素な三角形 T_1, T_2 の例）．

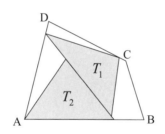

講評と解説

一着正解賞・最優秀者:A さん (名古屋大学)

解説
2 つの三角形の定め方

まずは面積 S の凸四角形で,考察が簡単そうなものを考えてみましょう.例えば正方形の場合には,1 本の対角線を引くことによって $T_1 = T_2 = \frac{1}{2}S$ をみたす 2 つの内素な三角形 T_1, T_2 が得られます.凸四角形の範囲を長方形や,さらに平行四辺形にまで広げても,やはり 1 本の対角線を引くことによって同様の結論が得られます.

では,台形ではどうでしょうか?　(上底)≦(下底)として考えてみます.上底と下底がほぼ等しければ,その台形は平行四辺形に近い形をしていますから,$T_1 = T_2 ≒ \frac{1}{2}S$ をみたす 2 つの内素な三角形 T_1, T_2 が得られます(図 1).

また,上底が下底に比べて十分小さく,台形をほとんど三角形と見なせる場合には,図 2 (a)(M は対角線 BD の中点)に示すように T_1, T_2 を定めれば,これらは内素で $T_1 = T_2 ≒ \frac{1}{2}S$ をみたします.さらに,図 2 (b) のように,AM の延長と BC の交点を E として,△ABE と △ADE をそれぞれ T_1', T_2' とすると,これらは $T_1' = T_2' > T_1 = T_2$ をみたす内素な三角形です.

次に,上底 (≦下底) があまり長くもなく,短くもない場合,例えば上底が下底の半分の長さの場合を考えてみましょう.この場合には,図 1, 2 (a) のいずれの方法で T_1, T_2 を定めても,$T_1 = T_2 = \frac{1}{3}S < \frac{4}{9}S$ です.ところが,図 2 (b) と同様の定め方に従うと,等積で,その面積が比較的大きな内素な三角

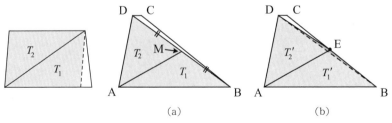

図 1　平行四辺形に近い台形

図 2　三角形に近い台形

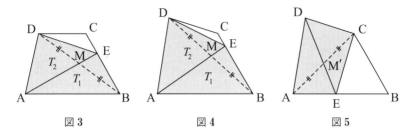

形 T_1, T_2 が得られます（図3）．

しかも，同様の方法に従えば，一般の凸四角形の場合にも，等積で，その面積が大きな内素な三角形 T_1, T_2 が得られそうです（図4：AM の延長と四角形の周との交点 E が辺 CD 上にくることもあります）．ただし，図3の頂点 A（と対角線 BD）に相当する頂点（と対角線）をうまく選ばないと，得られる2つの三角形の面積はあまり大きなものにはならないことがあります（図5：頂点 A のかわりに頂点 D を用いた場合（対角線は AC を用いることになる））．実際にいくつかの状況を調べると，図3の A と BD に相当する頂点と対角線は，四角形の4頂点の中の3点を頂点とする三角形のうち，面積が最大のもの（図4では △ABD）の頂点とそれに向かい合う辺になるように選ぶとよさそうです．

証明すべきこと

以上の考察を踏まえて証明の方針を考えます．面積 S の凸四角形を ABCD として，4つの三角形 ABD, BCA, CDB, DAC のうち，面積が最大のものが △ABD であるものとして一般性を失いません（そのように頂点に名前をつけたと考えてもよいでしょう）．四角形の対角線 BD の中点を M として，直線 AM と辺 BC または CD との交点を E とします．対称性から，E が辺 BC 上にある場合だけを考えれば十分です（E が辺 CD 上にある場合も同様に進められる，と考えてもよいですし，E が辺 CD 上にあるときには，B と D の名前をつけかえる，と考えても問題ありません）．示すべきことは，2つの内素な三角形 ABE, ADE をそれぞれ T_1, T_2 とすると，$T_1 = T_2 \geqq \frac{4}{9}S$ が成り立つということです．

$T_1 = T_2$ については，AE を共通の底辺と見ることで導けますから，

$$T_1 + T_2 \geqq \frac{8}{9}S \tag{1}$$

を示せばよいことになります．

最優秀者・一着正解賞の A さんは，

　　点 F を，四角形 ABFD が平行四辺形になるように定めると，
　　C はこの平行四辺形に含まれる（図 6）

という事実を示し，証明全体の見通しをよくしていました．ここでも，この着眼点を取り入れてみます（この事実は解答の中で示します）．なお，平行四辺形の性質から，F は直線 AM 上にあります．

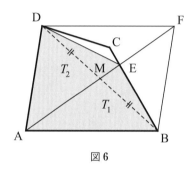

図 6

ムダが最も大きくなってしまう場合を考える

2 直線 BC, DF の交点を C' とします（図 7）．もし上述の T_1, T_2 の定め方が題意に適するものであるなら，

$$T_1 + T_2 \geq \frac{8}{9} \times (\text{四角形 ABC'D}) \tag{2}$$

も証明できるはずです．なぜならば，三角形 T_1, T_2 は，四角形 ABC'D に対して上述の手順で定められる 2 つの三角形でもあるからです．しかも，$S \leq$ 四角形 ABC'D ですから，(2) が示されれば (1) も示されます．

もとの四角形 ABCD に対しては，△CDE が T_1, T_2 に含まれず「ムダ」になってしまう領域です．C を C' へ向けて動かしたとき，このムダが最も大きくなってしまうのが C = C' の場合であり，「この場合ですら題意をみたさなければならない」という考えが動機となって，四角形 ABC'D に着目したのです．A さんも (2) にあたる式を導いていました．

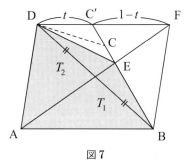

図 7

(2) の証明

(2) において,

$$T_1 + T_2 = 四角形\ ABED = \triangle ABD + \triangle BDE \tag{3}$$

$$四角形\ ABC'D = \triangle ABD + \triangle BC'D \tag{4}$$

ですから, 3つの三角形 ABD, BDE, BC'D の面積比がわかれば, (2) は示せそうです.

図7のように DC' : C'F = $t : (1-t)$ として, $\triangle ABD$ の面積を T とします. すると, $0 < t \leqq 1$ であり, また, AB // DC' より

$$\triangle BC'D = \frac{DC'}{AB}T = \frac{DC'}{DF}T = tT \tag{5}$$

です. さらに, $\triangle ABE \backsim \triangle FC'E$ より BE : C'E = AB : FC' = $1 : (1-t)$ であり, これより BE : BC' = $1 : (2-t)$ だから, (5) を用いて

$$\triangle BDE = \frac{BE}{BC'} \times \triangle BC'D = \frac{t}{2-t}T \tag{6}$$

となります.

(3), (4), (5), (6) より

$$T_1 + T_2 = T + \frac{t}{2-t}T = \frac{2}{2-t}T,$$
$$四角形\ ABC'D = T + tT = (1+t)T$$

ですから,

$$\frac{T_1+T_2}{\text{四角形 ABC'D}} = \frac{2}{(1+t)(2-t)} = \frac{2}{-t^2+t+2} = \frac{2}{-\left(t-\frac{1}{2}\right)^2+\frac{9}{4}}$$

となります．ここで，$0 < t \leqq 1$ より

$$2 \leqq -\left(t-\frac{1}{2}\right)^2+\frac{9}{4} \leqq \frac{9}{4}$$

ですから，

$$\frac{T_1+T_2}{\text{四角形 ABC'D}} \geqq \frac{2}{\frac{9}{4}} = \frac{8}{9}$$

となり，(2) が示せました．

以上の議論をもとにした証明を以下に示します．なお，証明では平行四辺形を早めの段階で導入しており，解説の議論とはやや異なる箇所があります．

解答

面積 S の凸四角形を ABCD とする．一般性を失うことなく，4 つの三角形 ABD, BCA, CDB, DAC のうちで面積が最大のものが △ABD であるものとしてよい．ここで，点 F を，四角形 ABFD が平行四辺形になるように定める（図 6）．すると，△ABC ≦ △ABD より C は 2 直線 AB, DF にはさまれた領域（境界を含む）にあり，さらに，△ACD ≦ △ABD より C は 2 直線 AD, BF にはさまれた領域（境界を含む）にある．すなわち，C は平行四辺形 ABFD に含まれる．

直線 AF は辺 BC または CD と交わるが，対称性より，辺 BC と交わる場合について考えればよい．この交点を E として，2 つの三角形 ABE, ADE をそれぞれ T_1, T_2 とすると，T_1, T_2 は四角形 ABCD に含まれる 2 つの内素な三角形であり，

$$T_1 = \frac{\text{AE}}{\text{AF}} \times \triangle\text{ABF} = \frac{\text{AE}}{\text{AF}} \times \triangle\text{ADF} = T_2$$

である．したがって，題意を示すためには

$$T_1 + T_2 \geqq \frac{8}{9}S \tag{7}$$

を示せばよい．

2直線 BC, DF の交点を C' とする（図7）と，C が平行四辺形 ABFD に含まれることから $S \leqq$ 四角形 ABC'D である．したがって，(7) を示すためには

$$T_1 + T_2 \geqq \frac{8}{9} \times (\text{四角形 ABC'D}) \tag{8}$$

を示せば十分である．

ここで，DC' : C'F $= t : (1-t)$ として，$\triangle$ABD の面積を T とする．このとき，

$$0 < t \leqq 1 \tag{9}$$

である．また，$\triangle$ABD と $\triangle$BC'D について，それぞれ AB, C'D を底辺と見ると，高さは等しいので，

$$\triangle \text{BC'D} = \frac{\text{DC'}}{\text{AB}} T = \frac{\text{DC'}}{\text{DF}} T = tT \tag{10}$$

である．さらに，$\angle$AEB $= \angle$FEC'（対頂角），$\angle$EAB $= \angle$EFC'（平行線の錯角）より $\triangle$ABE $\backsim$ $\triangle$FC'E だから，BE : C'E $=$ AB : FC' $= 1 : (1-t)$ である．これより，BE : BC' $= 1 : (2-t)$ であり，これと (10) より

$$\triangle \text{BDE} = \frac{\text{BE}}{\text{BC'}} \times \triangle \text{BC'D} = \frac{t}{2-t} T$$

である．よって，

$$T_1 + T_2 = \text{四角形 ABED} = \triangle \text{ABD} + \triangle \text{BDE}$$
$$= T + \frac{t}{2-t} T = \frac{2}{2-t} T$$

$$\text{四角形 ABC'D} = \triangle \text{ABD} + \triangle \text{BC'D} = T + tT = (1+t)T$$

だから，

$$\frac{T_1 + T_2}{\text{四角形 ABC'D}} = \frac{2}{(1+t)(2-t)} = \frac{2}{-t^2 + t + 2} = \frac{2}{-\left(t - \frac{1}{2}\right)^2 + \frac{9}{4}}$$

である．ここで，(9) より

$$2 \leqq -\left(t - \frac{1}{2}\right)^2 + \frac{9}{4} \leqq \frac{9}{4}$$

だから，

$$\frac{T_1+T_2}{\text{四角形 ABC'D}} \geq \frac{2}{\frac{9}{4}} = \frac{8}{9}$$

となり，(8) が成り立つ．したがって，題意は示せた． □

コメント

　この解答例で示した T_1, T_2 の定め方に従う場合，$T_1 + T_2 = \frac{8}{9}S$ となる（等号が成り立つ）のは四角形 ABCD がどのような四角形の場合でしょうか？　証明を追っていくと，四角形 ABCD と四角形 ABC'D が一致し，しかも $-\left(t-\frac{1}{2}\right)^2 + \frac{9}{4} = \frac{9}{4}$（つまり $t = \frac{1}{2}$）が成り立つ場合，すなわち四角形 ABCD が AB : CD = 2 : 1 の台形の場合であることがわかります．

　実は，この台形に対しては，2 つの等積で内素な三角形 T_1, T_2 をどのように定めても，それらの面積が $\frac{4}{9}S$ を超えることはありません（証明は省きますが）．

第19回

SPRINGER MATHEMATICS CONTEST
シュプリンガー数学コンテスト

🍎 問題

A, B, Cの3人で手分けをしてn個の仕事$w_1, w_2, \cdots, w_n$を行う．これらの仕事はどのような順に行ってもよいが，1つの仕事は1人の人が最初から最後まで行うこととする．また，各仕事w_i $(i = 1, 2, \cdots, n)$に要する時間は，A, B, Cの誰が行っても同じであるものとする（表1は，$n = 8$の場合の例である）．

表1

仕事	w_1	w_2	w_3	w_4	w_5	w_6	w_7	w_8
時間（分）	4	5	4	4	1	6	5	8

3人は，仕事をすべて完了させるまでの総所要時間を短くしたいと考えて，次の条件(i), (ii)に従ってスケジュールを組むことにした．

(i) どの仕事も最初から最後まで休むことなく取り組む．
(ii) 着手されていない仕事が残っている限り，どの人も休むことなく，それらのうちのいずれかの仕事に着手する．

図1は，表1に与えられた仕事について，これらの条件にしたがって，添数（添え字）の小さい仕事から順に仕事を割り当てた場合のスケジュール表(の一例)であり，総所要時間は16分である．一方，図2は，条件(i), (ii)のもとでの最短総所要時間でのスケジュールの1つであり，総所要時間は13分である（最短総所要時間は，条件(i), (ii)を課さなくても同じであるが，本問ではつねに条件(i), (ii)のもとで考えることにする）．

一般に，n個の仕事$w_1, w_2, \cdots, w_n$を3人で行う場合，条件(i), (ii)にしたがって添数の小さい仕事から順に仕事を割り当てた場合の総所要時間をTとし，また，条件(i), (ii)のもとでの最短総所要時間をSとすると，

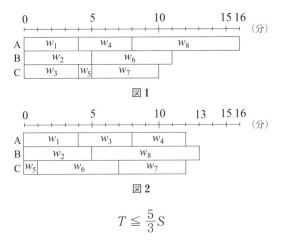

図1

図2

$$T \leqq \frac{5}{3}S$$

が成り立つことを示せ.

(注1) 本問の例では $T = 16$, $S = 13$ です. $\frac{5}{3}S = \frac{5}{3} \times 13 = 21.666\cdots$ より, 確かに $T \leqq \frac{5}{3}S$ が成り立っています.

(注2) 一般に, 仕事をする人が m 人の場合に同様の問題を考えると, $T \leqq \left(2 - \frac{1}{m}\right)S$ が成り立ちます.

講評と解説

一着正解賞：A さん（大阪大学）
最優秀者（到着順）：A さん（大阪大学），B さん（ラ・サール高校）

今回寄せられた答案については，「余計なこと」を書いて表現や証明が不正確になってしまったり，必要のない議論までしていたりするものが少なからず見られました．ただし，大局的に見れば予想以上のでき具合で，応募された方々の健闘を讃えたいと思います．

解説

問題の(注2)にある，人数が m 人の場合（図3）の不等式 $T \leqq \left(2 - \dfrac{1}{m}\right)S$ について解説していきます．寄せられた答案はいずれも，m 人の場合に踏み込んで書かれていました．

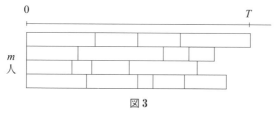

図3

n 個の仕事が与えられたとき，それらの仕事を w_i $(1 \leqq i \leqq n)$ と表すときの添数のつけ方によって，一般に総所要時間 T は異なる値をとり得ます．$T \leqq \left(2 - \dfrac{1}{m}\right)S$ とは，「（添数のつけ方によらず）T は最短総所要時間 S の $\left(2 - \dfrac{1}{m}\right)$ 倍を超えない（したがって2倍を超えない）」ことを意味しています．寄せられた答案では，「T が最長になる状況」を手掛かりにしているものが多く見られました．

n 個の各仕事に要する時間の総和を W とし，仕事開始の時刻を 0 とします．また，添数の小さい順に仕事を割り当てていって最後に終了する仕事を w と表し，w に要する時間を t とします．さらに，この仕事 w を行う人を X と表し，X が w に取りかかる時刻を T' とします（図4(a)）．すると，$T = T' + t$ です．

ここで，割り当てられた仕事のすべてを時刻 T' より前に終了する人はいませ

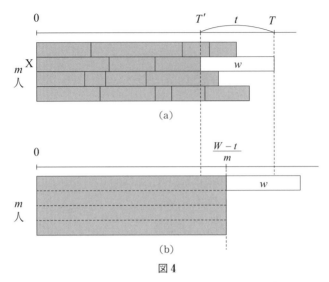

図 4

ん.なぜなら,もしそのような人がいれば,その人は,着手されていない仕事 (w がその1つ) が残っているにもかかわらず,仕事を終了してしまうことになり,条件 (ii) に反するからです.したがって,w 以外の $n-1$ 個の仕事だけに注目すると,このスケジュールにおいて X は最も早く仕事を終了し,その終了時刻が T' であることになります.もし m 人が同時にそれらの仕事を終了するなら $T' = \dfrac{W-t}{m}$(図 4 (b))ですが,一般には,$T' \leq \dfrac{W-t}{m}$ となります.したがって,

$$T = T' + t \leq \frac{W-t}{m} + t \tag{1}$$

です.示したい不等式 $T \leq \left(2 - \dfrac{1}{m}\right)S$ と (1) を見比べると,

$$\frac{W-t}{m} + t \leq \left(2 - \frac{1}{m}\right)S \tag{2}$$

を示せば十分であることがわかります.そこで,S と W, t, m の間に成り立つ関係式をいくつか考えましょう.(2) の左辺を $\dfrac{W}{m} + t - \dfrac{1}{m}t$ などと変形すれば,どのような関係式を導けば十分なのかが見えてくるかもしれません.

まず,どのようなスケジュールを組もうとも,総所要時間は w に要する時間 (t) 以上です.したがって,とくに

$$t \leq S \tag{3}$$

が成り立ちます．また，どのようなスケジュールを組もうとも，最も仕事時間の長い人は，m 人の仕事時間の平均以上，すなわち $\frac{W}{m}$ 以上の時間がかかります．その時間が総所要時間でもあります．したがって，とくに最短総所要時間 S についても

$$\frac{W}{m} \leq S \tag{4}$$

が成り立ちます．(1), (3), (4) と $1 - \frac{1}{m} \geq 0$ より，

$$T \leq \frac{W-t}{m} + t = \frac{W}{m} + \left(1 - \frac{1}{m}\right)t \leq S + \left(1 - \frac{1}{m}\right)S = \left(2 - \frac{1}{m}\right)S$$

となり，所望の不等式が得られます．

上記の議論で $m=3$ とすることで本問に対する証明は得られますが，繰り返しを避けるために，異なる視点からの簡潔な証明を以下に紹介しましょう．この証明は，B さんによる証明に使われている考え方をアレンジしたものです．m 人で仕事をする場合も同様に示せます．

解答

n 個の各仕事に要する時間の総和を W とし，A, B, C の 3 人を，分担する仕事時間の総和の短い順（総和が等しい人どうしは任意の順）に X, Y, Z と表す（図 5）．また，仕事開始の時刻を 0 として，X, Y が各人の仕事を終了する時刻から時刻 T までの時間をそれぞれ t_1, t_2 と表し，X が仕事を終了する時刻を $T_0 (= T - t_1)$ とする．このとき，

$$T = \frac{W + t_1 + t_2}{3} \tag{5}$$

が成り立つ（図 5 参照）．

X が時刻 T_0 で仕事を終了することから，条件 (ii) より，時刻 T_0 よりも後に Z が新たな仕事に着手することはない．したがって，Z が最後に行う仕事に要する時間を t とすると，$t_1 \leq t$ である（図 5）．これと，X, Y の定め方から，

$$t_2 \leq t_1 \leq t \tag{6}$$

である．また，どのようなスケジュールを組もうとも，最も仕事時間の長い人

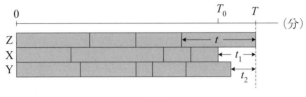

図 5

は,3 人の仕事時間の平均以上,すなわち $\frac{W}{3}$ 以上の時間がかかり,その時間が総所要時間でもある.したがって,とくに最短総要時間 S についても

$$\frac{W}{3} \leqq S \tag{7}$$

が成り立つ.(5),(6),(7) および $t \leqq S$ より,

$$T \leqq \frac{W+2t}{3} = \frac{W}{3} + \frac{2}{3}t \leqq S + \frac{2}{3}S = \frac{5}{3}S$$

となり,所望の不等式が得られる. □

コメント

1. 下の表 2 に示す仕事を 3 人で行う場合,$T = 5$ (分),$S = 3$ (分) となり (図 6 (a), (b)),$T = \frac{5}{3}S$ が成り立ちます.同様にして,m 人で仕事をする場合について,$T = \left(2 - \frac{1}{m}\right)S$ が成り立つ仕事の組の例をつくることができます.

表 2

仕 事	w_1	w_2	w_3	w_4	w_5
時間(分)	2	2	1	1	3

2. n 個の仕事について,要する時間の長い順にそれらを並べたものを $w'_1, w'_2, \cdots, w'_n$ とします.このとき,この順に,$m\ (\geqq 2)$ 人に対して本問と同様の割り当て方で仕事を割り当てると,総所要時間 T^* について,$T^* \leqq \left(\frac{4}{3} - \frac{1}{3m}\right)S$ $\left(< \left(2 - \frac{1}{m}\right)S\right)$ が成り立ちます($T \leqq \left(2 - \frac{1}{m}\right)S$ を 1966 年に発表した R.L. Graham が 1969 年に発表しました).

表 3 は,本問の表 1 の仕事を所要時間の長い順に並べて,それらを w'_1, w'_2,

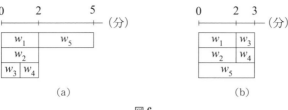

図 6

$\cdots$, w'_8 と表したものです.

表 3

仕　事	w'_1	w'_2	w'_3	w'_4	w'_5	w'_6	w'_7	w'_8
時間（分）	8	6	5	5	4	4	4	1

　この添数の小さい順に仕事を割り当てたスケジュール（の 1 つ）は図 7 のようになり，$T^* = 14$（分）です．最短総所要時間は $S = 13$（分）（図 2）だから，$\left(\dfrac{4}{3} - \dfrac{1}{3m}\right)S = \dfrac{11}{9} \times 13 = 15.888\cdots$ であり，確かに $T^* \leq \left(\dfrac{4}{3} - \dfrac{1}{3m}\right)S$ が成り立っています．

図 7

　このスケジュールでは，最初に所要時間の長い仕事 $w'_1\,(> w'_3)$ に取り組んだ A は，w'_1 の次には所要時間が短めの仕事 $w'_6\,(< w'_4)$ に取り組み，最初に所要時間の短い $w'_3\,(< w'_1)$ に取り組んだ C は，その次に所要時間が長めの $w'_4\,(> w'_6)$ に取り組んでいます．要する時間の長い順に仕事を並べておくことで，仕事をする人たちに"バランスよく"仕事が割り振られることになるのです．

第20回
SPRINGER MATHEMATICS CONTEST
シュプリンガー数学コンテスト

🍂 問題

多面体の面を適当に切って，その多面体を平面状に広げてできる連結な図形をその多面体の**展開図**とよぶことにする（必ずしも多面体の**辺**に沿って**切った**ものでなくてよい）．下図 (a), (b) は正四面体とその展開図の例を示している．

1辺の長さが 1 である正四面体の展開図のうち，周の長さが最小であるものを決定し，その最小値を求めよ．

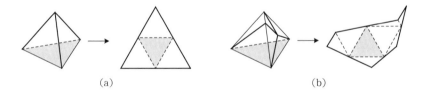

(a)   (b)

228　第Ⅱ部　シュプリンガー数学コンテスト

🍎 講評と解説

一着正解賞：Ａさん（滝高校）
最優秀者（到着順）：Ａさん（滝高校），Ｂさん（公文国際学園中等部）

　今回の問題は，結論にたどり着くまでに何段階もの考察が必要であり，応募された皆さんには敬意を表します．ほとんどの答案が，期待していた以上によく考察されていて，段階を整理してまとめられていました．お疲れさまでした！

解説

　展開図は正四面体の面をいくつかの線分（直線分または曲線分：図1(a)の太線）に沿って切って得られますが，それらの線分の集まりを**切断線**とよぶことにします．

　切断線を構成する線分は，展開図の境界線上で2箇所ずつに現れます（図1(b)）から，展開図の周長は切断線の総長の2倍です．したがって，周長を最小にするためには，**切断線の総長を最小にする**ことを考えればよいことになります．本問に対する結論をあらかじめ述べておくと，切断線の総長の最小値は $\sqrt{7}$（図9），したがって，周の長さの最小値は $2\sqrt{7}$ です．

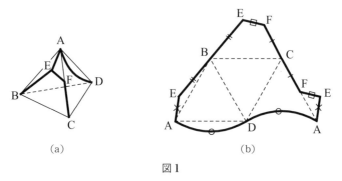

図1

1. 切断線の性質

　まずは最小性にこだわらず，切断線のもつべき性質を調べてみましょう．
　正四面体 ABCD の4つの頂点付近を平面状に広げるためには，切断線は正四面体の4頂点を含まなければなりません（図1(a)）．さらに，表面全体を1つ

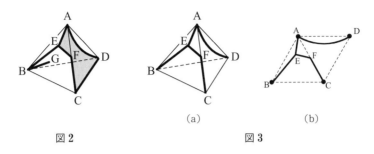

図2 　　　　　　　　　図3

の平面図形に広げられるためには，切断線は1つの連結な図形でなければなりません．また，図2のように環状の構造（グレーの部分の境界）をもつと，正四面体の表面は2つ以上の断片に分かれてしまいますから，切断線は環状の構造をもちません．以上をみたす図形，すなわち，線分で構成された連結な図形で，環状の構造を含まない図形を，以下では**木**とよびます．

なお，図2の線分BGのような切り込みは展開図に反映されませんから，以下，このような切り込みは除いて議論します．換言すれば，端点がいずれも正四面体の頂点であるような木（例えば図3(a)で太線で示される木）について考えます．

さて，切断線は「空間図形」ですが，図3(b)のように平面上の木として表現することによって，構造や総長についての考察が見通しよくなります．図4(a)は3つの面に切断線がありますが，平面状に表して頂点A〜Dの名前をうまく割り振れば，図3(b)と同じように配置された4点A〜Dを含む木として表されます．そこで，

　　　図5の4点A, B, C, Dを含む木で，線分の総長が最短なものT　　(1)

について考えてみましょう（図5のように配置されたA〜Dを含む形で表せない木については，「4. 考慮すべきその他の場合」を参照）．

例えば，図3の木は，曲線分ADを直線分ADで置き換えたり，折れ線EFC（Fを分岐点とする2本の直線分FC, FE）を直線分ECで置き換えたりすることによって総長をより短くできるので，この木はTではありません．このように考えると，

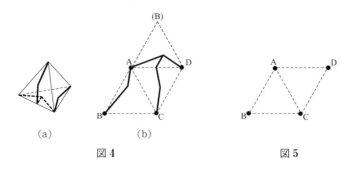

図 4 　　　　　　　　　　図 5

$$\left.\begin{array}{l}T \text{ は A~D および何個かの「分岐点」を結ぶ直線分で構} \\ \text{成されており，分岐点には 3 本以上の線分が接続している}\end{array}\right\} \quad (2)$$

ことがわかります．一般に，与えられた点集合の点全体を総長が最短となるように結ぶ際に，与えられた点以外での分岐点が生じることがあります．その分岐点を**シュタイナー点**とよびます．T のシュタイナー点の個数を m として，それらを $P_1, P_2, \cdots, P_m$ と表すことにします．

2. シュタイナー点の個数と次数

(2)をみたす木をいくつか描くうちに，「シュタイナー点はあまり多くはない」ということが推測できます（分岐点をたくさん設定して，各分岐点に 3 本以上の線分が接続しているようにしようとすると，環状の構造を含まざるを得なくなります）．シュタイナー点が何個以下であるべきかがわかれば，調べるべき場合を絞り込めます．そこで，まずはシュタイナー点の個数について考察します．

シュタイナー点についてわかっている情報は，「どのシュタイナー点にも 3 本以上の線分が接続している」ということです．また，A~D には，1 本以上の線分が接続しています．そこで，A, B, C, D, $P_1, P_2, \cdots, P_m$ に接続する線分の本数をそれぞれ $d(A), d(B), d(C), d(D), d(P_1), d(P_2), \cdots, d(P_m)$ と表すと，

$$\begin{aligned} d(A) + d(B) &+ d(C) + d(D) + d(P_1) + d(P_2) + \cdots + d(P_m) \\ &\geqq 1 + 1 + 1 + 1 + \underbrace{3 + 3 + \cdots + 3}_{m \text{ 個}} \\ &= 4 + 3m \end{aligned} \quad (3)$$

が成り立ちます．

一方，$d(\mathrm{A}) + d(\mathrm{B}) + d(\mathrm{C}) + d(\mathrm{D}) + d(\mathrm{P}_1) + \cdots + d(\mathrm{P}_m)$ を計算することは，各線分を，その両端点で1回ずつ，合計2回数えることに他なりません．したがって，

$$d(\mathrm{A}) + d(\mathrm{B}) + d(\mathrm{C}) + d(\mathrm{D}) + d(\mathrm{P}_1) + \cdots + d(\mathrm{P}_m) = 2 \times (\text{線分の総数})$$

です．木をいくつか描けば推測できますが，n 個の点を結ぶ木の線分の総数はちょうど $n-1$ です（コメント2に証明があります）．T は，A〜D の4点とシュタイナー点 m 個の合計 $m+4$ 個の点を結ぶ木ですから，T の線分の総数は $(m+4) - 1 = m+3$ です．したがって，

$$d(\mathrm{A}) + d(\mathrm{B}) + d(\mathrm{C}) + d(\mathrm{D}) + d(\mathrm{P}_1) + \cdots + d(\mathrm{P}_m) = 2(m+3) \quad (4)$$

が成り立ちます．(3), (4) より，

$$2(m+3) \geqq 4 + 3m \quad (5)$$

すなわち，$m \leqq 2$ です．$m = 2$ となるのは，(5) で等号が成り立つとき，すなわち (3) で等号が成り立つときです．したがって，$m = 2$ のとき，

$$d(\mathrm{A}) = d(\mathrm{B}) = d(\mathrm{C}) = d(\mathrm{D}) = 1, \quad d(\mathrm{P}_1) = d(\mathrm{P}_2) = 3$$

が成り立ちます．具体的には，必要があれば点の名前をつけかえることにより，線分の組合せは以下の2つに絞られます：

(i) $\mathrm{AP}_1, \mathrm{BP}_1; \mathrm{CP}_2, \mathrm{DP}_2; \mathrm{P}_1\mathrm{P}_2$ （図6 (a)）
(ii) $\mathrm{AP}_1, \mathrm{CP}_1; \mathrm{BP}_2, \mathrm{DP}_2; \mathrm{P}_1\mathrm{P}_2$ （図6 (b)）

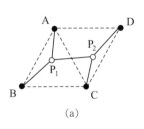
(a)

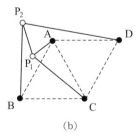
(b)

図6

232　第Ⅱ部　シュプリンガー数学コンテスト

$m = 0, 1$ の場合については，$m = 2$ の場合の P_1, P_2 の両方または一方が他の点に一致する場合として，以下に示す $m = 2$ に対する議論に含めることにします．

3. 2点を結ぶ最短経路に帰着

(ii) のタイプの木の総長については，

$$(総長) > (AP_1 + CP_1) + (BP_2 + DP_2) \geqq AC + BD = 1 + \sqrt{3} > 2.7$$

が成り立ちます．一方，この後に示すように，(i) のタイプの木の総長の最小値として $\sqrt{7}\ (< 2.7)$ が得られます．そこで，以下，(i) のタイプの木に限定して考えることにします．その際にも，**2点を結ぶ最短経路は直線分である**という事実に帰着させます．どのようにしてこの事実に帰着させるかが工夫のしどころです．寄せられた答案では，大きく2つの方針が見られました．

方針1　回転移動の利用

最優秀者の中では，B さんがこの方法です．彼の答案をベースにしてこの方法を紹介します．

$\triangle ABP_1$ を B を中心に $60°$ 回転して得られる三角形を $\triangle A'BP_1'$，$\triangle CDP_2$ を C を中心に $-60°$ 回転して得られる三角形を $\triangle CD'P_2'$ とします（図 7 (a)：P_1 や P_2 を動かせば，それに伴って P_1' や P_2' も動きますが，A' や D' は動きません（つまり定点です））．

すると，$AP_1 = A'P_1'$, $DP_2 = D'P_2'$ です．さらに，$\triangle BP_1P_1'$ は $BP_1 = BP_1'$ をみたす二等辺三角形で $\angle P_1BP_1' = 60°$ だから，$\triangle BP_1P_1'$ は正三角形です．したがって，$BP_1 = P_1'P_1$ であり，同様に，$CP_2 = P_2'P_2$ です．これより，

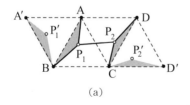

(a)

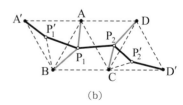

(b)

図 7

$$
\begin{aligned}
(\text{総長}) &= \mathrm{AP_1 + BP_1 + P_1P_2 + CP_2 + DP_2} \\
&= \mathrm{A'P_1' + P_1'P_1 + P_1P_2 + P_2P_2' + P_2'D'} \quad (\boxtimes 7(\mathrm{b})) \\
&\geqq \mathrm{A'D'} \tag{6}
\end{aligned}
$$

が成り立ちます．ここで，$\triangle \mathrm{A'BD'}$ において余弦定理を用いると

$$
\begin{aligned}
\mathrm{A'D'}^2 &= \mathrm{A'B}^2 + \mathrm{BD'}^2 - 2\mathrm{A'B} \cdot \mathrm{BD'} \cos 120° \\
&= 1 + 4 - 2 \cdot 1 \cdot 2 \cdot \left(-\frac{1}{2}\right) = 7
\end{aligned}
$$

ですから，$\mathrm{A'D'} = \sqrt{7}$ です．(6) の $\geqq$ における等号が成り立つのは，$\mathrm{A'}$, $\mathrm{P_1'}$, $\mathrm{P_1}$, $\mathrm{P_2}$, $\mathrm{P_2'}$, $\mathrm{D'}$ がこの順に一直線上に並ぶ場合です．$\angle \mathrm{BP_1'P_1} = \angle \mathrm{P_1'P_1B} = \angle \mathrm{CP_2P_2'} = \angle \mathrm{P_2P_2'C} = 60°$ であることを考慮すると，これは，$\angle \mathrm{A'P_1'B} = \angle \mathrm{BP_1P_2} = \angle \mathrm{P_1P_2C} = \angle \mathrm{CP_2'D'} = 120°$ となる場合，すなわち

$$
\angle \mathrm{AP_1B} = \angle \mathrm{BP_1P_2} = \angle \mathrm{P_1P_2C} = \angle \mathrm{CP_2D} = 120° \tag{7}
$$

となる場合です．そこで，(7) をみたす 2 点 $\mathrm{P_1}$, $\mathrm{P_2}$ が存在することを示しましょう．

(7) をみたす $\mathrm{P_1}$, $\mathrm{P_2}$ は，3 点 A, B, A' を通る円と線分 A'D' の交点で A' と異なるものを $\mathrm{P_1}$，3 点 C, D, D' を通る円と線分 A'D' の交点で D' と異なるものを $\mathrm{P_2}$ とする（図 8）ことで得られます．実際，円に内接する四角形の内角の和が 180° であることや円周角の定理を用いることにより，$\angle \mathrm{AP_1B} = 180° - \angle \mathrm{AA'B} = 180° - 60° = 120°$，$\angle \mathrm{BP_1P_2} = 180° - \angle \mathrm{A'P_1B} = 180° - \angle \mathrm{A'AB} = 180° - 60° = 120°$ であり，同様にして，$\angle \mathrm{CP_2D} = 120°$, $\angle \mathrm{P_1P_2C} = 120°$ です．これらの $\mathrm{P_1}$, $\mathrm{P_2}$ に対応する木 T は図 9 (a) のようになり，正四面体の切断線は図 9 (b)，展開図は図 9 (c) のようになります．

この 60° 回転のアイディアは，歴史的には，（どの内角も 120° 未満である）三角形 ABC に対する AP + BP + CP を最小とする点 P の決定（p.117 参照）にお

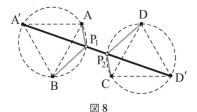

図 8

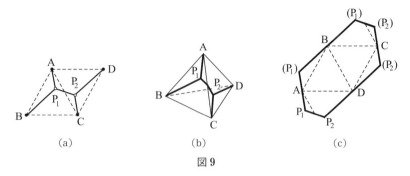

(a)　　　　　　　　　(b)　　　　　　　　　(c)

図 9

いて Hofmann によって 1929 年に発表されました（彼の他に，Gallai なども独立に見つけました）．

方針 2　トレミーの定理の利用

　最優秀者の中では，A さん（一着正解賞でもあります）がこの方法です．彼の答案をベースに解説します．

　円に内接する四角形 PQRS（図 10）に対して

$$PQ \cdot RS + PS \cdot QR = PR \cdot QS \tag{8}$$

が成り立ち，この事実は**トレミーの定理**とよばれています．トレミーの定理の証明と似た流れで，S が必ずしも $\widehat{PR}$（△PQR の外接円の弧で，Q を含まない側（以下同様））上にあるとは限らない場合にも成り立つ不等式

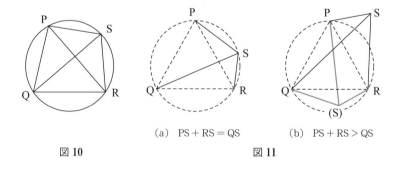

(a)　PS + RS = QS　　　(b)　PS + RS > QS

図 10　　　　　　　　　　図 11

$$PQ \cdot RS + PS \cdot QR \geqq PR \cdot QS$$
(等号は，S が $\widehat{PR}$ (端点を含む) 上にある場合に限り成立) $\Bigg\}$ (9)

も導けます（これらの証明はコメント 3）．

とくに △PQR が正三角形である場合（図 11 (a), (b)）には (9) より

$$PS + RS \geqq QS$$
(等号は，S が $\widehat{PR}$ (端点を含む) 上にある場合に限り成立) $\Bigg\}$ (10)

が得られますが，これは，**2 本の線分 PS，RS を 1 本の線分 QS で置き換えた場合の線分の長さについての情報**と捉えることができます．

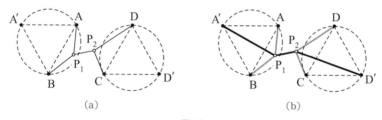

図 12

いま，図 12 (a) のように 2 つの三角形 AA′B, CDD′ が正三角形となるように 2 点 A′, D′（方針 1 の A′, D′ と同一の点）をとります．すると，(10) により，$AP_1 + BP_1 \geqq A'P_1$, $CP_2 + DP_2 \geqq D'P_2$ ですから，

$$\begin{aligned}(総長) &= AP_1 + BP_1 + P_1P_2 + CP_2 + DP_2 \\ &\geqq A'P_1 + P_1P_2 + P_2D' \quad (図 12(b)) \\ &\geqq A'D' \end{aligned} \quad (11)$$

が成り立ちます（方針 1 の (6) と似た不等式です）．方針 1 と同様，余弦定理を用いて $A'D' = \sqrt{7}$ が得られ，また，(11) の 2 つの $\geqq$ について等号が成り立つのは，それぞれ，

(ア) P_1 が $\widehat{AB}$（A′ を含まない側）上にあり，かつ，P_2 が $\widehat{CD}$（D′ を含まない側）上にある場合，

(イ) A′, P_1, P_2, D′ がこの順に一直線上に並ぶ場合

です．したがって，P_1, P_2 がそれぞれ，$\overarc{AB}$, $\overarc{CD}$ と線分 $A'D'$ の交点に一致するとき（図8）総長は最短になり，その長さは $\sqrt{7}$ です．

この方法を繰り返し用いることによって，より多くの点を最短距離で結ぶ（必要に応じてシュタイナー点をとる）結び方を見つけることができ，そのアルゴリズムは Melzak のアルゴリズムとよばれています．

4. 考慮すべきその他の場合

ここまでは，図5に示される4点 A, B, C, D を含む木で，線分の総長が最短なものを考えてきました．しかし，正四面体の切断線には，図13に示されるように，木に含まれる4点 A〜D を，図5とは異なるようにしか配置できないものもあります．

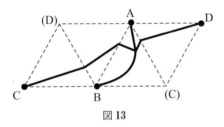

図 13

ところが，このような場合には，4点のうちの最も離れた2点間の距離が $\sqrt{7}$ 以上となる（この例では，$CD = \sqrt{7}$）ため，切断線の総長は $\sqrt{7}$ よりも大きくなります．したがって，そのような切断線は考察の対象から除けます．

結局，上で求めた総長 $\sqrt{7}$ の切断線 T に対する展開図の周長 $2\sqrt{7}$ が求める最小値となります．以上の議論を改めて解答としてまとめることは省略します．

コメント

1. 実は，正四面体の任意の展開図は，平面充填可能，すなわち，それと合同な図形を無数に使い，重なりもすき間もなく平面をタイル貼りできます．例えば，図14は，図1(b) に示される展開図によるタイル貼りですが，この図は A, B, C, D が周期的に現れる格子上に，図1(a) に対応する図3(a) を描き並べることによっても，得られます．B さんがこの事実に関して言及していました．

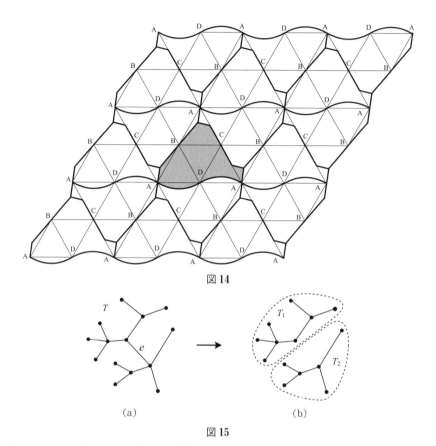

図 14

図 15

2. n 個の点を結ぶ木の線分の総数が $n-1$ であることの証明

数学的帰納法で証明します (『数学発想ゼミナール 1』の 2.3 節で解説されている「強化帰納法」を用います). まず, 1 点からなる木の線分の個数は 0 です. 次に, $p \geqq 2$ として, $1 \leqq n \leqq p-1$ をみたすすべての n について,「n 個の点を結ぶどのような木についても, 線分の総数が $n-1$ である」と仮定して, p 個の点を結ぶ木 T を考えます (図 15 (a)). T から任意に 1 本の線分 e を取り除くと 2 つの木が得られます (図 15 (b)). それらを T_1, T_2 として, それぞれに含まれる点の個数を p_1, p_2 とします ($p_1 + p_2 = p$ です). すると, 数学的帰納法の仮定により, T_1, T_2 に含まれる線分の総数は, それぞれ $p_1 - 1, p_2 - 1$ です. T の線分は, これらの線分と e を合わせたものだから, そ

の総数は，$(p_1-1)+(p_2-1)+1=(p_1+p_2)-1=p-1$ です．すなわち，$n=p$ の場合も線分の総数は $n-1$ です．

3. (9) の証明

A さんの答案には，複素数平面を利用した (8), (9) の証明や，さらに，余弦定理を用いた (8) の証明がありました．(9) に示す不等式は，平面上の任意の 4 点（同一の点があってもよい）に対して成り立ちますが，ここでは本問と関連する範囲で簡潔に議論するために，3 点 P, Q, R は同一直線上にはないものとします．

S = P の場合，(9) は両辺とも PQ・PR となるので等号が成り立ち，S = R の場合は両辺とも PR・QR となり，やはり等号が成り立ちます．そこで，以下，S は P, R とは異なる点とします．

図 16 (a) のように，△PQU と △PRS が同じ向きで相似となる点 U をとると，PQ : PR = QU : RS より

$$PQ \cdot RS = PR \cdot QU \tag{12}$$

です．さらに，PQ : PR = PU : PS と ∠QPU = ∠RPS から，PQ : PU = PR : PS, ∠QPR = ∠UPS だから，△PQR ∽ △PUS です．これより QR : US = PR : PS だから（図16(b)），

$$PS \cdot QR = PR \cdot US \tag{13}$$

です．(12), (13) を辺々加えることで，

$$PQ \cdot RS + PS \cdot QR = PR(QU + US) \geq PR \cdot QS$$

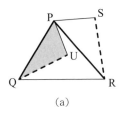
(a)

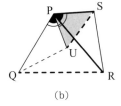
(b)

図 16

となります．≧の等号が成り立つ条件は，QU + US = QS，すなわち，Uが線分QS上にあることですが，これは，(3点P, Q, Rが同一直線上になく，SがPやQと異なるという条件のもと) 4点P, Q, R, Sがこの順に同一円周上にあることと同値です．次に，このことを確かめましょう．

まず，Uが線分QS上にあるものとします．すると，△PQUと△PRSが同じ向きで相似であることから，Q, Rは直線PSに関して同じ側にあることになり，また，∠PQU = ∠PRSですから，∠PQS = ∠PRSです．したがって，円周角の定理の逆により，4点P, Q, R, Sは，この順またはP, R, Q, Sの順に同一円周上にあることになります．ここで，後者の場合，∠RPS > ∠QPS ≧ ∠QPUとなり，△PQU ∽ △PRSに反します．したがって，4点P, Q, R, Sがこの順に同一円周上にあることが必要です．

逆に，この逆，すなわち，4点P, Q, R, Sがこの順に同一円周上にあるときに，点Uが線分QS上にあることを示します．△PQUと△PRSが同じ向きで相似であることから∠PQU = ∠PRSですが，円周角の定理より∠PQS = ∠PRSですから，Uは半直線QS上にあります．このことと∠QPU = ∠RPS < ∠QPSより，Uは線分QS上にあります．

結局，(3点P, Q, Rが同一直線上にないという条件のもと) (9)の不等式で等号が成立する条件は，Sが△PQRの外接円の $\overset{\frown}{PR}$ (Qを含まない側の弧で，端点を含む) 上にあることです．

第21回

SPRINGER MATHEMATICS CONTEST

シュプリンガー数学コンテスト

🍀 問題

凸十六角形 P の内部に任意（勝手）に配置された 8 個の点からなる集合を Q とする．このとき，P の頂点から 4 点をうまく選ぶと，それら 4 点を頂点とする凸四角形は，内部に Q の点を含まない（下図参照）．このことを証明せよ．

ただし，議論を簡潔にするために，P の頂点と Q の点の合計 24 個の点について，そのうちのどの 3 点も同一直線上にない場合だけを論じればよいこととする．

（注 1）**凸 n 角形**とは，どの内角も 180° 未満である n 角形のこととします．また，その境界上の点は，凸 n 角形の**内部**の点には含めません．

（注 2）一般に，4 以上の整数 n と $0 \leq m \leq \dfrac{2}{3}(n-4)$ をみたす整数 m に対して次が成り立ちます：凸 n 角形 P の内部に任意に配置された m 個の点からなる集合を Q とする．このとき，P の頂点から 4 点をうまく選ぶと，それら 4 点を頂点とする凸四角形は，内部に Q の点を含まない．

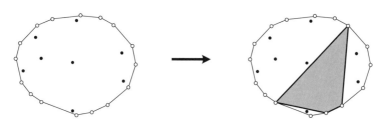

○ は P の頂点，• は Q の点

講評と解説

今回は残念ながら，応募された皆さんの証明の中には正解といえるものはありませんでしたが，挑戦された皆さんの健闘を讃えたいと思います．

一着正解賞・最優秀者：該当者なし

解説
1. 対角線での分割

P の頂点のうちの 4 点を頂点とする凸四角形で，内部に Q の点を含まないものを**真空凸四角形**とよぶことにします．多くの方が最初に考えたことかもしれませんが，Q が 6 個の点からなる場合に，真空凸四角形の存在を示すことは難しくありません．P に 6 本の対角線を引いて，P を 7 個の凸四角形に分割するだけです（図 1）．Q の点は 6 個ですから，7 個の凸四角形のうち，少なくとも 1 個（図 1 ではグレーの凸四角形）は，真空凸四角形です．P が 7 個の凸四角形に分割されさえすれば，6 本の対角線をどのように引いても，真空凸四角形が得られます．

本問では，Q の点は 8 個あります（図 2 (a)）から，6 本の対角線で P を 7 個の凸四角形に分割しても，「どの凸四角形も内部に Q の点を含んでいる」ことがあり得ます（図 2 (b)）．ただし，図 2 (a) の配置に対しては，図 2 (c) のように分割すれば，真空凸四角形が得られますから，「6 本の対角線をうまく選んで 7 個の凸四角形に分割すれば，真空凸四角形が得られるのでは？」と考えるだけの余地は残されます．しかし，これについては反例，すなわち，「P を 7 個の凸四角形に分割するような 6 本の対角線をどのように引いても，真空凸四角形が得られない」という例があります（コメント参照）．

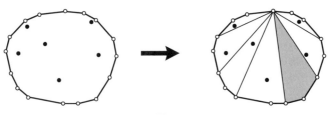

図 1

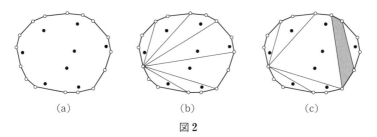

図 2

そこで,この他の方針を考えてみましょう.その手掛かりを得るために,P の頂点数や Q の点の個数が少ない場合について,同様の問題を考えてみます.本問に関しては,問題文の下にある(注2)が手掛かりになります.

2. Q の点を通る線分での分割

(注2)より,P が凸六角形で Q が1点からなる場合や,P が凸七角形で Q が2点からなる場合などにも,真空凸四角形が存在するはずです.図3 (a), (b) は,P が凸七角形で Q が2点からなる場合の例で,グレーの四角形は,この例での唯一の真空凸四角形です(Q の点の配置によっては,真空凸四角形は複数個存在します).この真空凸四角形の4頂点を得るためには,どのような考え方をすればよいでしょうか? 上述したように,対角線での分割(2本の適当な対角線で凸四角形2個と三角形1個に分割)以外の方針を考えてみます.分割に P の頂点を利用するのではなく,Q の点を利用できないでしょうか?

図3 (c) は,Q の2点を通り,P の周上の点を両端点とする線分 l で P を2個の凸多角形に分割した様子を表しています.分割してできる2個の凸多角形のうち,一方には P の頂点が3個,他方には4個含まれ,後者の4点を頂点とする四角形が真空凸四角形です.Q の2点がどのように配置されていても,同様の線分を考えて P を2個の凸多角形に分割すると,その一方には P の頂点が4個

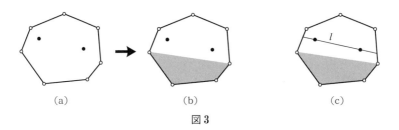

図 3

以上含まれます．そのうちの 4 点を頂点とする四角形を考えれば，それが真空凸四角形になります．

この考え方を用いて，本問を示せないでしょうか？ 図 4 (a) は，図 2 (a) に示す「P が凸 16 角形で Q が 8 点からなる場合」について，Q の 2 点を通る線分 $8 \div 2 = 4$（本）によって，P を 5 個の凸多角形に分割した様子を表しています．P の頂点の個数は 16 ですから，鳩の巣原理（本書第 I 部 p.21）より，

$$\left.\begin{array}{l} 5 \text{ 個の凸多角形の中には，} P \text{ の頂点を 4 個以上含むもの} \\ (P' \text{ とする}) \text{ が存在する} \end{array}\right\} \quad (1)$$

はずです（そうでなければ P の頂点の個数が $3 \times 5 = 15$ 以下となってしまいます）．P' に含まれる P の頂点のうちの（任意の）4 点を頂点とする四角形を考えれば，それが真空凸四角形です（図 4 (b)）．

3. 線分を引く手順

図 4 (a) の 4 本の線分は，いずれも端点が P の周上または他の線分の上にありますが，このようにするためには線分を適切な手順で引いていく必要があります．例えば，図 5 のように，最後に残される 2 点が異なる凸多角形に含まれてしまうと，「それら 2 点を通る 4 本目の線分を引いて，凸多角形を 5 個にする」ことができなくなってしまいます．そこで，線分を引いていく手順について考えましょう．

説明を簡潔にするために，用語を 1 つ導入します．平面上の点の集合 X の凸包とは，（平易な書き方をすると）X の点を板に打った釘に見立てたとき，これらの釘に外側から輪ゴムをはめてできる凸多角形（内部も含む）のことです．例えば，次のような手順で線分を引いていけば，各段階で，まだ分割に使われていない点がすべて同一の凸多角形の内部に含まれているようにでき，最終的に Q

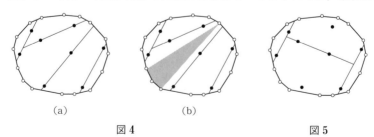

(a) (b)

図 4　　　　　　　　　　図 5

の点を内部に含まない凸多角形への分割が得られます．

(i) Q の凸包を考え（図 6 (a)），その 1 辺である線分を，両端点が P の周上に達するまで延長する（図 6 (b), (c)）．

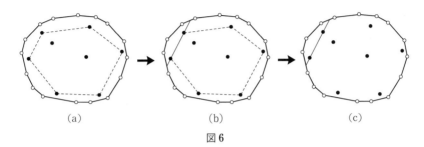

図 6

(ii) Q の点のうち，すでに引いた線分に含まれていない点からなる集合について，その凸包を考え，その 1 辺である線分を，各端点が P の周上またはすでに引いた線分のいずれかに達するまで延長する（図 7 (a)）．

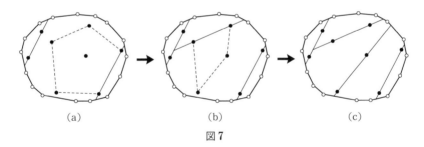

図 7

(iii) 残される点がなくなるまで，(ii) の操作を続ける（図 7 (b), (c)：なお最後（4 番目）の凸包は 2 点を結ぶ線分になります）．

なお，「P の頂点と Q の点の合計 24 個の点について，そのうちのどの 3 点も同一直線上にない」ことから，Q の 2 点を通る線分が，Q のもう 1 つの点を通ることや，線分の端点が P の頂点に一致することはありません．

証明としては，上述の手順で P を 5 個の凸多角形に分割し，「2. Q の点を通る線分での分割」で述べた考え方によって (1) を導き，P' に含まれる P の頂点のうちの任意の 4 点を頂点とする四角形として真空凸四角形の存在を示すことが

できます（解答として改めてまとめることは省略します）．

コメント（図2の直前の行に対するコメント）

P を7個の凸四角形に分割するような6本の対角線をどのように引いても，真空凸四角形が得られない例を紹介します．P を正十六角形として，はじめに，P の1つおきの頂点と正十六角形（の外接円）の中心を結ぶ線分上，頂点に十分近い位置に Q の点を配置します（図8）．次に，P の頂点と Q の点について，「どの3点も同一直線上にない」ように，Q の点をほんのわずかに動かします．

このとき，6本の対角線で P を7個の凸四角形に分割する，という方法では，どのように分割しても，真空凸四角形は得られません．その理由について考えてみてください．

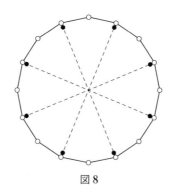

図 8

第22回

SPRINGER MATHEMATICS CONTEST
シュプリンガー数学コンテスト

🍎 問題

O を原点とする xy 平面を考える．この平面上の点で，x 座標と y 座標がともに整数である点を**格子点**とよぶ．また，この平面上の曲線 C_1 上にある点 P と曲線 C_2 上にある点 Q について，これらがともに格子点で，OP = OQ が成り立つとき，2 点 P, Q (の組) を $\boldsymbol{C_1}$，$\boldsymbol{C_2}$ **上の等距離ペア**とよぶことにする．

例えば，直線 $l_1 : y = 0$ 上の格子点 P(5, 0) と直線 $l_2 : y = \dfrac{3}{4}x$ 上の格子点 Q(4, 3) について，OP = OQ = 5 だから，これら 2 点 P, Q は l_1, l_2 上の等距離ペアである．

直線 $y = 2$ を l とするとき，次の (∗) をみたす放物線 C を 1 つ見つけよ．

$(*)$ l, C 上の等距離ペアが無数に存在する．

講評と解説

一着正解賞・最優秀者：A さん（早稲田大学）

C が見つかりさえすれば，解答そのものは簡潔なものになります．C を見つけるために「素直」に考え進めていく（後述の「係数比較による方法」）こともできますが，一工夫すると C が簡単に見つかります．

解説

C としては，例えば，放物線 $y = \dfrac{x^2}{4} - 2$ や，これを x 軸または直線 $y = x$ に関して線対称移動したものなどが適します．この他にも適する放物線はありますが，一着正解賞・最優秀者の A さんも放物線 $y = \dfrac{x^2}{4} - 2$ を挙げていました．実際，l 上の格子点 $\mathrm{P}(n^2, 2)$ と $C : y = \dfrac{x^2}{4} - 2$ 上の格子点 $\mathrm{Q}(2n, n^2 - 2)$ について，

$$\mathrm{OP}^2 = (n^2)^2 + 2^2 = n^4 + 2^2 = (n^2 - 2)^2 + (2n)^2 = \mathrm{OQ}^2 \tag{1}$$

であり，(1) は n の恒等式だから，等距離ペアは無数に存在します（いうまでもありませんが，Q として，$(2n, n^2 - 2)$ のかわりに $(-2n, n^2 - 2)$ を考えることもできます）．

以下では，C の方程式や格子点 P, Q の選び方についての考え方をもう少し解説します．

目標となる恒等式の形

放物線 C として，y 軸に平行な軸をもつ放物線 $y = ax^2 + bx + c \ (a \neq 0)$ を考えてみます．

l 上の点 $\mathrm{P}(k, 2)$ に対して

$$\mathrm{OP}^2 = k^2 + 2^2 \tag{2}$$

であり，C 上の点 $\mathrm{Q}(m, am^2 + bm + c)$ に対して

$$\mathrm{OQ}^2 = m^2 + (am^2 + bm + c)^2 \tag{3}$$

です．$\mathrm{OP}^2 = \mathrm{OQ}^2$ とおくと

$$k^2 + 2^2 = m^2 + (am^2 + bm + c)^2 \tag{4}$$

となります．まずは，これが（(1) のような）m についての恒等式になるように，定数 a, b, c を定めるとともに，k を m の式で表すことを目標に進めます．

(4) の右辺が m の 4 次式であることに着目して，左辺も m の 4 次式になるように，k として m の 2 次式を考えます．

(A) 係数比較による方法

$k = dm^2 + em + f$ とおくと，(4) は

$$(dm^2 + em + f)^2 + 2^2 = m^2 + (am^2 + bm + c)^2 \tag{5}$$

となります．この両辺を展開して係数を比較することで，(5) が m についての恒等式となる条件

$$\left.\begin{array}{l} a^2 = d^2 \quad \text{かつ} \quad ab = de \quad \text{かつ} \quad 2df + e^2 = 2ac + b^2 + 1 \\ \text{かつ} \quad ef = bc \quad \text{かつ} \quad f^2 + 4 = c^2 \end{array}\right\} \tag{6}$$

が得られます．$a^2 = d^2$ より $d = \pm a$ ですが，本問では放物線 C を 1 つ見つければよいので，以下 $d = a(\neq 0)$ のもとで考え進めてみます．このとき (6) は

$$d = a(\neq 0),\ b = e = 0,\ c = -4a - \frac{1}{4a},\ f = -4a + \frac{1}{4a} \tag{7}$$

となります（コメント 3）．このとき (5) は

$$\left\{am^2 - \left(4a - \frac{1}{4a}\right)\right\}^2 + 2^2 = m^2 + \left\{am^2 - \left(4a + \frac{1}{4a}\right)\right\}^2 \tag{8}$$

となります．ここで，無数の（適当な）整数 m に対して P と Q がともに格子点となる，すなわち，P の x 座標 $x_P = am^2 - \left(4a - \dfrac{1}{4a}\right)$ と Q の y 座標 $y_Q = am^2 - \left(4a + \dfrac{1}{4a}\right)$ がともに整数となるように a を定めることを考えます．

x_P と y_Q がともに整数となるためには，am^2, $4a$, $\dfrac{1}{4a}$ がすべて整数であれば十分です．ここで，とくに $\dfrac{1}{4a}$ が整数となる a として $a = \dfrac{1}{4}$ ととることができ，このとき $4a(=1)$ も整数になります．また，整数 m に対して $am^2 = \dfrac{m^2}{4}$ は整数とは限りませんが，とくに $m = 2n$（n は整数）とすれば，$\dfrac{m^2}{4}(=n^2)$ も整数になり，(8) は

$$(n^2)^2 + 2^2 = (2n)^2 + (n^2-2)^2$$

となります．

この式に対応するPは$(n^2, 2)$，Qは$(2n, n^2-2)$，また，Cの方程式は$y = \dfrac{x^2}{4} - 2$（$x = 2n, y = n^2 - 2$からnを消去して得られます）です．任意の整数nに対してP，Qが格子点となるだけでなく，nが異なればQ（のx座標）も異なりますから，l，C上の等距離ペアは無数に存在します．

(B) 左辺を右辺の形に変形する

(4)におけるkとして，mの2次式の中でも最も簡単なものm^2を考えます（これでうまくいくかはわかりませんが）．すると，(5)の左辺は$m^4 + 2^2$となります．この式には，(5)の右辺の1つ目の項であるm^2がありませんが，ちょっとした操作でm^2の項を「つくり出す」ことができます．

本題とは異なりますが，例えば，2次方程式$x^2 + 2x - 4 = 0$において左辺を平方完成すると$(x+1)^2 - 5 = 0$となり，1次の項を含まない方程式$X^2 - 5 = 0$に帰着できます．ここでは，m^2の項を含まない式$m^4 + 2^2$からm^2の項をつくり出したいのですが，今の考え方を逆用することで，例えば，

$$m^4 + 2^2 = (m^2 - 2)^2 + 4m^2 = (m^2 - 2)^2 + (2m)^2 \tag{9}$$

が得られます．最右辺が「平方の和」の形になるようにしたことで，これを「原点Oから$Q(2m, m^2-2)$までの距離の平方」と捉えることができます．このQはmの値によらず，放物線$y = \dfrac{x^2}{4} - 2$上にあります．これらを踏まえると，(9)すなわちmについての恒等式

$$(m^2)^2 + 2^2 = (2m)^2 + (m^2 - 2)^2$$

から，l上の点$P(m^2, 2)$と$C : y = \dfrac{x^2}{4} - 2$の上の点$Q(2m, m^2-2)$について，OP = OQであることがわかります．$m$が整数であれば，PとQはともに格子点で，しかも$m$が異なればQも異なりますから，$l$，$C$上の等距離ペアは無数に存在します．

解答の後の「コメント1」では，$y = \dfrac{x^2}{4} - 2$以外の放物線でCとして適するものを紹介します．

解答

C として,放物線 $y = \dfrac{x^2}{4} - 2$ を考える.整数 n に対して,l 上の点 $P(n^2, 2)$ と C 上の点 $Q(2n, n^2 - 2)$ はともに格子点であり,

$$OP^2 = (n^2)^2 + 2^2 = n^4 + 2^2 = (2n)^2 + (n^2 - 2)^2 = OQ^2$$

が成り立つので,P, Q は l, C 上の等距離ペアである.しかも,n が異なれば Q の x 座標 $2n$ も異なるので,異なる整数 n に対して異なる等距離ペアが対応する.したがって,l, C 上の等距離ペアは無数に存在する.よって,(∗) をみたす放物線 C の1つとして

$$y = \dfrac{x^2}{4} - 2 \qquad \cdots \text{(答)}$$

が適する.

コメント

1. (1) では

$$n^4 + 2^2 = (n^2 - 2)^2 + (2n)^2$$

という恒等式がポイントになりました.これは,左辺が平方の和の形である恒等式

$$n^2 + 2^2 = (n - 2)^2 + 4n \qquad (10)$$

において,右辺も平方の和の形になるように,n を n^2 で置き換えた式と見ることができます.この考え方を発展させると,C として適する放物線の方程式をいろいろ見つけることができます.

$n^2 + 2^2$ を左辺とする恒等式で,(10) 以外のものとして,例えば

$$n^2 + 2^2 = (n - 1)^2 + 2n + 3 \qquad (11)$$

を考えてみましょう.右辺に現れる $2n + 3$ が平方数 k^2 の場合,$n = \dfrac{k^2 - 3}{2}$ ですから,(11) は

$$\left(\dfrac{k^2 - 3}{2}\right)^2 + 2^2 = \left(\dfrac{k^2 - 3}{2} - 1\right)^2 + k^2 \qquad (12)$$

となります．さらに，$\dfrac{k^2-3}{2}$ が整数となるように $k=2h+1$（h は整数）とおくと，(12) は

$$(2h^2+2h-1)^2+2^2=(2h^2+2h-2)^2+(2h+1)^2$$

となります．右辺に現れる $2h+1$, $2h^2+2h-2$ をそれぞれ x, y とおいて h を消去すると $y=\dfrac{x^2-5}{2}$ となります．この放物線を C とすると，l 上の格子点 $\mathrm{P}(2h^2+2h-1, 2)$ と C 上の格子点 $\mathrm{Q}(2h+1, 2h^2+2h-2)$ は l, C 上の等距離ペアです．しかも，h が異なれば Q も異なるので，l, C 上の等距離ペアは無数に存在します[1]．

同様の考え方で，C として適する放物線を他にも見つけることができます．

2. 2点 $\mathrm{P}(x_1, y_1)$, $\mathrm{Q}(x_2, y_2)$ が原点から等距離である条件は

$$x_1{}^2+y_1{}^2=x_2{}^2+y_2{}^2,$$

すなわち，「平方の和どうしが等しい」という形の等式で与えられますが，「平方の和どうしが等しい」ことを表す恒等式に

$$(ab+cd)^2+(ac-bd)^2=(ab-cd)^2+(ac+bd)^2$$

があります．この式で $a=n+1$, $b=n-1$, $c=d=1$ とおくと，今回ポイントとなった恒等式 $(n^2)^2+2^2=(n^2-2)^2+(2n)^2$ に一致します．

3. 参考のために，解説の「(A) 係数比較による方法」における (7) を導く過程を，$d=-a(\neq 0)$ の場合も合わせて補っておきます．以下における複号はすべて同順です．

まず，(6) は

$$d=\pm a(\neq 0) \quad \text{かつ} \quad b=\pm e \quad \text{かつ} \quad \pm 2af=2ac+1 \quad \text{かつ}$$
$$ef=bc \quad \text{かつ} \quad f^2+4=c^2$$

となります．ここで，$b=\pm e \neq 0$ とすると，$ef=bc$ より $f=\pm c$ となり

---

[1] ここで得られた C は，(8) で $a=\dfrac{1}{2}$ とおいても得られます．

ますが,このとき $f^2+4=c^2$ が成り立ちません.したがって,$b=e=0$ であり,c と f は $f=\pm\left(c+\dfrac{1}{2a}\right)$ かつ $f^2+4=c^2$ より $c=-4a-\dfrac{1}{4a}$,$f=\mp\left(4a-\dfrac{1}{4a}\right)$ となります.

第23回
SPRINGER MATHEMATICS CONTEST
シュプリンガー数学コンテスト

🐛 問題

1 から 11 までの自然数からなる集合を N とする．N をどのように 2 つの集合 A, B に分割（すなわち A, B は $N = A \cup B$ かつ $A \cap B = \emptyset$（空集合）をみたす集合）しても，A または B の部分集合 S で，S に属する要素の和がちょうど 12 となるものが存在する．このことを示せ．

講評と解説

今回の応募者は中学 2 年生から大学 1 年生にまでわたりました．

一着正解賞：A さん（早稲田大学）
最優秀者：B さん（早稲田高校）

解説

集合 A も集合 B も題意をみたす部分集合 S を含むことのないように，1 から 11 までの自然数を集合 A, B に振り分けるつもりで考えていきます．もし，そのような分け方ができるのであれば，

$$\left.\begin{array}{l} 1\ \text{と}\ 11, 2\ \text{と}\ 10, 3\ \text{と}\ 9, 4\ \text{と}\ 8, 5\ \text{と}\ 7\ \text{のそれぞれの組合せ} \\ \text{について，一方が}\ A\ \text{に属していて，他方が}\ B\ \text{に属している} \end{array}\right\} \quad (1)$$

はずです．寄せられた答案のいずれも，この事実に着目していました．この議論に続けて，「(1) をみたすどの分割においても，和が 12 となる要素の組合せで，上述したものとは異なるもの（例えば 3, 4, 5）が，A または B の一方に含まれてしまう」ことを示すのが，基本的な方針でした．この解説でも，まずはこの方針で進めてみます．(1) をみたす分割として，一般性を失うことなく，$1 \in A$, $11 \in B$ であるものを考えます．さらに，「$2 \in A$, $10 \in B$」または「$2 \in B$, $10 \in A$」のいずれかですが，はじめに「$2 \in A$, $10 \in B$」の場合について考えてみましょう．

場合 1．$2 \in A$, $10 \in B$ のとき

この場合，$9 \in A$ (, $3 \in B$) とすると，A の部分集合 $S = \{1, 2, 9\}$ の要素の和が 12 になり，題意をみたします．そこで，$9 \in B$, $3 \in A$ とします．

次に，$8 \in A$ とすると，A の部分集合 $S = \{1, 3, 8\}$ が題意をみたすので，$8 \in B$, $4 \in A$ とします．さらに，$7 \in A$ とすると，A の部分集合 $S = \{1, 4, 7\}$（または $S = \{2, 3, 7\}$）が題意をみたすので，$7 \in B$, $5 \in A$ とします．このとき，A の部分集合 $S = \{3, 4, 5\}$ が題意をみたします．

場合2. $2 \in B$, $10 \in A$ のとき

はじめに $3 \in A$, $9 \in B$ の場合を考えます．このとき，$8 \in A$ とすると，A の部分集合 $S = \{1, 3, 8\}$ が題意をみたすので，$8 \in B$, $4 \in A$ とします．ここで，$7 \in A$ とすると，$S = \{1, 4, 7\}$ $(\subset A)$ が題意をみたすので，$7 \in B$, $5 \in A$ とします．このとき，$S = \{3, 4, 5\}$ $(\subset A)$ が題意をみたします．

次に，$3 \in B$, $9 \in A$ の場合を考えます．このとき，$7 \in B$ とすると，$S = \{2, 3, 7\}$ $(\subset B)$ が題意をみたすので，$7 \in A$, $5 \in B$ とします．ここで $4 \in A$ とすると，$S = \{1, 4, 7\}$ $(\subset A)$ が題意をみたし，$4 \in B$ とすると $S = \{3, 4, 5\}$ $(\subset B)$ が題意をみたします．

上記の場合2の議論を注意深く読むと，「$2 \in B$, $10 \in A$」という仮定が後半で1回だけ使われているにすぎないことがわかります．実は，この議論を少し修正すれば，場合1も一緒に処理できる証明に書き換えられます．次の解答がそれにあたります．

解答1

$1 \leqq i \leqq 5$ をみたすある整数 i について，i と $12-i$ がともに A に属する，またはともに B に属する場合には，その i に対する $S = \{i, 12-i\}$ が題意をみたす．そこで，以下，

$$\left.\begin{array}{l}1 \leqq i \leqq 5 \text{ をみたす各整数 } i \text{ について, } i \text{ と } 12-i \text{ のうち} \\ \text{の一方が } A \text{ に属し, 他方が } B \text{ に属する}\end{array}\right\} \quad (2)$$

場合を考える．また，一般性を失うことなく，$1 \in A$ とする．

場合1. $3 \in A$ のとき：

$8 \in A$ とすると，A の部分集合 $S = \{1, 3, 8\}$ が題意をみたす．そこで，$8 \in B$ とする．すると，(2) より $4 \in A$ だから，

$$1, 3, 4 \in A, 8 \in B$$

である．ここで，$7 \in A$ とすると，$S = \{1, 4, 7\}$ $(\subset A)$ が題意をみたす．そこで，$7 \in B$ とする．すると，(2) より $5 \in A$ であり，$S = \{3, 4, 5\}$ $(\subset A)$ が題意をみたす．

場合2. $3 \in B$ のとき：

このとき (2) より $9 \in A$ である．ここで，$2 \in A$ とすると，$S = \{1, 2, 9\}$ ($\subset A$) が題意をみたす．そこで，$2 \in B$ とすると，
$$1, 9 \in A, 2, 3 \in B$$
である．ここで，$7 \in B$ のときには，$S = \{2, 3, 7\}$ ($\subset B$) が題意をみたす．そこで，$7 \in A$ とする．このとき (2) より，$5 \in B$ である．すると，$4 \in A$ のときには，$S = \{1, 7, 4\}$ ($\subset A$) が題意をみたし，$4 \in B$ のときには，$S = \{3, 4, 5\}$ ($\subset B$) が題意をみたす． □

解答1は，1と3が同じ集合（A または B）に属するか否かという場合分けによるものでしたが，次の解答2は，3, 4, 5 の分かれ方に基づく場合分けによるものです．

解答 2

解答1と同様に，(2) の場合を考える．また，一般性を失うことなく，$3 \in A$ とする．このとき，$4, 5 \in A$ の場合には $S = \{3, 4, 5\}$ ($\subset A$) が題意をみたす．その他の場合は，「$4 \in B$ のとき」と「$4 \in A, 5 \in B$ のとき」に分けられる．

場合 1. $4 \in B$ のとき：

$3 \in A, 4 \in B$ と (2) より，$9 \in B, 8 \in A$ である．ここで，$1 \in A$ とすると，$S = \{1, 3, 8\}$ ($\subset A$) が題意をみたす．そこで，$1 \in B$ とすると，
$$3, 8 \in A, 1, 4, 9 \in B$$
である．ここで，$7 \in B$ とすると $S = \{1, 4, 7\}$ ($\subset B$) が題意をみたし，また，$2 \in B$ とすると $S = \{1, 2, 9\}$ ($\subset B$) が題意をみたす．そこで，$7 \in A, 2 \in A$ とする．すると，$S = \{2, 3, 7\}$ ($\subset A$) が題意をみたす．

場合 2. $4 \in A, 5 \in B$ のとき：

$3, 4 \in A, 5 \in B$ と (2) より，$9, 8 \in B, 7 \in A$ だから，
$$3, 4, 7 \in A, 5, 8, 9 \in B$$
である．ここで，$1 \in A$ とすると $S = \{1, 4, 7\}$ ($\subset A$) が題意をみたし，また，$2 \in A$ とすると $S = \{2, 3, 7\}$ ($\subset A$) が題意をみたす．そこで，$1 \in B, 2 \in B$ とする．すると，$S = \{1, 2, 9\}$ ($\subset B$) が題意をみたす． □

コメント

　本問で示したことを一般化した次の事実が成り立ちます：

　n を 11 以上の整数として，1 から n までの自然数からなる集合を N とする．N をどのように 2 つの集合 A, B に分割（すなわち A, B は $N = A \cup B$ かつ $A \cap B = \emptyset$ をみたす集合）しても，A または B の部分集合 S で，S に属する要素の和がちょうど $n+1$ となるものが存在する．

　なお，$n \leq 10$ では，N の分割の仕方によっては，このような部分集合 S は存在しません．例えば，$n = 10$ のとき，A, B を次のように定めると，A にも B にも，要素の和がちょうど 11 になる部分集合 S は存在しません．

$$A = \{1, 3, 4, 5, 9\}, \quad B = \{2, 6, 7, 8, 10\}$$

第24回
SPRINGER MATHEMATICS CONTEST
シュプリンガー数学コンテスト

問題

(i) $2^n + n^2$ が素数であるような 2 以上の整数 n について，n を 6 で割ったときの余りが 3 であること示せ．

(ii) 2 つの自然数 n と m について，$n^2 + m$ と $n^2 - m$ がともに平方数であるなら，m は 24 で割り切れることを示せ．

講評と解説

今回も幅広い年齢層からの応募がありました．

一着正解賞：A さん（早稲田大学）
最優秀者：B さん（ラ・サール高校）

解説

ここでは，「整数の合同」の概念を用いて解説と証明をします．整数の合同については，p.158 で解説していますが，ここではさらに，以下の事実を用います：n_1, n_2 を互いに素な自然数とすると，整数 x について，$x \equiv 0 \pmod{n_1}$ かつ $x \equiv 0 \pmod{n_2}$ ならば，$x \equiv 0 \pmod{n_1 n_2}$ である．

例えば，$x \equiv 0 \pmod 2$ かつ $x \equiv 0 \pmod 3$ ならば，$x \equiv 0 \pmod 6$（つまり，x が 2 の倍数であり，かつ 3 の倍数でもあるならば，x は 6 の倍数）です．

(i) 少し言い換えをすることで，上述の考え方が使えるようになります．「n を 6 で割ったときの余りが 3 である（$n \equiv 3 \pmod 6$）」とは，$n - 3 \equiv 0 \pmod 6$ ということですから，「$n - 3 \equiv 0 \pmod 2$ かつ $n - 3 \equiv 0 \pmod 3$」つまり「$n \equiv 3 \pmod 2$ かつ $n \equiv 3 \pmod 3$」を示せばよいことになりますが，これはさらに，「$n \equiv 1 \pmod 2$（つまり，n は奇数）かつ $n \equiv 0 \pmod 3$（つまり，n は 3 の倍数）」と表せます．

これらを示すのに，「$2^n + n^2$ が素数である」という仮定を直接の出発点にすることは難しそうなので，対偶や背理法で示すことを考えます．なお，$2 \equiv -1 \pmod 3$ より，自然数 k に対して $2^k \equiv (-1)^k \pmod 3$ ですから，3 を法として 2^k の値を考えるときには，かわりに（より簡単な）$(-1)^k$ の値を考えればよいことに留意しておいてください．

$n \equiv 1 \pmod 2$ の証明

$n \equiv 0 \pmod 2$（つまり，n は偶数）と仮定すると，$2^n + n^2 (\geq 2^2 + 2^2 = 8)$ は 2 よりも大きな偶数だから，素数ではありません．したがって，$2^n + n^2$ が素数ならば，$n \equiv 1 \pmod 2$（つまり，n は奇数）です．

$n \equiv 0 \pmod{3}$ の証明

　$n \equiv 1 \pmod{3}$ または $n \equiv 2 \pmod{3}$, すなわち, $n \equiv \pm 1 \pmod{3}$ と仮定します. すると, まず, $n^2 \equiv (\pm 1)^2 \equiv 1 \pmod{3}$ が成り立ちます. さらに, 上で示された「n が奇数である」という事実を用いると, $2^n \equiv (-1)^n \equiv -1 \pmod{3}$ がわかります. これらより, $2^n + n^2 \equiv -1 + 1 \equiv 0 \pmod{3}$ となり, $2^n + n^2 \,(\geqq 8)$ は3の倍数であり, しかも3より大きいので, 素数ではありません. これより, $2^n + n^2$ が素数ならば, $n \equiv 0 \pmod{3}$ です.

　以上より, $n \equiv 3 \pmod{6}$ が示せました. 応募者のほとんどの方が, これと同様の証明をしていました.

(ii) $m \equiv 0 \pmod{24}$ を示すために, $m \equiv 0 \pmod{3}$ と $m \equiv 0 \pmod{8}$ を示します.

$m \equiv 0 \pmod{3}$ の証明

　m だけでなく, n や $n^2 + m, n^2 - m$ についても3を法として考えていくことになりますが, まず, 平方数の性質を調べてみます((i)の解説との重複もありますが).

　任意の整数 a に対して, $a \equiv 0, 1, 2 \pmod{3}$, すなわち, $a \equiv 0, \pm 1 \pmod{3}$ のいずれかですが, $a \equiv 0 \pmod{3}$ のときには $a^2 \equiv 0^2 \equiv 0 \pmod{3}$ であり, $a \equiv \pm 1 \pmod{3}$ のときには $a^2 \equiv (\pm 1)^2 \equiv 1 \pmod{3}$ です. したがって,

$$\text{任意の整数 } a \text{ に対して, } a^2 \equiv 0 \pmod{3} \text{ または } a^2 \equiv 1 \pmod{3} \quad (1)$$

です. 本問では, $n^2 + m, n^2 - m$ が平方数であることから,

$$n^2 + m \equiv 0, 1 \pmod{3} \quad (2)$$
$$n^2 - m \equiv 0, 1 \pmod{3} \quad (3)$$

が成り立ちますが, n^2 も平方数ですから, $n^2 \equiv 0, 1 \pmod{3}$ でもあります.

　まず, $n^2 \equiv 0 \pmod{3}$ の場合を考えてみましょう. このとき, (2)より, $m \equiv 0 \pmod{3}$ または $m \equiv 1 \pmod{3}$ です. ところが, $m \equiv 1 \pmod{3}$ とすると, $n^2 - m \equiv -1 \equiv 2 \pmod{3}$ となり, (3)に反します. これより, $m \equiv 0 \pmod{3}$ でなければなりません.

　$n^2 \equiv 1 \pmod{3}$ の場合も同様に考え進めて $m \equiv 0 \pmod{3}$ が示せます.

まず (2) より $m \equiv -1,\ 0 \pmod{3}$ ですが, $m \equiv -1 \pmod{3}$ とすると, $n^2 - m \equiv 1 - (-1) \equiv 2 \pmod{3}$ となり, (3) に反します. したがって, この場合も $m \equiv 0 \pmod{3}$ でなければなりません.

なお, $n^2 + m = k^2$, $n^2 - m = l^2$ (k, l は整数) とおいて, これらを辺々加えた式と引いた式

$$2n^2 = k^2 + l^2 \tag{4}$$

$$2m = k^2 - l^2 \tag{5}$$

をつくって論じることもできます. (1) より, $n^2 \equiv 0,\ 1 \pmod{3}$ ですから, $2n^2 \equiv 0,\ 2 \pmod{3}$ であり, したがって, (4) より $k^2 + l^2 \equiv 0,\ 2 \pmod{3}$ です. ここで, (1) より $k^2 \equiv 0,\ 1 \pmod{3}$ かつ $l^2 \equiv 0,\ 1 \pmod{3}$ であることを考慮すると, $k^2 \equiv l^2 \equiv 0 \pmod{3}$ または $k^2 \equiv l^2 \equiv 1 \pmod{3}$ となります. いずれの場合も, (5) より $2m = k^2 - l^2 \equiv 0 \pmod{3}$ となり, $2m$ が 3 の倍数であることになりますが, 2 と 3 は互いに素だから, m が 3 の倍数であることになります.

$m \equiv 0 \pmod{8}$ の証明

$m \equiv 0 \pmod{3}$ の証明と同様にできそうですが, 少し工夫が必要です. とりあえず, 進めるところまで進めてみましょう.

まず, 整数 a に対して, $a^2 \equiv 0,\ 1,\ 4 \pmod{8}$ が示せます. したがって, $n^2, n^2 + m, n^2 - m$ が平方数であることから, $n^2 \equiv 0,\ 1,\ 4 \pmod{8}$ および

$$n^2 + m \equiv 0,\ 1,\ 4 \pmod{8} \tag{6}$$

$$n^2 - m \equiv 0,\ 1,\ 4 \pmod{8} \tag{7}$$

が成り立ちます. これらを用いて $m \equiv 0 \pmod{8}$ を示すことを考えます.

まず, $n^2 \equiv 0 \pmod{8}$ のとき, (6) より $m \equiv 0,\ 1,\ 4 \pmod{8}$ のいずれかです. ここで, $m \equiv 1 \pmod{8}$ とすると, $n^2 - m \equiv -1 \equiv 7 \pmod{8}$ となり, (7) に反します. 次に, $m \equiv 4 \pmod{8}$ の場合を考えます. 残念ながら, この場合には, $n^2 - m \equiv -4 \equiv 4 \pmod{8}$ となり, (7) に反する式は導けません. つまり, これだけの議論では, $n^2 \equiv 0 \pmod{8}$ の場合に, $m \equiv 4 \pmod{8}$ の可能性も残ってしまいます ($n^2 \equiv 4 \pmod{8}$ の場合も同様です).

そこで, これとは異なる方針を考えてみましょう. 実は, (4), (5) を用いると, 次のようにして $2m \equiv 0 \pmod{16}$ を示せます. $2m \equiv 0 \pmod{16}$ と

は, $2m = 16u$ (u は整数) と書けるということですから, $m = 8u$, すなわち $m \equiv 0 \pmod{8}$ が得られます. 寄せられた答案には, これ以外の方法も見られました.

$2m \equiv 0 \pmod{16}$ の証明

整数 a に対して, $a \equiv 0, 1, 2, \cdots, 15 \pmod{16}$ のいずれかです. ここで, $15 \equiv -1 \pmod{16}$, $14 \equiv -2 \pmod{16}$, $\cdots$, $9 \equiv -7 \pmod{16}$ だから, $a \equiv 0, \pm 1, \pm 2, \cdots, \pm 7, 8 \pmod{16}$ のいずれかであり, 下の表に示すように, $a^2 \equiv 0, 1, 4, 9 \pmod{16}$ のいずれかになります.

$a \pmod{16}$	0	± 1	± 2	± 3	± 4	± 5	± 6	± 7	8
$a^2 \pmod{16}$	0	1	4	9	0	9	4	1	0

これより, $2n^2 \equiv 0, 2, 8 \pmod{16}$ のいずれかです ($n^2 \equiv 9 \pmod{16}$ のときには, $2n^2 \equiv 18 \equiv 2 \pmod{16}$ です) から, (4) より,

$$k^2 + l^2 \equiv 0, 2, 8 \pmod{16} \tag{8}$$

です. $k^2 \equiv 0, 1, 4, 9 \pmod{16}$, $l^2 \equiv 0, 1, 4, 9 \pmod{16}$ のうち, (8) をみたす組合せは $k^2 \equiv l^2 \pmod{16}$ のものしかありません. すると, (5) より, $2m = k^2 - l^2 \equiv 0 \pmod{16}$ となります.

巧妙な方法

(ii) の証明には上述の方法以外のものもありますが, 最優秀者の B さんによる証明は巧妙でした. ここでの解説のために少しアレンジしたり, 解説を付け加えたりして紹介します. 証明の骨格は以下のとおりです.

(I) まず, 次の (9) を示します:

$$a^2 + b^2 = c^2 \text{ (a, b, c は整数) のとき, } ab \text{ は 12 の倍数である.} \tag{9}$$

(II) $n^2 + m$ と $n^2 - m$ がともに平方数であることから, 適当な整数 a, b を用いて,

$$n^2 + m = (a+b)^2 \tag{10}$$

$$n^2 - m = (a-b)^2 \tag{11}$$

と表すことができます（a, b の定め方については後述します）．これらより，$n^2 = a^2 + b^2, m = 2ab$ となります．$n^2 = a^2 + b^2$ と (9) より，$m = 2ab$ は 24 の倍数です．

B さんは，a, b, c が 1 以外の公約数をもたない場合について（I）を示し，（II）の議論をこの場合に帰着させていましたが，ここでは，上述の流れに沿って説明していきます．まず，(9) の事実を示すためには，「ab が 3 の倍数である」ことと「ab が 4 の倍数である」ことを示せばよい（3 と 4 は互いに素だから）のですが，ここでは前者のみを示し，後者の証明は省略します．

a, b の少なくとも一方が 3 の倍数であることを背理法で示すことを考え，$a \not\equiv 0 \pmod{3}$ かつ $b \not\equiv 0 \pmod{3}$ と仮定します．すると，$a \equiv \pm 1 \pmod{3}$，$b \equiv \pm 1 \pmod{3}$ より $a^2 \equiv b^2 \equiv 1 \pmod{3}$ ですから，$c^2 = a^2 + b^2 \equiv 2 \pmod{3}$ となりますが，これは (1) に反します．

次に（II）の「適当な整数 a, b を用いて，(10), (11) と表すことができる」という事実についてですが，ここでの a, b は，具体的には，$n^2 + m = k^2$，$n^2 - m = l^2$（k, l は 0 以上の整数）と表すときの k, l を用いると，$a = \dfrac{k+l}{2}$，$b = \dfrac{k-l}{2}$ です（ただし，$a \geqq b \geqq 0$ の場合）．$n^2 + m$ と $n^2 - m$ の差 $2m$ は偶数だから，$n^2 + m$ と $n^2 - m$ の偶奇は一致し，したがって，k と l の偶奇も一致するので，a, b は整数です．

最後に，証明をまとめておきます．ただし，議論のしかたや表現を，上述の解説とは多少変えたところがあります．(ii) については，(4), (5) の形をつくる方針でまとめました．

解答

任意の整数 a に対して，$a \equiv 0, \pm 1 \pmod{3}$ のいずれかだから，

$$\left. \begin{array}{l} \text{任意の整数 } a \text{ に対して，} a^2 \equiv 0 \pmod{3} \text{ また} \\ \text{は } a^2 \equiv 1 \pmod{3} \text{ である} \end{array} \right\} \quad (1)$$

(i) まず，n が 2 以上の整数であることから，$2^n + n^2 > 2^2 = 4$ である．ここで n が偶数であると仮定すると，$2^n + n^2$ は偶数であり，しかも 2 よりも大きいの

で, 素数ではないことになる. したがって, n は奇数でなければならない.

次に, n が 3 の倍数であることを示す. $n \equiv 1 \pmod 3$ または $n \equiv 2 \pmod 3$, すなわち, $n \equiv \pm 1 \pmod 3$ と仮定すると, $n^2 \equiv 1 \pmod 3$ である. ここで, 上で示された「n が奇数である」ことから, $2^n \equiv (-1)^n \equiv -1 \pmod 3$ であり, これらを考え合わせると, $2^n + n^2 \equiv -1 + 1 \equiv 0 \pmod 3$ である. したがって, $2^n + n^2 (> 4)$ は 3 の倍数であり, しかも 3 より大きいので, 素数ではないことになる. これより, n は 3 の倍数でなければならず, $n = 3s$ (s は整数) と書ける.

ここで, n が奇数であることから s も奇数であり, $s = 2t + 1$ (t は整数) と書けるので, 結局, $n = 3(2t+1) = 6t + 3$ と表される. すなわち, n を 6 で割ったときの余りは 3 である. □

(ii) $n^2 + m$, $n^2 - m$ が平方数であることから, $n^2 + m = k^2$, $n^2 - m = l^2$ (k, l は整数) とおける. これらを辺々加えた式と引いた式をつくると

$$2n^2 = k^2 + l^2 \tag{4}$$
$$2m = k^2 - l^2 \tag{5}$$

である.

はじめに, $m \equiv 0 \pmod 3$ を示す. (1) より $2n^2 \equiv 0, 2 \pmod 3$ のいずれかだから, (4) より $k^2 + l^2 \equiv 0, 2 \pmod 3$ のいずれかである. したがって, 再び (1) を考慮すると, $k^2 \equiv l^2 \equiv 0 \pmod 3$ または $k^2 \equiv l^2 \equiv 1 \pmod 3$ である. いずれの場合も, (5) より, $2m = k^2 - l^2 \equiv 0 \pmod 3$ となるので, $2m$ は 3 の倍数であるが, 2 と 3 は互いに素だから, m は 3 の倍数である.

次に, $m \equiv 0 \pmod 8$ を示す. 任意の整数 a に対して, $a \equiv 0, \pm 1, \pm 2, \cdots, \pm 7, 8 \pmod{16}$ のいずれかであり, 下の表に示すように, $a^2 \equiv 0, 1, 4, 9 \pmod{16}$ のいずれかである.

$a \pmod{16}$	0	± 1	± 2	± 3	± 4	± 5	± 6	± 7	8
$a^2 \pmod{16}$	0	1	4	9	0	9	4	1	0

したがって, $2 \cdot 9 = 18 \equiv 2 \pmod{16}$ に注意すると, $2n^2 \equiv 0, 2, 8 \pmod{16}$ のいずれかだから, (4) より,

$$k^2 + l^2 \equiv 0,\ 2,\ 8 \pmod{16} \tag{8}$$

である．$k^2 \equiv 0,\ 1,\ 4,\ 9 \pmod{16}$, $l^2 \equiv 0,\ 1,\ 4,\ 9 \pmod{16}$ のうち，(8) をみたす組合せは $k^2 \equiv l^2 \pmod{16}$ であるものしかない．すると，(5) より，$2m = k^2 - l^2 \equiv 0 \pmod{16}$ となる．

よって，$2m \equiv 0 \pmod{16}$，すなわち，$2m = 16u$（u は整数）と書けて，これより $m = 8u$，つまり m は 8 の倍数である．

以上より，m は 3 の倍数であり，8 の倍数でもあり，しかも 3 と 8 は互いに素だから，m は $3 \times 8 = 24$ の倍数である． □

第25回
SPRINGER MATHEMATICS CONTEST
シュプリンガー数学コンテスト

🍎 問題

下図に示すような 858 cc の容積のメスシリンダー A がある．ただし，目盛りは，130, 132, 156, 169, 390, 396, 399, 468, 469, 507 cc を示す 10 個の目盛りしかつけられていない．このメスシリンダー A を用いて，目盛りのついていない容器 B に，必要な量の水を（理論上，正確に）量り出すことを考える．ただし，次の 2 つの条件をみたすように操作する：

(i) 最初の 1 回だけ水道から A に水を注ぎ入れることとし，A から流しに水を捨てたり，A から B に水を注ぎ込むことは何回行ってもよい．

(ii) B から A に水を戻すことは行わない．

たとえば 330 cc の水を B に量り出すためには，次のように操作すれば，4 回の操作で水を量り出すことができる．

① 水道から A に水を 469 cc だけ注ぎ入れる．
② A に 399 cc の水が残るまで，B に水を注ぎ込む．
③ A に 390 cc の水が残るまで，流しに水を捨てる．
④ A に 130 cc の水が残るまで，B に水を注ぎ込む．

メスシリンダー A を用いて，1 cc から 858 cc まで，1 cc きざみのすべての量の水を容器 B に量り出せることを示せ．ただし，測定で生じる誤差は考えなくてよいものとする．

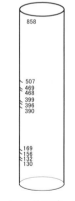

メスシリンダー A

講評と解説

今回の応募者も中学生から大学生にまでわたりました．

一着正解賞：A さん（桐朋中学校）
最優秀者：B さん（早稲田大学），C さん（早稲田高校）

ほとんどの方の証明が，下記の解説と同様の考え方によるものでした．その他には，「コメント 5」で紹介する方針による証明もいくつか見られました．最優秀者を絞ることは難しかったのですが，問題の背後に潜む数理を見抜き，一般化した議論に踏み込んでいた B さんと C さんを代表として最優秀者に選びました．

解説
「目盛りの差」の和

問題文で述べられている 330 cc の量り出し方のうち，①，②の操作を行うことで，A の目盛りで量れる 469 cc と 399 cc の差である 70 cc（図 1）を B に量り出せます．続いて③，④の操作を行うことで，目盛りで量れる量の差 $390 - 130 = 260\,(\text{cc})$（図 1）を B に量り出せて，合計で $70 + 260 = 330\,(\text{cc})$ が B に量り出せたことになります．以下では，このように量り出せることを「330 cc は $(469 - 399) + (390 - 130)\,(\text{cc})$ によって得られる」などと書くことにします．

はじめに，量り出す量として小さな量を考えて，問題の感覚をつかむとともに，解決の手掛かりを探ってみましょう．まず，図 2 に示すように，1 cc は $469 - 468\,(\text{cc})$ によって得られ，2 cc は $132 - 130\,(\text{cc})$ によって得られます．3 cc は，これら 1 cc と 2 cc の和として，$(469 - 468) + (132 - 130)\,(\text{cc})$ によって得られますし，また，$399 - 396\,(\text{cc})$ によっても得られます（図 2）．

3 cc について後者の量り出し方を用いれば，4 cc は 1 cc と 3 cc の和として，$(469 - 468) + (399 - 396)\,(\text{cc})$ によって得られ，5 cc は 3 cc と 2 cc の和として得られます．また，6 cc は 1 cc，3 cc，2 cc の和として得られます．以上により，

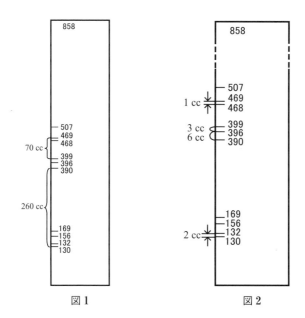

図1　　　　　　　図2

$$\left.\begin{array}{l}\text{差として得られる 1 cc, 2 cc, 3 cc を利用して, 1 cc か}\\ \text{ら 6 cc までの 1 cc きざみの量を量り出せる}\end{array}\right\} \quad (1)$$

ことがわかりました．最後に調べた 6 cc は 396 − 390 (cc) によっても得られます（図2）．6 cc のこの量り出し方と，(1) を導いた際の 1 cc から 6 cc までの量り出し方を用いることで，6 + 1 = 7 (cc) から 6 + 6 = 12 (cc) までの量も得られることになります（「コメント1」参照）．したがって，差の 1 cc, 2 cc, 3 cc, 6 cc を用いて，1 cc から 12 cc までの 1 cc きざみの量を量り出せることになります．

なお，図2に示される 1 cc, 2 cc, 3 cc, 6 cc の量り出し方は，いずれも，隣り合う 2 つの目盛りを用いているため，量り出しに使う範囲に重なりがありません．そのため，これらの量り出し方が自由に組み合わせられたことに留意してください．

使える差を追加していく

同様の考え方を進めていくことで，858 cc までの 1 cc きざみのすべての量を

量り出せることが示せないでしょうか？　目盛りに「0」も加え，隣り合う2つの目盛りの数値の差をすべて調べると，図3に示すようになります．

本問を証明するためには，

$$\left.\begin{array}{l}\text{1 から 858 までの各整数が，図3に示される差の値のうちの}\\\text{異なる何個か（1個でもよい）を加えた和として表される}\end{array}\right\} \quad (2)$$

ことを示せばよいことになります．見やすくするために，図3に示される差を小さい順に並べると，

$$1,\ 2,\ 3,\ 6,\ 13,\ 24,\ 38,\ 69,\ 130,\ 221,\ 351 \quad (3)$$

となります．すでに，

$$\left.\begin{array}{l}\text{4番目までの値 1, 2, 3, 6 のうちの異なる何個かの和として，}\\\text{1 から 12 までのどの整数も表される}\end{array}\right\} \quad (4)$$

ことはわかっています．さらに，5番目の値 13 も用いてよいことにすると，和として表される数に，13 および「13 に，(4) の 1 から 12 までの整数を加えて得られる整数」，つまり，$13, 13+1=14, 13+2=15, \cdots, 13+12=25$ が付け加えられます．したがって，

$$\left.\begin{array}{l}\text{1, 2, 3, 6, 13 のうちの異なる何個かの和として，}\\\text{1 から 25 までのどの整数も表される}\end{array}\right\} \quad (5)$$

ことがわかります．

さらに，6番目の値 24 も用いてよいことにすると，$24, 24+1=25, 24+2=26, \cdots, 24+25=49$ も表されます（24 と 25 については，(5) でも得られています．以下でも，このような重複はあります）から，

$$\left.\begin{array}{l}\text{1, 2, 3, 6, 13, 24 のうちの異なる何個かの和とし}\\\text{て，1 から 49 までのどの整数も表される}\end{array}\right\} \quad (6)$$

ことになります．同様に考え進めていくと，次のことが順次わかります．

- 38 も用いてよいことにする：38 から $38+49=87$ までの整数も表せるので，1, 2, 3, 6, 13, 24, 38 を用いて，1 から 87 までのどの整数も表される．

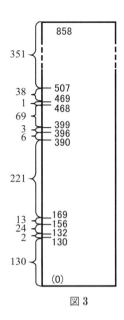

図 3

- 69 も用いてよいことにする：69 から 69 + 87 = 156 までの整数も表せるので，1, 2, 3, 6, 13, 24, 38, 69 を用いて，1 から 156 までのどの整数も表される．
- 130 も用いてよいことにする：130 から 130 + 156 = 286 までの整数も表せるので，1, 2, 3, 6, 13, 24, 38, 69, 130 を用いて，1 から 286 までのどの整数も表される．
- 221 も用いてよいことにする：221 から 221 + 286 = 507 までの整数も表せるので，1, 2, 3, 6, 13, 24, 38, 69, 130, 221 を用いて，1 から 507 までのどの整数も表される．
- 351 も用いてよいことにする：351 から 351 + 507 = 858 までの整数も表せるので，1, 2, 3, 6, 13, 24, 38, 69, 130, 221, 351 を用いて，1 から 858 までのどの整数も表される．

以上により，(2) が示せましたから，題意が示せたことになります．

議論の繰り返しを避けるため，本問に対する証明を改めてまとめるかわりに，本問の本質部分を一般化して，その事実について証明することにします．最優秀

者のBさんとCさんが同様の議論に踏み込んでいました．

一般化とその証明

上述の解説で示した事実は，次のように一般化できます（(3)の数列が下記の数列 D に対応します．(3)の数列が（ア），（イ）をみたすことを確認してみてください）．

$d_1 \leqq d_2 \leqq \cdots \leqq d_m$ をみたす整数 d_n ($1 \leqq n \leqq m$) を第 n 項とする数列 D が，次の（ア），（イ）をみたすものとする．

（ア）$d_1 = 1$
（イ）$2 \leqq n \leqq m$ をみたすすべての整数 n に対して，$d_n \leqq d_1 + d_2 + \cdots + d_{n-1} + 1$

このとき，1から $d_1 + d_2 + \cdots + d_m$ までのどの整数も，D の異なる何項か（1項でもよい）の和で表される（コメント 2, 3 参照）．

証明

次の (7) が，$n = 1, 2, \cdots, m$ に対して成り立つことを証明する．

$$\left. \begin{array}{l} d_1, d_2, \cdots, d_n \text{ のうちの異なる何項かの和として，1か} \\ \text{ら } d_1 + d_2 + \cdots + d_n \text{ までのどの整数も表される．} \end{array} \right\} \quad (7)$$

まず，（ア）により，(7) は $n = 1$ のときに成り立つ．

次に，k を，$1 \leqq k \leqq m - 1$ をみたす整数として，$n = k$ に対して (7) が成り立つ，すなわち，

$$\left. \begin{array}{l} d_1, d_2, \cdots, d_k \text{ のうちの異なる何項かの和として，1か} \\ \text{ら } d_1 + d_2 + \cdots + d_k \text{ までのどの整数も表される} \end{array} \right\} \quad (8)$$

と仮定する．すると，d_{k+1} も用いることにすると，d_{k+1} および「d_{k+1} に，(8)の1から $d_1 + d_2 + \cdots + d_k$ までの整数を加えて得られる整数」，つまり，連続する整数 $d_{k+1}, d_{k+1} + 1, d_{k+1} + 2, \cdots, d_1 + d_2 + \cdots + d_k + d_{k+1}$ も表すことができる．このうち，最小の整数である d_{k+1} について，（イ）より $d_{k+1} \leqq d_1 + d_2 + \cdots + d_k + 1$ である．したがって，(8) と考え合わせ，

$d_1, d_2, \cdots, d_{k+1}$ のうちの異なる何項かの和として，1 から $d_1 + d_2 + \cdots + d_{k+1}$ までのどの整数も表される

ことがわかる．

以上より，$n = 1, 2, \cdots, m$ に対して (7) が成り立つ．とくに $n = m$ の場合が所望の結論である． □

数学的帰納法を用いて証明する命題の典型的な形は，「すべての自然数 n に対して $P(n)$ が成り立つ」のような形ですが，ここでは，$1 \leqq n \leqq m$ という範囲の中で，数学的帰納法の形態を用いました．

コメント

1. 実際の量り出し方

本問において，例えば，9 cc は $6 + 3$ (cc) と考えて量り出すことができますが，図 2 からわかるように，実際の操作では，「水道から A に水を 399 cc 注ぎ入れて，A に 390 cc が残るまで B に水を注ぎ込む」ようにすればよく，3 cc と 6 cc の 2 段階に分ける必要はありません．他の議論においても同様です．

2. 和のつくり方の見つけ方

「一般化とその証明」における数列 D と $1 \leqq s \leqq d_1 + d_2 + \cdots + d_m$ をみたす整数 s に対して，和が s となる d_i の組は次のようにして見つけられます．

まず，d_1 から d_m までのうち，s を超えないもので最大のもの d_k を選びます．次に，d_1 から d_{k-1} までのうちの何項かを使って，和を $s - d_k$ にすることを考えます．そのために，d_1 から d_{k-1} までのうち，$s - d_k$ を超えないもので最大のもの $d_{k'}$ を選びます．その次に，d_1 から $d_{k'-1}$ までのうち，$s - d_k - d_{k'}$ を超えないもので最大のもの $d_{k''}$ を選び，以下，同様に繰り返していきます．すると，s は，このようにして得られる d_i の和として表されます．

3. (ア)，(イ) をみたす数列

p.274 の (ア)，(イ) をみたす数列 D はいろいろありますが，

$$1, \ 2, \ 2^2, \ 2^3, \ \cdots, \ 2^{m-1}$$

は最も「効率的」な数列といえるでしょう．図4に示す2つのメスシリンダー M_1, M_2 は，いずれも，10個の目盛りをもつ容量 2047 cc のメスシリンダーですが，これらに対応する数列 D は，ともに $1, 2, 2^2, 2^3, \ldots, 2^{10}$ となります（このようになる目盛りのつけ方は全部で 11! 通りあります）．したがって，どちらのメスシリンダーを用いても，1 cc から 2047 cc までの 1 cc きざみのすべての量の水を量り出せます．

これらを用いて，例えば，1234 cc を量り出すには，

$$1234 = 1024 + 128 + 64 + 16 + 2$$

であることを利用します（この式は，1234 の 2 進法表示 $10011010010_{(2)}$ に対応します）．

4. 問題の源

液体などの量を量る容器の1つである枡（図5(a)）には，目盛りがつけられていません．ところが，六合枡（1合は約 180 cc）を使って，本問と同様の条件のもとで，1合から6合までの1合きざみのすべての量の水を他の容器 B に量り出すことができます．その量り出し方について考えてみましょう．

まず，六合枡一杯に水を満たせば6合です．また，図5(b), (c) のように六合枡を傾ければ，それぞれ3合と1合の水が量れます．つまり，六合枡は，「1合と3合の目盛りがついた容量6合のメスシリンダー」と見なすことができます．2, 4, 5 合の具体的な量り出し方は，本問の解説のように，「隣り合う目盛りの数値の差」と「それらの和」の考え方で考えてみてください．

六合枡は正四角柱ですが，枡の形を工夫すれば，1合きざみに，もっと多くの量までの水を量り出せるようになります．ただし，枡の中の水の量を読みとるとき，水面は枡の頂点のうちの3つ以上を含まなければならないものとします．

図6(a) は，底面が長方形で，側面がすべて底面に垂直な枡（長さの単位は cm）ですが，1 cc から 858 cc までの 1 cc きざみのすべての量の水を（理論上，正確に）量り出すことができます．図6(b), (c), (d) は，この枡を用いて，132 cc, 507 cc, 858 cc を量る量り方を表しています．この枡で直接量れる水の量（単位は cc）のうち，858 以外の整数値であるものは，130, 132, 156, 169, 390, 396, 399, 468, 469, 507 の 10 通りです．これらをメスシリンダーの目盛りとした容量 858 cc のメスシリンダーが，本問のメスシリンダー A です．つまり，本

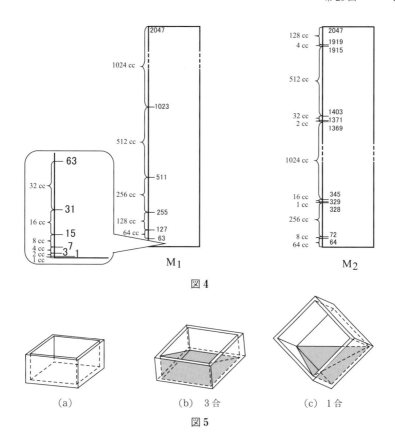

図 4

(a)　　　　(b) 3 合　　　　(c) 1 合

図 5

問の背景には，図 6 (a) の枡で，1 cc から 858 cc まで，1 cc きざみのすべての量の水を他の容器に量り出せることを示す，という問題があります．

5. 別証明

本問の解説における (2)，すなわち，$1 \leqq n \leqq 858$ をみたす任意の整数 n について，

$$\left. \begin{array}{l} n \text{ は，数列 } 1, 2, 3, 6, 13, 24, 38, 69, 130, 221, 351 \text{ のうち} \\ \text{の異なる何項か（1 項でもよい）の和として表される} \end{array} \right\} \quad (9)$$

という事実を，次の（I），（II）を示すことによる数学的帰納法の形態で証明し

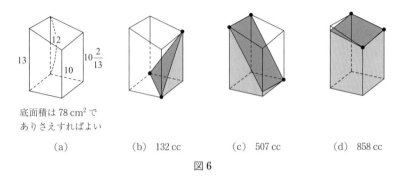

(a) 底面積は 78 cm² でありさえすればよい (b) 132 cc (c) 507 cc (d) 858 cc

図6

ている答案もいくつかありました.

(Ⅰ) $n=1$ のとき，(9) が成り立つ.
(Ⅱ) $1 \leqq k \leqq 857$ をみたす任意の整数 k に対して，「$n=k$ のとき (9) が成り立つならば，$n=k+1$ のときも (9) が成り立つ」.

(Ⅱ) の議論について，具体的な状況を例に簡単に紹介しましょう．これまでと同様に，数列 $1, 2, 3, 6, 13, 24, 38, 69, 130, 221, 351$ を D とします.

まず，k を，$1 \leqq k \leqq 857$ をみたす整数として，k が D の異なる何項かの和として表されると仮定します．$k \leqq 857$ だから，D の中に，この和に使われていない項があり，それらのうちで最小のものを m とします．ここでは，$m=24$ としましょう．すると，

$$k = 1 + 2 + 3 + 6 + 13 + (38, 69, \cdots, 351 \text{ のうちの異なる何項かの和}) \quad (10)$$

と表されていることになります．ここで，$1, 2, 3, 6, 13$ のうち，$1, 3, 6, 13$ の和が $23 (= 24 - 1)$ であることに注目します．(10) の右辺からこれら 4 つの項を除去して 24 を加えると，総和は $k - 23 + 24 = k + 1$ となり，

$$k + 1 = 2 + 24 + (38, 69, \cdots, 351 \text{ のうちの異なる何項かの和})$$

が得られます．m が D のどの項であっても，同様の方法で，和を 1 だけ増やせることが示せます（各自で確かめてください）から，(Ⅱ) が成り立ちます.

第26回
SPRINGER MATHEMATICS CONTEST
シュプリンガー数学コンテスト

🍏 問題

半径1の円 C 上に1点 P をとり，P が接点になるように，半径3の円 D に C を内接させる．C を D に内接させながらすべらないように時計まわりに回転させていくと，C が最初の位置に戻るまでの間に，P は図1の点線で示す曲線（デルトイドとよばれる）を描く．

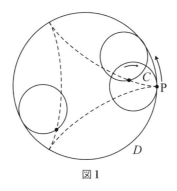

図1

では，円 D の半径を2として，同様の操作を行うと，点 P の軌跡はどのようになるか．中学校までで学ぶ範囲の知識を用いて説明せよ．

講評と解説

　実験により見当はつきますが，P の軌跡は，出発点を端点とする円 D の直径です．いずれの正解答案も，半径の比 1:2 をある 2 つの角の大きさの比と関連付けた証明をしていました．

一着正解賞：A さん（滝高校）
最優秀者：B さん（群馬高専）

解説

　上で述べたように，P の最初の位置を A とする（図 2 (a)）と，P の軌跡は「A を端点とする D の直径」です．以下，この直径のもう一方の端点を B とします．また，円 C, D の中心をそれぞれ C, D として，各時点におけるこれらの円の接点を R とします．円 C を時計まわりに回転させていくと，点 C は点 D を中心に，反時計まわりに回転していきます．

　図 2 (a) は出発時点の様子を表しています．C, D の半径がそれぞれ 1, 2 であることから，円 C は点 D を通ります（3 点 D, C, R は同一直線上にあります）．このことは，円 C が円 D に内接しながら回転している間も，つねに成り立っています（図 2 (b)：回転について考えず，円としての位置関係だけに関していえば，図 2 (b) は図 2 (a) の全体を斜めに傾けたものにすぎません）．

　また，C を D に内接させながら「すべらない」ように回転させていくことから，図 2 (b) の太線で示される 2 つの弧 $\widehat{\mathrm{AR}}, \widehat{\mathrm{PR}}$ について，

$$\widehat{\mathrm{AR}} = \widehat{\mathrm{PR}} \tag{1}$$

が成り立ちます．

　これらのことを用いて，P の軌跡が直径 AB であることが示せます．以下に示す解答では，「直径 AB と円 C の共有点の 1 つ P′ に着目し（図 3），この P′ が P に一致する」という示し方をしています．寄せられた答案にも多く見られた示し方で，例えば，以下のような流れになります．

　図 3 のように $\angle \mathrm{ADR} = x°$ とします（ただし，いまは $0 < x < 90$ の場合のみを考えます）．すると，

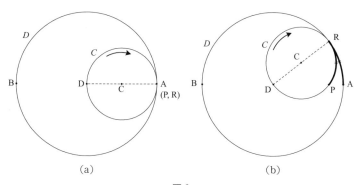

図2

$$\widehat{AR} = (D \text{ の周の長さ}) \times \frac{x}{360}$$
$$= 2\pi \times 2 \times \frac{x}{360}$$

です．また，円周角の定理から $\angle P'CR = 2\angle P'DR = 2x°$ ですから，

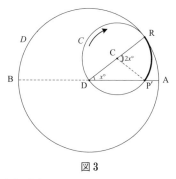

$$\widehat{P'R} = (C \text{ の周の長さ}) \times \frac{2x}{360}$$
$$= 2\pi \times 1 \times \frac{2x}{360}$$

図3

です．これらより，$\widehat{AR} = \widehat{P'R}$ が得られ，この式と (1) から $P' = P$ がわかります（$\widehat{AR} = \widehat{P'R}$ の導き方としては，コメント1も参照して下さい）．

なお，$0 < x < 90$ のときに P が線分 AD 上の点であることを，上記の P' を持ち出すことなく示すこともできます．(1) から $\angle PCR = 2\angle ADR$ を導き，円周角の定理から得られる $\angle PCR = 2\angle PDR$ と比べることで $\angle ADR = \angle PDR$ が得られますが，これは P が線分 AD 上にあることを表しています．この方針による答案も見られました．

さて，P' を用いる議論でいえば，$\angle P'CR = 2x°$ が「(中心角) $= 2 \times$ (円周角)」という関係そのものとして成り立つのは，$0 < x < 90$ の場合に限られますが，「P が AB と C の共有点である」という事実は，その他の場合にも成り立ちます．$x = 0, 90$ の場合については，それぞれの状況を調べればわかりますし，「x の連続的な変化に対して P が連続的に動く」ことからもわかります．残された $90 < x \leq 360$ の場合については，「対称性」を用いて処理

できます．

ほとんどの答案が，以上のような流れで証明していましたが，ある「誤解」が見られる答案もいくつかありました．その誤解とは，「C が最初の位置に戻るまでの間に，C は点 C を中心に何回転するか」という回転数の「記述」に関するものです（証明そのものには直接的な影響はありませんでしたが）．(D の周長) ÷ (C の周長) = 2 から「2 回転」と言いたくなるかもしれませんが，そうではありません（コメント 3, 4 参照）．

解答

P の最初の位置を A として，A を端点とする D の直径のもう一方の端点を B とする（図 2 (a)）．

円 C, D の中心をそれぞれ C, D として，各時点におけるこれらの円の接点を R とする．C, D の半径がそれぞれ 1, 2 であることから円 C はつねに点 D を通る（図 2 (b)：3 点 D, C, R は同一直線上にある）．また，円 C がすべらないように回転することから，図 2 (b) の太線の 2 つの弧 $\overparen{AR}, \overparen{PR}$ は

$$\overparen{AR} = \overparen{PR} \tag{2}$$

をみたす．

ここで，$\angle ADR = x°$ として（図 3），まず，$0 < x < 90$ の場合を考える．このとき，線分 AD と円 C は，D および D 以外の 1 点で交わる．D と異なる交点を P′ として，P′ が P に一致することを示す．

円周角の定理より，$\angle P'CR = 2\angle P'DR = 2\angle ADR = 2x°$ だから，$\overparen{AR}$ と図 3 の太線の弧 $\overparen{P'R}$ について，

$$\overparen{AR} = 2\pi \times 2 \times \frac{x}{360} = 2\pi \times 1 \times \frac{2x}{360} = \overparen{P'R} \tag{3}$$

が成り立つ．これと (2) より，$\overparen{PR} = \overparen{P'R}$ であるが，これらの弧は R を端点として，C 上の同じ側にあるので，P′ と P は一致する．

また，$x = 0, 90$（図 4）に対して，(3) をみたす C 上の点 P′ は，それぞれ，A, D であり，これらは (2) をみたす P でもある．

以上を考え合わせると，x が 0 から 90 まで増加するのに伴い，P(=P′) は線分 AD 上を A から D まで動く．

次に，図 4 における円 C, D および線分 AB の直線 PR に関する線対称性を考

慮すると，Pの最初の位置をBとして，Cを図4に示す位置まで反時計まわりに回転させていくと，Pは線分BD上をBからDまで動き，図4と同じ状況になることがわかる．このことは，xが90から180まで増加するのに伴い，Pが線分BD上をDからBまで動くことを意味している．

さらに，$x = 180$における状況は，図2(a)をDに関して点対称移動してAとBを書き換えることにより表すことができるので，xが180から360まで増加するのに伴い，Pが線分AB上をBからAまで動くことがわかる．

以上より，Pの軌跡は，

出発点を1つの端点とするDの直径 …（答）

である．

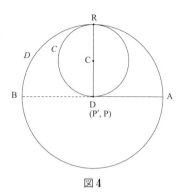

図4

コメント

1. $\widehat{AR} = \widehat{P'R}$ を示すのに，AD ∥ QC をみたす $\widehat{P'R}$ 上の点 Q を定め，線分 QC によって扇形 CP'R を2つの扇形に分ける方法もあります（図5）．証明の段階は少し増えます（円周角の定理や「三角形の外角は，それととなり合わない2つの内角の和に等しい」ことの証明に立ち戻ります）が，視覚に訴える示し方です．概略のみを記します．図5の○印で示される3つの角が等しいことを用います．

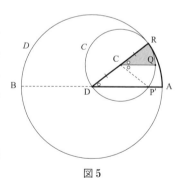

図5

太線で囲まれた扇形DARとグレーの扇形CQRは，半径がそれぞれ2，1であり，中心角が等しい（つまり，2つの扇形は相似で，相似比は，2：1）ことから，$\widehat{AR} = 2\widehat{QR}$ です．また，∠QCR = ∠P'CQ より $\widehat{QR} = \widehat{P'Q}$ です．これらから，

284　第Ⅱ部　シュプリンガー数学コンテスト

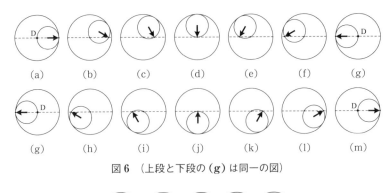

図6　(上段と下段の (g) は同一の図)

$$\widehat{AR} = 2\widehat{QR} = \widehat{P'Q} + \widehat{QR} = \widehat{P'R}$$

が得られます.

2. 図6において,「(a) → (b) → (c) → (d)」が $0 \leq x \leq 90$ の回転に対応します(矢印の先端部分がPです).その回転の様子を左右反転して表すと,「(g) → (f) → (e) → (d)」となりますが,この動きを逆にした「(d) → (e) → (f) → (g)」が $90 \leq x \leq 180$ の回転に対応します.

さらに,上段の「(a) → (b) → ⋯ → (g)」の各段階の様子をDに関して点対称移動して表した「(g) → (h) → ⋯ → (m)」が, $180 \leq x \leq 360$ の回転に対応します.これは,(a)から(g)までを上下反転して表した「(m) → (l) → ⋯ → (g)」(P = A の状態から, C を反時計まわりに回転)の動きを逆にしたものと考えることもできます.

3. 解答の直前で述べた「Cが最初の位置に戻るまでの間に, Cが点Cを中心に何回転するか」については,図6を見てわかるとおり,「1回転」です.(Dの周長)÷(Cの周長)$= 2$ で得られる「2」という値は, $0 < x \leq 360$ の間で点Pが円 D の周上にくる回数です.実際, $x = 180$ と $x = 360$ のときに, Pは D の周上にきています.ところが, $x = 180$ の時点では, Cは半回転しかしていません.この「回転数」については,以下のコメント4の最後でも触れます.

4. 最後に, D の半径を $r (> 1)$ として一般化した問題を考えてみましょう.ここでは,高校での学習内容も用いることとして,扇形の中心角に対応する角を,

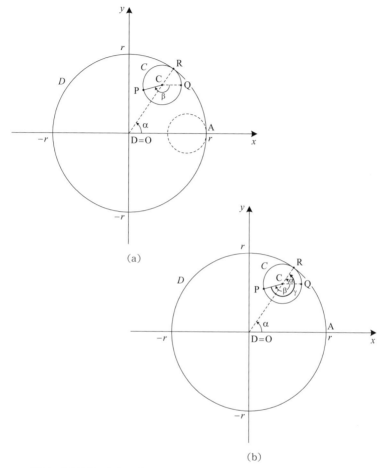

図 7 (円弧状の矢印で表される角は,矢印が反時計まわりであれば正,
時計まわりであれば負)

ラジアンを単位とする一般角に広げ,弧長もそれに対応させて考えます(したがって,中心角に対応する角が 2π より大きい場合には,弧長は円周の長さよりも長くなります).A さんが本問の解答に加え,こうした一般化した考察をしていました.以下ではコメント 3 の補足を兼ねて説明します.

これまでと同様に,P の最初の位置を A,円 C,D の中心をそれぞれ C,D として,円 C は時計まわりに回転させるものとして,図 7 (a) のように座標軸を

導入します．各時点における C と D の接点を R として（3 点 D, C, R は同一直線上にあります），さらに，$\overrightarrow{CQ} = (1, 0)$ をみたす点 Q も考えます．

円 C が回転し始めてから，点 C が点 D のまわりに回転した角（"公転角"）を $\alpha(\geqq 0)$，点 P が点 C のまわりに回転した角（"自転角"）を β ($\leqq 0$) とします（図 7 (a)）．3 点 D, C, R が同一直線上にあることから，$\angle RCQ = \alpha$ です．さらに，$\gamma = \alpha - \beta$ とします（図 7 (b)）．

すると，$\overparen{AR} = \overparen{PR}$ より $r\alpha = 1 \cdot \gamma = \alpha - \beta$ だから，

$$\beta = -(r-1)\alpha \tag{4}$$

です．したがって，$\overrightarrow{CP} = (\cos\beta, \sin\beta) = (\cos(r-1)\alpha, -\sin(r-1)\alpha)$ だから，

$$\begin{aligned}
\overrightarrow{OP} &= \overrightarrow{OC} + \overrightarrow{CP} \\
&= ((r-1)\cos\alpha,\ (r-1)\sin\alpha) + (\cos(r-1)\alpha,\ -\sin(r-1)\alpha) \\
&= ((r-1)\cos\alpha + \cos(r-1)\alpha,\ (r-1)\sin\alpha - \sin(r-1)\alpha)
\end{aligned}$$

です．$r = 2$ の場合が本問の場合で，$\overrightarrow{OP} = (2\cos\alpha, 0)$ となりますから，その軌跡は直径 AB です．r が自然数の場合には，C が最初の位置に戻った時点（$\alpha = 2\pi$ の時点）で，P は出発点 $(r, 0)$ に戻ります．A さんはさらに，r が自然数のときに P が出発点に戻るまでの軌跡の長さが $8(r-1)$ であることも求めていました．

r が自然数の場合について，さらに，「C が最初の位置に戻るまでの間に，C は点 C を中心に何回転するか」を考えてみましょう．「C は点 C を中心に何回転するか」とは，「C は何回自転をするか」ということです．$\alpha = 2\pi$ のとき，(4) より $\beta = -(r-1) \times 2\pi$ ですから，C は $(r-1)$ 回転します．

第27回
SPRINGER MATHEMATICS CONTEST
シュプリンガー数学コンテスト

💚 問題

自然数 n に対して,
$$S_n = 1^2 + 2^2 + \cdots + n^2$$
とおく.以下の問いに答えよ.

(i) 100 よりも小さい 6 の倍数 n のうち,S_n が平方数となる n をすべて求めよ.

(ii) $n = 6k+3$ (k は 0 以上の整数) と表されるどのような自然数 n に対しても,S_n は平方数ではない.このことを示せ.

((ii) には,$n < 100$ という制限はありません.)

講評と解説

正解答案は，いずれもほぼ同じ方針に沿っていましたが，(ii) の最後の段階で「$3k+2$ の形の平方数が存在しない」ことに帰着させているものと「$12k+7$ の形の平方数が存在しない」ことに帰着させているものに分かれました．また，最優秀者を1名に絞ることは難しく，一着正解賞のAさん他，Bさん，Cさん，Dさんの4名を最優秀者としました．

なお，S_n が平方数となる自然数 n で最小のものは $n=1$ ですが，これ以外では，(i) で得られる $n=24$ しかありません（コメント4参照）．

一着正解賞：Aさん（大阪市立大学）
最優秀者：Aさん（大阪市立大学），Bさん（県立船橋高校卒），Cさん（群馬高専），Dさん（南山高校）

解説

「平方の和」の公式により，

$$S_n = 1^2 + 2^2 + \cdots + n^2 = \frac{1}{6}n(n+1)(2n+1) \tag{1}$$

です．

(i) の解説

100よりも小さい6の倍数 n は，$n = 6k$ ($k = 1, 2, \cdots, 16$) と書けます．そこで，(1) で $n = 6k$ とおくと，

$$S_{6k} = \frac{6k}{6}(6k+1)(12k+1) = k(6k+1)(12k+1) \tag{2}$$

が得られます．これより，

$$k, 6k+1, 12k+1 \text{ がすべて平方数} \tag{3}$$

であれば，S_{6k} も平方数です．ただし，一般には，3つの自然数 a, b, c の積 abc が平方数だからといって，a, b, c のそれぞれが平方数であるとは限りません．例えば，2, 3, 6 の積 $2 \cdot 3 \cdot 6 = 36$ は平方数ですが，2, 3, 6 はいずれも平方数ではありません．ところが，a, b, c のどの2つも互いに素であるときには，

$$\text{積 } abc \text{ が平方数} \iff a, b, c \text{ がすべて平方数} \tag{4}$$

が成り立ちます(コメント 1 参照).

実は,どのような自然数 k に対しても,上述の $k\left(=\dfrac{n}{6}\right)$, $6k+1\,(=n+1)$, $12k+1\,(=2n+1)$ のどの 2 つの値も互いに素になります.ここでは,(ii) の証明のことも考えて,

$$\left.\begin{array}{l}\text{任意の自然数 } n \text{ に対して, } n, n+1, 2n+1 \text{ の 3 つの値の}\\ \text{どの 2 つも互いに素である}\end{array}\right\} \tag{5}$$

ことを示します(これが示されれば,例えば n が 6 の倍数のときに,n の約数である $\dfrac{n}{6}$ の値と $n+1$ や $2n+1$ の値も互いに素であることになります).

(5) の証明

1 つの方針としては,次のような方針が挙げられます:

d を n の約数で 2 以上のものとする.このとき,$n+1$, $2n+1$ はいずれも (d の倍数) $+1$ の形であり,d を約数にもたない.したがって,n の値は,$n+1$,$2n+1$ のいずれの値とも互いに素である.

また,e を $n+1$ の約数で 2 以上のものとすると,$2n+1 = 2(n+1) - 1 =$ (e の倍数) -1 は,e を約数にもたない.したがって,$n+1$ と $2n+1$ の値も互いに素である.

後に示す解答では,2 つの自然数 n_1, n_2 について,「$n_1 x + n_2 y = 1$ が整数解をもつならば,n_1 と n_2 は互いに素である」という(ことに相当する)事実を示し,これを用いて (5) を示します(ここで述べた事実については逆も成り立ち,n_1 と n_2 が互いに素であるならば,$n_1 x + n_2 y = 1$ は整数解をもちます).

(i) の解説の続き

(5) より,$k = \dfrac{n}{6}$, $6k+1 = n+1$, $12k+1 = 2n+1$ のどの 2 つの値も互いに素です.したがって,(4) より,k, $6k+1$, $12k+1$ がすべて平方数であるような k を見つければ問題は解決します.

k は 16 以下の自然数ですから,まず「k が平方数である」ことから,$k = 1$,

4, 9, 16 のいずれかです．このうち，$6k+1$ が平方数となる k は $k=4=2^2$（このとき，$6k+1=25=5^2$）だけであり，このとき，$12k+1=49(=7^2)$ も平方数です．したがって，求める $n(=6k)$ は，$n=6\cdot 4=24$ です．ちなみに，このとき，$S_n=S_{24}=2^2\cdot 5^2\cdot 7^2=70^2$ です．

(ii) の解説

ここでは k は 0 以上の整数とします．(1) で $n=6k+3$ とおくと，

$$S_{6k+3}=\frac{1}{6}(6k+3)(6k+4)(12k+7)=\frac{6k+3}{3}\cdot\frac{6k+4}{2}(12k+7)$$
$$=(2k+1)(3k+2)(12k+7) \tag{6}$$

が得られます．(5) より，$2k+1=\frac{n}{3}, 3k+2=\frac{n+1}{2}, 12k+7=2n+1$ のどの 2 つの値も互いに素です．したがって，もし S_n が平方数となる k があるとすると，(4) より，その k に対して，

$$2k+1, 3k+2, 12k+7 \text{ はすべて平方数} \tag{7}$$

でなければなりません．したがって，0 以上のどのような整数 k に対しても「(7) となり得ない」，すなわち，「$2k+1, 3k+2, 12k+7$ の少なくとも 1 つが平方数でない」ことが示されれば，S_{6k+3} が平方数とならないことが示せたことになります．

実は，$2k+1, 3k+2, 12k+7$ の 3 つのうち，$3k+2$ に関しては，どのような整数 k に対しても平方数にはなりません．このことを確かめるために，自然数 m の平方を 3 で割ったときの余りを調べてみます．まず，m そのものは，$3l, 3l\pm 1$（l は適当な整数）のいずれかの形で表せます．$m=3l$ の場合には $m^2=9l^2$ も 3 の倍数であり，$m=3l\pm 1$ の場合には $m^2=9l^2\pm 6l+1$ を 3 で割ったときの余りは 1 です．したがって，3 で割ったときの余りが 2 である平方数，すなわち，$3k+2$ の形で表される平方数は存在しません．

講評の冒頭でも述べましたが，「$3k+2$ の形で表される平方数がない」ことを示すかわりに，「$12k+7$ の形で表される平方数がない」ことを示す方法もあります（コメント 2）．

解答
$$S_n = 1^2 + 2^2 + \cdots + n^2 = \frac{1}{6}n(n+1)(2n+1) \tag{8}$$

である．ここで，

$$n, n+1, 2n+1 \text{ のどの 2 つの値も互いに素である} \tag{9}$$

ことを示す．2 つの自然数 n_1, n_2 の最大公約数を d とすると，任意の自然数 a, b に対して，$an_1 - bn_2$ は d の倍数である．したがって，ある自然数 a, b に対して $an_1 - bn_2 = 1$ であれば，1 は d の倍数，すなわち，$d = 1$ であることになり，したがって n_1 と n_2 が互いに素であることになる．いま，$(n+1) - n = 1$, $(2n+1) - 2 \times n = 1$, $2 \times (n+1) - (2n+1) = 1$ だから，(9) が成り立つ．

(i) 100 よりも小さい 6 の倍数 n は，$n = 6k$（k は整数で，$1 \leqq k \leqq 16$）と書ける．(8) で $n = 6k$ とおくと，

$$S_{6k} = \frac{6k}{6}(6k+1)(12k+1) = k(6k+1)(12k+1)$$

が得られる．$k = \frac{n}{6}$, $6k+1 = n+1$, $12k+1 = 2n+1$ の値はいずれも自然数であり，(9) より，それらはどの 2 つも互いに素である．これより，S_{6k} が平方数であるための必要十分条件は，

$$k, 6k+1, 12k+1 \text{ がすべて平方数である}$$

ことである．

したがって，まず，k が平方数であることから，$k = 1, 4, 9, 16$ のいずれかである．このうち，$6k+1$ が平方数となる k は $k = 4$（このとき，$6k+1 = 25$）だけであり，このとき，$12k+1 = 49$ も平方数である．以上より，求める $n (= 6k)$ は，

$$n = 6 \cdot 4 = 24 \quad \cdots \text{（答）}$$

である．

(ii) k は 0 以上の整数とする．(8) で $n = 6k+3$ とおくと，

$$S_{6k+3} = \frac{1}{6}(6k+3)(6k+4)(12k+7)$$
$$= \frac{6k+3}{3} \cdot \frac{6k+4}{2}(12k+7) = (2k+1)(3k+2)(12k+7)$$

が得られる．$2k+1 = \frac{n}{3}$, $3k+2 = \frac{n+1}{2}$, $12k+7 = 2n+1$ はいずれも自然数であり，(9) より，これらはどの 2 つも互いに素である．したがって，S_{6k+3} が平方数となる k があるとすると，その k に対して，

$$2k+1, 3k+2, 12k+7 \text{ はすべて平方数である．} \tag{10}$$

ここで，$3k+2$ の形で表される平方数が存在しないことを示す．どのような自然数 m も，$3l, 3l \pm 1$ (l は適当な整数) のいずれかの形で表せるが，$m = 3l$ の場合には $m^2 = 9l^2$ は 3 の倍数であり，$m = 3l \pm 1$ の場合には $m^2 = 9l^2 \pm 6l + 1$ を 3 で割ったときの余りは 1 である．したがって，3 で割ったときの余りが 2 である平方数，すなわち，$3k+2$ の形で表される平方数は存在しない．

これより，どのような k に対しても (10) となることはなく，したがって S_{6k+3} は平方数ではない． □

コメント

1. (4) は次のように示せます．まず，a, b, c がそれぞれ，

$$a = p_1^{k_1} p_2^{k_2} \cdots p_{i_1}^{k_{i_1}}, \quad b = q_1^{l_1} q_2^{l_2} \cdots q_{i_2}^{l_{i_2}}, \quad c = r_1^{m_1} r_2^{m_2} \cdots r_{i_3}^{m_{i_3}}$$

と素因数分解できるものとします．すると，a, b, c のどの 2 つも互いに素であることから，

$$\left.\begin{array}{l} p_1, p_2, \cdots, p_{i_1}, q_1, q_2, \cdots, q_{i_2}, r_1, r_2, \cdots, r_{i_3} \text{ は} \\ \text{すべて異なる素数} \end{array}\right\} \tag{11}$$

です．$abc = p_1^{k_1} p_2^{k_2} \cdots p_{i_1}^{k_{i_1}} q_1^{l_1} q_2^{l_2} \cdots q_{i_2}^{l_{i_2}} r_1^{m_1} r_2^{m_2} \cdots r_{i_3}^{m_{i_3}}$ だから，(11) を考慮すると，abc が平方数である条件は，$k_1, k_2, \cdots, k_{i_1}, l_1, l_2, \cdots, l_{i_2}, m_1, m_2, \cdots, m_{i_3}$ がすべて偶数であること，すなわち，a, b, c 自身が平方数であることです．

2. (ii) の (7) ((10)) が成り立たないことの証明として，解答では「$3k+2$ の形の平方数が存在しない」ことを示しましたが，「$12k+7$ の形の平方数が存在し

ない」ことを示す方法もあります（なお，$2k+1$ については，いうまでもなく，その形をした平方数（つまり奇数の平方数）は無数にあります）．「整数の合同」（p.158 参照）の概念も用いて説明します．定石に沿って素直に示すなら，「自然数 m を $m \equiv 0, \pm 1, \pm 2, \pm 3, \pm 4, \pm 5, 6 \pmod{12}$ と分類して，$m^2 \equiv 0, 1, 4, 9, 4, 1, 0 \pmod{12}$ となることから $m^2 \not\equiv 7 \pmod{12}$」と示すことになりますが，以下に，正解答案のいくつかに見られた方法を紹介します．

1つ目は，12 ではなく 4 を法とする方法，すなわち，$m \equiv 0, \pm 1, 2 \pmod 4$ と分類する方法です．このように分類すると，$m^2 \equiv 0 \pmod 4$ または $m^2 \equiv 1 \pmod 4$ が得られ，一方，$12k + 7 \equiv 3 \pmod 4$ ですから，$12k+7$ の形の平方数が存在しないことがわかります．

2つ目は，偶奇性の議論による証明です．$12k + 7 = m^2$（m は整数）と書けるとすると，左辺が奇数であることから，m は奇数でなければなりません．そこで，$m = 2l+1$（l は整数）とおいて変形すると，$6k+3 = 2l^2 + 2l$ となりますが，左辺は奇数，右辺は偶数だから，矛盾が得られたことになります．

3. $n = 6k+2, 6k+4, 6k+5$ に対して S_n が平方数にならないことも，(ii)（およびコメント 2）の証明と同様の方法で示せます．このことから，S_n が平方数になるとすれば，n は $6k$ または $6k+1$ の形で表されることがわかります．最優秀者の 1 人である D さんは，解答とは別の考察としてこの事実を導いており，さらに，4 を法とする議論を加えて，$n = 24l$ または $n = 24l + 1$ の形にまで絞り込んでいました．D さんがコンピュータで調べたところ，100 万以下の l に対する n のうち，S_n が平方数となるものは 1 と 24 だけだったそうです（コメント 4 参照）．

4. 実は，S_n が平方数となる自然数 n は，$n = 1$ と (i) で得られた $n = 24$ しかありません．1990 年に W.S. Anglin が発表した論文 The square pyramid puzzle (*American Mathematical Monthly*, Vol. 97, No. 2, February 1990, pp. 120–124) に，この事実の簡潔な証明（といっても，代数の専門的な知識は多少必要ですが）とともに歴史的な経緯の解説がされています．

その解説によれば，経緯の概略は以下のとおりです．まず，この事実の証明を問う問題は，1875 年に E. Lucas によって数学誌で出題されました．その後，Lucas は証明を発表しましたが，その証明にはギャップがありました．そのギ

ャップは，1918 年に G.N. Watson が発表した論文によって埋められ，はじめて証明が完成しましたが，その証明は大変複雑でした．1985 年になり，はじめての簡潔な証明が発表されるようになりました．

第28回
SPRINGER MATHEMATICS CONTEST
シュプリンガー数学コンテスト

🌱 問題

　図1（ア）に示す3つの多角形 a, b, c を考える．すると，正三角形，正方形，正六角形，正八角形は，これらの多角形を何個かずつ（0個のものがあってもよい）用いてつくることができる（図2）．この事実を「a, b, c は正三角形，正方形，正六角形，正八角形を構成する**アトム**（原子）である」と表現することにする（a, b, c のそれぞれがアトムである．また，構成される正多角形の1辺の長さは正多角形ごとに異なってよい）．上記の4つの正多角形を構成するアトムの

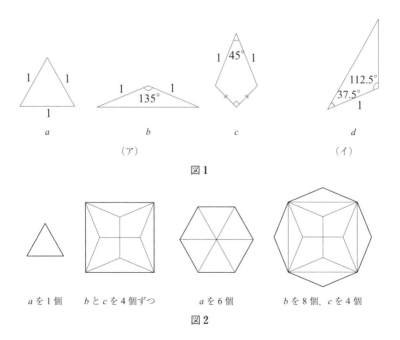

図 1

図 2

組としては，a を図1（イ）に示す d で置き換えた組 d, b, c でもよい．というのは，2個の d と1個の b で正三角形を構成でき，したがって，d と b で正六角形も構成でき，また，正方形と正八角形は，b と c で構成できるからである．

次に，アトムの概念を多面体（中身の詰まった多面体）に対しても同様に導入する．ここでは，正四面体 P_1，正六面体（立方体）P_2，正八面体 P_3，正二十面体 P_4 の4種類の多面体（図3：これらは正十二面体以外の正多面体である）を構成することを考える．3つの多面体 α, β, γ が P_1, P_2, P_3, P_4 のアトムであるとは，$P_1 \sim P_4$ のいずれも，α, β, γ のうちの何個かずつ（0個のものがあってもよい）を用いて構成できることをいう．多角形の場合と同様，構成される多面体の大きさは問題とせず，また，いずれかのアトムが，ある P_i 自身であってもよい．ただし，α, β, γ のいずれも，$P_1 \sim P_4$ のうちの **2種類以上**の正多面体の構成に用いられることとする．

以上をみたすアトムの組 α, β, γ を1組求め，各アトムを見取り図または展開図で示し（各面の形が確定できるように，辺長や角度を記すこと．正確な値で書けない場合には近似値でよい），$P_1 \sim P_4$ のそれぞれについて，それを構成するアトムの種類と各アトムの個数を明記せよ．なお，アトムの組は1組ではないが，1組求めればよい．

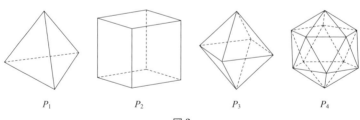

P_1 P_2 P_3 P_4

図3

講評と解説

今回は答案全体として,多様な方針が見られました.それらの多くに共通する方針は,最初に立方体を正四面体 Q と 4 個の合同な三角すい R に分割する(図 4 参照)というものです.この R を 8 個用いれば正八面体を構成できます(図 5).この後,正二十面体の構成に用いる多面体をつくるために,Q を分割するか R を分割するかで方針が大きく分かれました.また,多面体の辺長を求める際の工夫も見られるなど,予想を上回る健闘ぶりでした.

一着正解賞:A さん(大阪大学)
最優秀者:B さん(時習館高校)

解説
今回は,できるだけ多くのアプローチのしかたを紹介することとし,導き方などをまとめ直した「解答」は省略します.

正六面体と正四面体・正八面体

1 辺の長さ l の立方体(正六面体)の頂点を 1 つおきに選ぶと,それらは 1 辺の長さ $\sqrt{2}l$ の正四面体の 4 頂点になっています(図 4 (a), (b)).この正四面体を Q とします.立方体のうち,Q 以外の部分は 4 個の合同な三角すいに分けられます.この三角すいを R とする(図 4 (c))と,R を 8 個用いて正八面体を構成できます(図 5).

以上より,

$$\left.\begin{array}{l} Q \text{ と } R \text{ を用いて,正四面体 } P_1,\text{ 正六面体 } P_2,\text{ 正八面体 } P_3 \\ \text{を構成できます.} \end{array}\right\} \quad (1)$$

正二十面体

(1) により,Q, R と正二十面体の合計 3 種類の多面体で $P_1 \sim P_4$ を構成できることにはなります.しかし,正二十面体は,正二十面体(P_4)自身の "構成" にしか用いられていませんから,どのアトムも「$P_1 \sim P_4$ のうちの **2 種類以上の正多面体の構成に用いられる**」という本問の要求をみたしません.そこで,

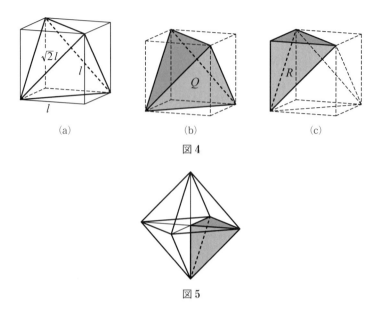

(a) (b) (c)

図4

図5

Q または R の一方を2種類の多面体に分割し，この分割で得られる多面体で正二十面体を構成する

ことを考えます．Q と R のいずれを分割するかで2つの方針が考えられますが，まずは，Q を分割することを考えます．

(I) Q の分割

最終的に構成される正二十面体に関し，その1辺の長さを m，すべての頂点を通る球（外接球）の半径を r，中心を O とします．寄せられた答案での「Q を分割する方針」はいずれも，Q の分割によって図6にグレーで示される正三角すい S，すなわち，O を頂点とし，正二十面体の1つの面を底面とする正三角すいが得られるようにするものでした．

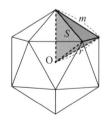

図6

後述するように $r < m$ ですから，1辺の長さ m の正四面体 ABCD と O を頂点にもつ正三角すい S を，正三角形 ABC を共有するように描くと図7のようになります．正四面体 ABCD を Q と考えれば，Q は S と S 以外の部分に分割できます．また，Q として，1辺の長さが m より長い正四面

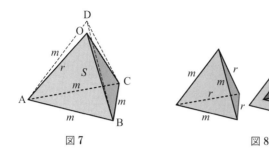

図7   図8

体を考えて，それを図8のように分割する，という方針
も見られました．これらの方針であれば，Q を2個の多
面体に分割するだけですみます．

一方，図7の正四面体 OABC から S を除いた部分を
3個の合同な三角すいに分けている答案も見られまし
た．このときの三角すいの1つを T とします（図9の
四面体 OBCD）．断片の総数は前に示した分割よりも増
えますが，得られるアトムは（R も含め）すべて四面体
（三角すい）になります．

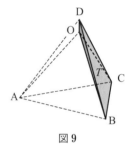

図9

以上のいずれの分割も問題の要求をみたしますが，「アトムがすべて四面体」
というアトムの形の簡潔さを評価し，正四面体を1個の S と3個の T に分割し
た B さんを最優秀賞に選びました．次に，S, T の具体的な辺長を求めます．

S, T の辺長

まず，図6の r を m で表すと，$r = \dfrac{\sqrt{10+2\sqrt{5}}}{4}m$
となります．この関係を導くために，C さん（松山南
高校）は，図10の太線（太い実線と太い点線）で表
される正五角形とグレーの長方形（コメント3参照）
に着目していました．r は長方形の対角線 FH の長さ
の半分です．以下では $m = 1$ として，まず，C さん
と同様の方法で $r = \dfrac{\sqrt{10+2\sqrt{5}}}{4}$ を導きます．

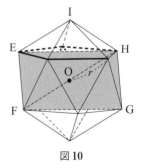

図10

長方形 EFGH において EF $= m = 1$ であり，また，EH は図10で太線で示
される1辺の長さ1の正五角形の対角線であり，その長さは $\dfrac{1+\sqrt{5}}{2}$ です（コ

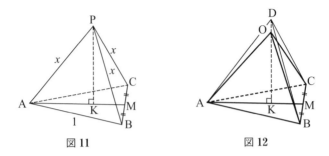

図 11　　　　　　　図 12

メント1参照). したがって,

$$r = \frac{1}{2}\mathrm{FH} = \frac{1}{2}\sqrt{\mathrm{EF}^2 + \mathrm{EH}^2} = \frac{\sqrt{10+2\sqrt{5}}}{4} \tag{2}$$

となります.

$\sqrt{5} < 3$ より $\dfrac{\sqrt{10+2\sqrt{5}}}{4} < \dfrac{\sqrt{10+2\times 3}}{4} = \dfrac{\sqrt{16}}{4} = 1$ だから, (前述したように) $r < 1 = m$ です (コメント2参照).

次に, T の1辺となる DO (図9) の長さを求めます. そのために, 正の数 x に対して, 点 P を図11のように定めます ($x = 1$ のときに P = D, $x = r$ のときに P = O となります. 図12参照). 正三角すい PABC の頂点 P から平面 ABC に下ろした垂線を PK とすると, △PAK, △PBK, △PCK はいずれも斜辺の長さ x の直角三角形で PK を共通の辺とするので, これらの三角形は合同です. したがって, AK = BK = CK となり, (x の値によらず) K は正三角形 ABC の外心であり, したがって, 正三角形 ABC の重心です. これより, 辺 BC の中点を M とすると, AK = $\dfrac{2}{3}$AM = $\dfrac{2}{3} \cdot \dfrac{\sqrt{3}}{2} = \dfrac{\sqrt{3}}{3}$ だから,

$$\mathrm{PK} = \sqrt{\mathrm{AP}^2 - \mathrm{AK}^2} = \sqrt{x^2 - \frac{1}{3}} \tag{3}$$

となります. とくに $x = 1$ とおくと

$$\mathrm{DK} = \sqrt{\frac{2}{3}} = \frac{\sqrt{6}}{3}$$

が得られ, また, $x = r$ とおいて (2) を用いると

$$\mathrm{OK} = \sqrt{r^2 - \frac{1}{3}} = \sqrt{\frac{10 + 2\sqrt{5}}{16} - \frac{1}{3}}$$
$$= \sqrt{\frac{14 + 2\sqrt{45}}{48}} = \frac{3 + \sqrt{5}}{4\sqrt{3}} = \frac{3\sqrt{3} + \sqrt{15}}{12}$$

が得られます.したがって,

$$\mathrm{DO} = \mathrm{DK} - \mathrm{OK} = \frac{\sqrt{6}}{3} - \frac{3\sqrt{3} + \sqrt{15}}{12} = \frac{4\sqrt{6} - 3\sqrt{3} - \sqrt{15}}{12} \tag{4}$$

です(この値は約 0.0607 です.解説中の図では,見やすくするために,DO を長めに描いています).

アトム α, β, γ

以上により,$m = 1$ に対する S と T の辺長がすべて求められました.この S を 20 個用いれば,1 辺の長さ 1 の正二十面体を構成でき,また,1 個の S と 3 個の T を用いれば,1 辺の長さ 1 の正四面体を構成できます.この正四面体は,図 4 (a) における立方体の 1 辺の長さ l を $\frac{1}{\sqrt{2}}$ としたときの Q と合同です.したがって,$m = 1$ に対する S と T をそれぞれ,α,β として,$l = \frac{1}{\sqrt{2}}$ に対する三角すい R を γ として (1) を考え合わせれば,これらの α, β, γ が問題の要求をすべてみたすことがわかります.

α, β, γ の見取り図は図 13 のようになります.ただし,$a = \frac{\sqrt{10 + 2\sqrt{5}}}{4}$,$b = \frac{4\sqrt{6} - 3\sqrt{3} - \sqrt{15}}{12}$ です(α, β, γ のどの面も三角形であり,三角形は 3 辺の長さを与えれば形が確定しますから,各辺の長さを書くだけでよいのですが,解説して,形状がより明確になるように直角マークも書き入れてあります.以降の見取り図や展開図における三角形の面についても同様です).

また,$P_1 \sim P_4$ のそれぞれを構成するアトムの種類と各アトムの個数は次のよ

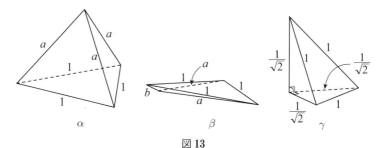

図 13

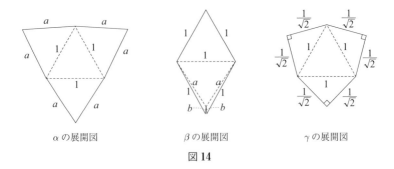

αの展開図　　　βの展開図　　　γの展開図

図 14

うになります.

　　正四面体 P_1：α を 1 個と β を 3 個,
　　正六面体 P_2：α を 1 個と β を 3 個と γ を 4 個,
　　正八面体 P_3：γ を 8 個,
　　正二十面体 P_3：α を 20 個.

なお, α, β, γ のそれぞれの展開図は, 例えば図 14 のようになります (解答としては, 見取り図が描けていれば, 展開図は不要ですが).

ここでは, r を求める際に正五角形の対角線の長さを用いましたが, 正五角形の対角線の長さと 1 辺の長さの比は $\frac{1+\sqrt{5}}{2}:1$ であり, これは**黄金比**とよばれる比に一致します. この比の値 $\frac{1+\sqrt{5}}{2}$ ($\fallingdotseq 1.618$) を表すのに, ギリシャ文字の ϕ（ファイ）や τ（タウ）が多く使われますが, 以下では τ を使います.

(II) R の分割

正二十面体を構成するためのもう 1 つの方針として見られたのは, R を分割するという方針です. そのために, 正八面体（8 個の R で構成できます）から正二十面体を"切り出す"ことを考えます. もう少し詳しく述べると,「正八面体の辺数は 12 であり, 正二十面体は頂点数が 12 である」という事実に着目し,

　　正八面体の各辺上に 1 点ずつとり, それらが正十二面体の頂点となる

ようにできないかを考えます（以下において, 新たな多面体の頂点などを表すのに, これまでに用いられたのと同じ A, B, $\cdots$ などの文字を再び用いますが, こ

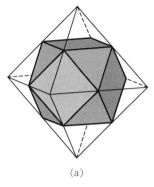
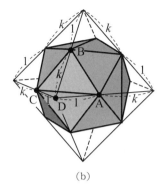

(a)　　　　　　　　　(b)

図 15

れまでとは異なる頂点などを表しています)．

正八面体の辺の中点の全体を頂点とする凸多面体は図 15 (a) に示す多面体です．これは，正三角形と正方形を面にもつ十四面体です．各辺の中点のかわりに，1 よりも大きい k に対して，各辺を $1:k$ に内分する点をとる（図 15 (b) のように，各面の周に沿って $1:k$ に内分する点が順次現れるようにとることができるので，そのようにとります）と，凸多面体のどの面も三角形となり，各頂点に 5 個の面が集まる二十面体になります．これが正二十面体になる（つまり，すべての辺の長さが等しくなる）ように k の値を定められないか考えます．以下，しばらくは，図 15 (b) に書かれている数値 1 と k は，線分の長さそのものとします．

二十面体の辺のうち，もとの正八面体の面上にできる辺は，いずれも，図 15 (b) の $\triangle \mathrm{ABD}$ と合同な三角形における辺 AB に対応する辺であり，$\triangle \mathrm{ABD}$ で余弦定理を用いると

$$\mathrm{AB}^2 = 1^2 + k^2 - 2 \cdot 1 \cdot k \cos 60° = k^2 - k + 1$$

となります．一方，二十面体の辺のうち，正八面体の面上にない辺は，いずれも，図 15 (b) の $\triangle \mathrm{ACD}$ と合同な直角二等辺三角形における辺 AC に対応する辺であり，その長さは $\sqrt{2}$ です．

したがって，二十面体のすべての辺の長さが等しい条件は，$k > 1$ のもとで，

$$k^2 - k + 1 = (\sqrt{2})^2 \tag{5}$$

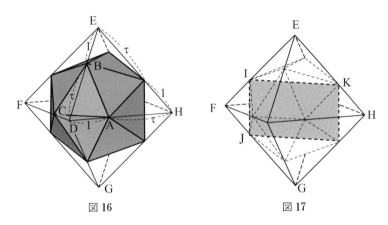

図 16　　　　図 17

すなわち，$k^2 - k - 1 = 0$ です．これの $k > 1$ をみたす解として，
$$k = \frac{1 + \sqrt{5}}{2}$$
が得られます．この値は，（II）の直前で述べた黄金比の値 τ ($\fallingdotseq 1.618$) ですから，以後，この値を τ と表します．図 16 は，$k = \tau$ として得られる正二十面体を表しており，以下，A〜D はこの図に示される（$k = \tau$ に対応する）点を表すものとします．

なお，$k = \tau$ を導くのに，次の事実に基づく方法もあります．まず，図 17 において，△EIK と △FIJ がともに直角二等辺三角形である（k の値によらない）ことから EI : FI = IK : IJ です．とくに二十面体が正二十面体であるときには，IK : IJ は図 10 における EH : EF に一致して $\tau : 1$ だから，図 17 において EI : FI = IK : IJ = $\tau : 1$ となります．

以上で正八面体からの正二十面体の切り出し方が 1 つ得られました．次に，正八面体を構成する三角すい R について，この切り出し方に対応する分割がどのようになるかを調べましょう．

図 16 において，正八面体だけでなく，正二十面体も平面 EFG, EDG, FDH に関して「面対称」です．この正二十面体のうち，1 個の R に含まれる部分を U とする（図 18 (a)）と，R から U を除いた部分は 3 個の合同な三角すいに分けられ，その 1 個を V とします（図 18 (b)）．ただし，正八面体を構成する 8 個の R のうち，4 個は U や V の「鏡映」（U や V を鏡に映したときの像として得られる立体のことで，図 19 の左側の 2 個の多面体がそれらにあたります）に

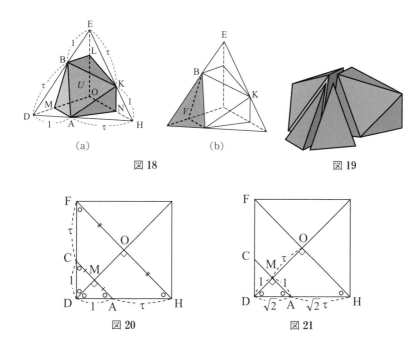

図 18　図 19　図 20　図 21

分けられます．これらの鏡映を U や V と同一視すれば，Q（正四面体），U, V は，問題の要求をみたすアトムの組 α, β, γ になります．

次に，Q, U, V の辺長を求めましょう．図 16 において，正八面体を平面 FDH で切ったときの切り口が正方形であり，さらに直角三角形 ACD において AD = CD ($= 1$) であることから，図 20 で丸印がつけられた角はすべて $45°$ です．さらに，AM ∥ HO より DM : MO = DA : AH = 1 : τ です．ここまでは，DA = 1 としてきましたが，以下では（分数での表記を避けるために）DM の長さを基準にして，DM = 1, MO = τ（図 21）として他の辺長を求めます．

まず，△AMD は直角二等辺三角形だから，AM = 1, AD = $\sqrt{2}$ です．したがって，図 18 (a) に書かれている数値を $\sqrt{2}$ 倍したものが，いま考えている立体に対する線分の長さであり，とくに (AH =)BD = $\sqrt{2}\tau$ です．また，図 18 (a) の △ABM は正三角形 ABC を中線 BM で分割して得られた三角形であり，いま AM の長さを 1 としているので，AB = 2, BM = $\sqrt{3}$ です．これらと，LO = NO = MO = τ および △ABM ≡ △BKL ≡ △KAN から，U と V の辺長がすべて得られます．また，正四面体 Q の 1 辺の長さは DH の長さと同じ

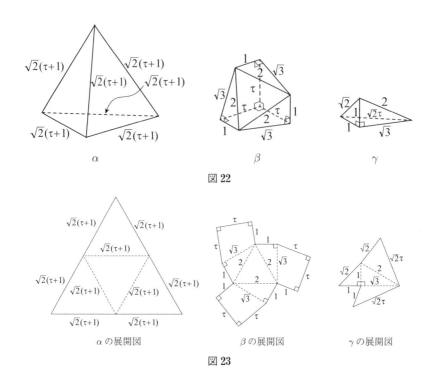

図 22

図 23

で $\sqrt{2}(\tau+1)$ です.以上より,図 22 の見取り図が得られます(図 13 と同様,直角三角形に記された直角マークはなくてもよいのですが,四角形については,4 辺の長さだけでは形が確定しないので,角の大きさの情報が必要になります.図 23 も同様です.詳しくはコメント 4 を参照してください).

$P_1 \sim P_4$ を構成するアトムの種類と各アトムの個数は次のようになります(β と γ の個数は,それぞれの鏡映も含めた個数です).

正四面体 P_1:α を 1 個
正六面体 P_2:α を 1 個と β を 4 個と γ を 12 個.
正八面体 P_3:β を 8 個と γ を 24 個.
正二十面体 P_3:β を 8 個

図 23 は,α, β, γ のそれぞれの展開図の例です.

コメント

1. 正五角形の 1 辺の長さを 1 とすると, 対角線の長さは $\frac{1+\sqrt{5}}{2}$ です. ここでは, トレミーの定理「円に内接する四角形 PQRS に対して, $PQ \cdot RS + PS \cdot QR = PR \cdot QS$ (p.234 参照)」を用いて, これを導きます.

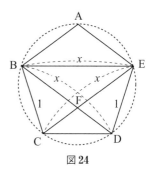

図 24

1 辺の長さ 1 の正五角形 ABCDE を考え, その対角線の長さを x とします (図 24). とくに四角形 BCDE が円に内接することに着目すると, トレミーの定理より $BC \cdot DE + BE \cdot CD = BD \cdot CE$ だから $1 \cdot 1 + x \cdot 1 = x^2$ となります. この x の 2 次方程式の正の解として, $x = \frac{1+\sqrt{5}}{2}$ が得られます.

この他に, 三角形の相似に着目する方針もあります.

2. $r < m$ という事実 (p.300) は,「ニュートンの 13 球問題」とよばれる問題とも密接に関わっています. この問題は「1 つの単位球 (半径 1 の球) に最大で何個の単位球を同時に外接させられるか」という問題で, その答は 12 個です. 13 個以上の単位球を外接させられないことの証明は簡単ではありませんが, 12 個を外接させられることは, 以下のようにしてわかります. ここでは図 6 において, $r = 2$ とします. すると, O を中心とする単位球と正二十面体の任意の頂点を中心とする単位球は外接することになります. さらに, $m > r = 2$ ですから, 正十二面体の 12 個の頂点を中心とする 12 個の単位球どうしが離れていることもわかります. したがって, O を中心とする単位球に 12 個の単位球を同時に外接させられることがわかります.

3. 正二十面体は, 図 25 (a) に示すように,「ねじれた正五角柱」(図 25 (a) の中央の立体のことです. 上面と下面の正五角形の向きに注目してください) の上面と下面に正五角すいを貼り合わせた形をしています.「ねじれた正五角柱」の側面部分は, 例えば, 図 25 (b) に示す正二十面体の展開図における太線で囲まれた平行四辺形にあたります.

このように捉えると, 正二十面体のもつ, 外接球 (や内接球) の中心に関する点対称性や, 例えば図 25 (c) のグレーの平面に関する「面対称性」なども

捉えやすくなるでしょう．それらの対称性から，図 10 の四角形 EFGH において ∠FEH = ∠EHG, ∠EFG = ∠FGH（これらは上述の面対称性より），∠FEH = ∠FGH（上述の点対称性より）であることがわかり，したがって 4 つの角すべてが等しい，すなわち四角形 EFGH が長方形であることがわかります（図 17 の中に示される向きでの正二十面体の捉え方も参考にしてください）．

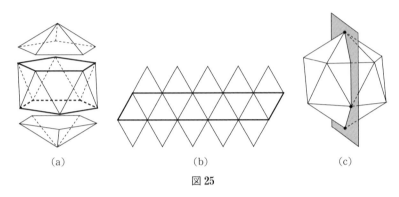

図 25

4. 四角形 ABCD の 4 辺 AB, BC, CD, DA の長さがわかっても，四角形 ABCD の形は確定しません．さらに 1 つの角，例えば ∠BAD がわかれば △ABD の形が確定し，したがって BD の長さが確定します（その長さは余弦定理で求められます）．これにより，△BCD の形も確定するのですが，その形によっては図 26 (a)，(b) のように，四角形 ABCD として 2 つの可能性が考えられる場合もあります．

その場合も，さらに ∠BAD の隣の ∠ABC または ∠ADC の一方の大きさがわかれば △ABC または △ACD が確定し，四角形 ABCD の形が確定します（なお，例えば ∠BAD と ∠ABC が与えられていれば，AB, BC, DA の 3 辺の長

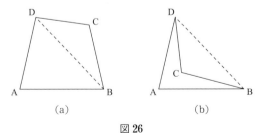

図 26

さの情報だけで足りてしまいますから，CD の長さの情報は不要です）．なお，図 22，23 に現れる四角形の面に関しては，直角マークが 1 つだけであっても，四角形の形は確定します．

第29回
SPRINGER MATHEMATICS CONTEST
シュプリンガー数学コンテスト

問題

問題1

正十角形の各頂点に，$1, 2, 3$ のいずれかの数を割り当て，それらの総和を S とする．1 が割り当てられた頂点が 5 個以上あり，かつ，$S \leqq 19$ のとき，次の (∗) が成り立つことを示せ．

$$\left.\begin{array}{l} 1\text{ から } S \text{ までのどの自然数 } n \text{ も，連続する何頂点か（1頂点で}\\ \text{もよい）に割り当てられた数の和として表せる．} \end{array}\right\} \quad (*)$$

問題2

立方体に，例えば図 1 に示すように円形の手錠をはめると，立方体からこの手錠を抜き取ることはできない（証明は書かないが）．この事実をより厳密に表現するために，「円形の手錠」とは太さを無視した円周のこととして「立方体に円形の手錠をはめる」とは，「立方体の内部を通らない円周で，その円周を境界とする円板(面)が立方体と共有点をもつものをとる(つくる)」こととし，「立方体

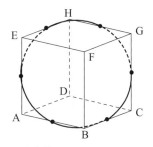

図1 手錠（円周）は，立方体の 12 辺のうち 6 辺の中点を通っており，立方体の内部は通っていない．

から手錠を抜き取る」とは，「円周が立方体の内部を通らない状態を保ちながら円板（境界の円周を含む）を動かして，円板が立方体と共有点をもたない状態にする」こととする．

以下，同様に解釈することとして，次の問いに答えよ．

(1) 正四面体に適当な大きさの円形の手錠をはめて，その手錠が正四面体から抜き取れないようできる．このことを示せ．

(2) どのような凸多面体（へこみのない多面体）にどのような三角形の手錠（三角形の周）をはめても，その手錠は凸多面体から抜き取ることができる．このことを示せ．

講評と解説

問題 1

寄せられた答案のほとんどが「隣り合うある 2 頂点に 1 が割り当てられているとき」と「そうでないとき」に分けて証明するものでした．このように分けることで，「1 が割り当てられた頂点が 5 個以上」という仮定がうまく反映させられていました．なお，この仮定を除いても，同じ結論が成り立ちます（コメント 1, 2）．

答案のまとめ方にもいろいろな工夫が見られ，優れた答案が多かったのですが，検討の結果，A さんを最優秀者（一着正解者でもあります）に決定しました．

一着正解賞・最優秀者：A さん（清水東高校）

A さんや B さん（南山高校）は，本問で述べている事実が，「正 $2m$ 角形の各頂点に，1, 2, 3 のいずれかの数を割り当て，それらの総和を S とする」場合について，「1 が割り当てられた頂点が m 個以上あり，かつ，$S \leq 4m - 1$ のときにも $(*)$ が成り立つ」ことに言及していました（本問は $m = 5$ のとき）．B さんは，この一般化した命題の証明とともに，その命題のバリエーションなども考察してくれました．一般化については，コメント 3 で触れます．

解説

最初に，上述の「隣り合うある 2 頂点に 1 が割り当てられているとき」と「そうでないとき」に分けて証明する方針（方針 1）を解説します．後半では，この場合分けをしない方針（方針 2）を解説します．方針 2 では，「1 が割り当てられた頂点のそれぞれに，3 が割り当てられた頂点を対応させる」という考え方を用います．この方針を少し発展させると，「1 が割り当てられた頂点が 5 個以上」という仮定を除いた命題を証明できます．

方針 1

1 個の頂点から反時計まわりの順に，各頂点に割り当てられた数を $a_1, a_2, \cdots, a_{10}$ として（図 2），

$$S_m = a_1 + a_2 + \cdots + a_m \quad (1 \leq m \leq 10)$$

とします．ある m ($1 \leq m \leq 10$) に対する S_m の値が，所望の n の値になってくれれば嬉しいのですが，必ずしもそうなるとは限りません．

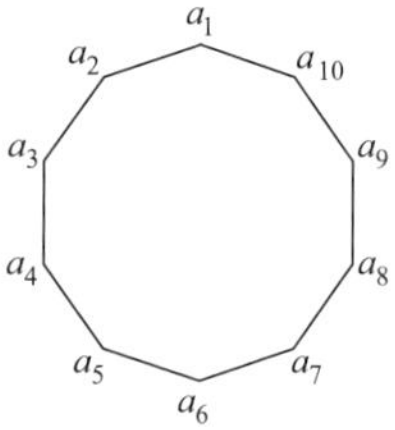

いま，$S_m \geq n$ をみたす最小の m を考えます．すると，$S_{m-1} \leq n-1$ より，$S_m = S_{m-1} + a_m \leq (n-1) + 3 = n+2$ (ただし，$m = 1$ のときにはこの式で $S_{m-1} = 0$ とおいた式が成り立ちます) です．したがって，次の3つの場合に分けられます．

図2

(i) $S_m = n$, (ii) $S_m = n+1$, (iii) $S_m = n+2$

(i) の場合には，$a_1 + a_2 + \cdots + a_m$ が所望の和の1つです．また，例えば，(ii) の場合であっても，$a_1 = 1$ のときには，$a_2 + a_3 + \cdots + a_m = n$ です．そこで，(ii) や (iii) の状況であっても「微調整」で所望の和が得られるように，出発点となる頂点をあらかじめうまく選んでおけないか考えます．

上述したように，$a_1 = 1$ となるように出発点を選んでおいたとすれば，(ii) の場合には，($m \geq 2$ で) $a_2 + \cdots + a_m = n$ が成り立ちます．1が割り当てられた頂点は5個以上ありますから，そのうちの1個を出発点にしておけばよいのです．

さらに，$a_2 = 1$ も成り立っていれば，(iii) の場合，($m \geq 3$ で) $a_3 + a_4 + \cdots + a_m = n$ となります．したがって，隣り合うある2頂点に1が割り当てられているときには，それらが最初の2個の頂点になるように，a_m ($1 \leq m \leq 10$) を定めておけばよいことになります．

残された場合

そこで，

$$\text{1が割り当てられた頂点が隣り合わない} \tag{1}$$

場合を考えます．1が割り当てられた頂点が5個以上あることを考え合わせると，この場合，**1個おきの頂点に1が割り当てられている**（図3 (a)）ことがわかります（1が割り当てられた頂点の個数を k とすると，(1) より頂点の総数は $2k$ 以上だから，$2k \leq 10$ です．これと $k \geq 5$ より $k = 5$，すなわち，「$2k \leq 10$ の等号が成り立つ」ことになり，図3 (a) が得られます）．

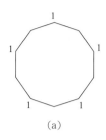
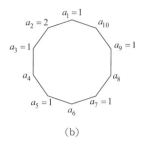

図 3

さらに，$S \leqq 19$（つまり S の値がある程度「抑えられている」）という仮定を用いると，残りの 5 個の頂点のうち，**少なくとも 1 個には 2 が割り当てられている**ことがわかります．なぜならば，残りの 5 個の頂点すべてに 3 が割り当てられているとすると，$S = 1 \times 5 + 3 \times 5 = 20$ となってしまい，$S \leqq 19$ に反するからです．この事実を活用できないかと考え，$a_1 = 1$，$a_2 = 2$ となるように最初の 2 個の頂点を選んでおくことにしてみます（図 3 (b)）．

このように a_m（$1 \leqq m \leqq 10$）を定めたときにも，前ページの (i)，(ii) の場合に対する議論はそのまま活かせますから，残りの「(iii) $S_m = n + 2$」の場合を考えます．この場合，$a_m = 3$ です．なぜならば，$S_m = n + 2 > 1 = a_1$ より $m \geqq 2$ だから $a_m = S_m - S_{m-1}$ であり，したがって，$(3 \geqq) a_m = S_m - S_{m-1} \geqq (n+2) - (n-1) = 3$（$m$ の選び方（最小性）から $S_{m-1} \leqq n-1$ であることを思い出してください）となるからです．さらに，$a_m = 3$ であることから，$a_{m+1} = 1$ です（図 3 (b)：ただし，$m = 10$ のときには $a_{m+1} = a_{11}$ となりますが，これは $a_1 (= 1)$ を表すものとします）．したがって，

$$a_3 + a_4 + \cdots + a_{m+1} = S_m - (a_1 + a_2) + a_{m+1}$$
$$= (n+2) - (1+2) + 1 = n$$

となり，所望の和の 1 つが得られました．

寄せられた答案の多くがこの方針やこれに類する方針でした．

方針 2

各頂点に割り当てられた数を，1 が割り当てられた頂点の 1 つから反時計まわりの順に，$a_1, a_2, \cdots, a_{10}$ として（$a_1 = 1$ ですが，a_2 の値は，1, 2, 3 のいず

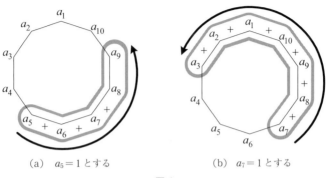

(a) $a_5 = 1$ とする　　(b) $a_7 = 1$ とする

図 4

れでもかまいません), $S_m = a_1 + a_2 + \cdots + a_m \geqq n$ が成り立つ最小の m を考えます.「(i) $S_m = n$」,「(ii) $S_m = n+1$」の場合は方針 1 と同様ですが,「(iii) $S_m = n+2$」の場合の扱い方が異なります.

$a_1 = 1$ からの和を考えると (iii) となってしまう場合であっても, $a_i = 1$ である別の a_i を出発点にすれば (図 4), (i) や (ii) に相当する和が得られ, 方針 1 に示したのと同様の処理ができることはあり得ます. そこで, そのような場合も含めて扱うために, 各 a_i から反時計まわりに a_j までの値を加えた和を $S(i, j)$ と表すことにします ($j < i$ の場合, $S(i, j)$ は図 4 (b) に示されるような $a_i + a_{i+1} + \cdots + a_{10} + a_1 + \cdots + a_j$ の形の和になります). そうして, 各 i に対して, はじめて $S(i, j) \geqq n$ となる j を考えます.

すると, 問題となるのは, $a_i = 1$ であるどの i に対しても, (iii) に相当する「$S(i, j) = n + 2$」となってしまう場合です. しかし, 実は, このようなことはあり得ません. なぜでしょうか？

まず, 方針 1 のときと同様に, $a_i = 1$ で $S(i, j) = n + 2$ となる場合について, $a_j = 3$ であることが示せます. また, $a_i = a_{i'} = 1$ をみたす異なる i と i' に対して, $S(i, j) = S(i', j') = n + 2$ をみたす j と j' も異なります. これらと, $a_i = 1$ をみたす i が 5 個以上あることから, $a_j = 3$ をみたす j も 5 個以上なければなりません (合わせて 10 個以下であることも考えると, いずれも 5 個ずつですが). しかし, このとき, $S \geqq 1 \times 5 + 3 \times 5 = 20$ となってしまい, $S \leqq 19$ に反します. つまり,「$a_i = 1$ であるどの i に対しても, $S(i, j) = n + 2$ となる」ということはありません.

冒頭に述べたように, 方針 2 の考え方を発展させることで, より強い命題を導

くことができます．そこで，以下の解答としては，方針 2 に基づく証明を紹介し，その後のコメントで発展的な話に触れることにします．なお，解答では，任意の頂点（1 が割り当てられている必要はありません）を出発点にして，反時計まわりの向きに，各頂点を $P_1, P_2, \cdots, P_{10}$ としています．

解答（方針 2 に基づく証明）

正十角形の頂点を，1 個の頂点から反時計まわりに，$P_1, P_2, \cdots, P_{10}$ として，$I = \{1, 2, \cdots, 10\}$ とする．また，各 $i \in I$ に対して，P_i に割り当てられた数を a_i として，$A = \{i \mid a_i = 1, i \in I\}$, $B = \{i \mid a_i = 3, i \in I\}$ とする．1 が割り当てられた頂点が 5 個以上あることから，

$$A \text{ の要素は 5 個以上である．} \tag{2}$$

したがって，$1 \leq n \leq S$ をみたす自然数 n のうち，$n = 1$ は A の要素 i に対する a_i の値として表される．

次に，$2 \leq n \leq S$ をみたす自然数 n を考える．$i \in I, j \in I$ に対して，正十角形の周のうち，P_i から P_j までを反時計まわりで結ぶ部分（$i = j$ のときには 1 点 P_i）に含まれる頂点に割り当てられた数の和を $S(i, j)$ とする．また，以下において，$S(i, 0)$ と $S(11, j)$ は，それぞれ $S(i, 10)$ と $S(1, j)$ を表すものとする．

各 $i \in A$ に対して，$a_i = 1$ と $n \geq 2$ から，$j \neq i$ かつ $S(i, j-1) < n \leq S(i, j)$ をみたす $j \in I$ が存在する．そこで，以下，各 $i \in A$ に対して，この j を考える．$S(i, j-1) \leq n-1$ と $a_j \leq 3$ より，

$$S(i, j) = S(i, j-1) + a_j \leq (n-1) + 3 = n + 2 \tag{3}$$

だから，

(i) $S(i, j) = n$, (ii) $S(i, j) = n+1$, (iii) $S(i, j) = n+2$

のいずれかが成り立つ．

ある $i \in A$ に対して (i) が成り立つ場合は，$S(i, j)$ に対応する和が所望の和の 1 つである．また，ある $i \in A$ に対して (ii) が成り立つ場合には，（$j \neq i$ より）$S(i+1, j) = S(i, j) - a_i = (n+1) - 1 = n$ だから，$S(i+1, j)$ に対応する和が所望の和の 1 つである．

そこで、すべての $i \in A$ に対して (iii) が成り立つ場合を考える。このとき、各 $i \in A$ について、(3) における $\leqq$ の等号が成り立つことから、($S(i, j-1) = n-1$ かつ) $a_j = 3$ であり、したがって $j \in B$ である。このことと、異なる $i \in A$ に対して (iii) をみたす j も異なること、および (2) より、A, B の要素はいずれも 5 個以上である。これより、$S \geqq 1 \times 5 + 3 \times 5 = 20$ でなければならないが、これは $S \leqq 19$ に反する。したがって、この場合は起こり得ない。

以上より、題意は示せた。 □

コメント

1. 本問において、「1 が割り当てられた頂点が 5 個以上ある」という仮定を除いても、同じ結論が成り立ちます。すなわち、$S \leqq 19$ でありさえすれば、1 から S までのどの自然数 n も、連続する何頂点かに割り当てられた数の和として表せます（コメント 2）。

また、1, 2, 3 のそれぞれが割り当てられた頂点の個数を、順に k_1, k_2, k_3 とすると、$S \leqq 19$ は $k_1 > k_3$ と同値です。実際、$k_1 + k_2 + k_3 = 10$ だから、$S = k_1 + 2k_2 + 3k_3 = 2(k_1 + k_2 + k_3) + (k_3 - k_1) = 20 + (k_3 - k_1)$ となり、$S \leqq 19 \Leftrightarrow k_1 > k_3$ です。したがって、$S \leqq 19$ だけを仮定するかわりに、$k_1 > k_3$ だけを仮定しても同じことです。

2. 上記のように、$S \leqq 19$ だけ、または、$k_1 > k_3$ だけを仮定した場合の証明は、解答の記述を少し書き換えれば得られます。ここでは、$k_1 > k_3$ を仮定した場合の証明について述べます。

まず、$k_1 > k_3$ より、1 が割り当てられた頂点が少なくとも 1 つ存在します。解答の下から 6 行目の「$j \in B$ である」までは、(2) のかわりに、この事実を用いて議論を進められます。

それ以降は、「($j \in B$ であることと）異なる $i \in A$ に対して (iii) をみたす j も異なることから、B の要素の個数 k_3 は A の要素の個数 k_1 以上でなければならない。しかし、これは $k_1 > k_3$ に反する」とすれば、証明されたことになります。

3. コメント 1, 2 で述べた証明と同様の議論により、以下の一般化した事実を導くことができます。

k を3以上の整数として，k 角形の各頂点に，1, 2, 3 のいずれかの数を割り当て，それらの総和を S とする．このとき，$S \leq 2k-1$ ならば，1 から S までのどの自然数 n も，連続する何頂点かに割り当てられた数の和として表せる．

「$S \leq 2k-1$」のかわりに，「1 が割り当てられた頂点が，3 が割り当てられた頂点よりも多い」と仮定しても，同じ結論が成り立ちます．

問題 2

一着正解賞：C さん（西大和学園学校）
最優秀者（到着順）：C さん（西大和学園高校），D さん（大阪大学）

解説

(1) (1) は，次のことに気がつけば容易に解決できます：空間内で「ねじれの位置」にある 2 直線（つまり，平行でなく，交わらない 2 直線）に対して，2 本の直線を結ぶ最短の線分は 2 本の直線に直交する線分で，ただ 1 本しか存在しない．これを見るため，l_1, l_2 を空間内でねじれの位置にある直線とします．この 2 本の直線は，平行な 2 枚の平面に乗せることができます（l_1 を含み，l_2 に平行な平面と，l_2 を含み，l_1 に平行な平面をとればよい．直線 l_1 を含み，この 2 枚の平面に垂直な平面と l_2 の交点を P_2，直線 l_2 を含み，この 2 枚の平面に垂直な平面と l_1 の交点を P_1 とすると，線分 P_1P_2 が 2 本の直線を結ぶ唯一の最短の線分となり，しかもこの線分は 2 本の直線に直交します．

(2) 直線 l が凸多面体 $\varPi$（アルファベットの P にあたるギリシャ文字でパイと読みます．π の大文字です）の内部を通らなければ，l を含む平面で $\varPi$ の内部を通らないものが存在します．これは次のようにしてわかります．直線 l を含む任意の平面を H とすると，H は直線 l で 2 つの部分 H^+, H^- に分けられます（それぞれを「半平面」といいます．ここでは，l は H^+, H^- のどちらにも含めないことにします）．このとき，H^+, H^- の両方が $\varPi$ の内部を通ることはありません（H^+ が $\varPi$ の内部の点 P を含み，H^- が $\varPi$ の内部の点 Q を含むとすると，$\varPi$ は凸多面体だから，線分 PQ は $\varPi$ の内部にあります．すると，線分 PQ

と l の交点も Π の内部の点となり，l が Π の内部の点を通らないことに反します）．

半平面 H^+ が Π の内部を通るとしましょう．このとき，l を軸として H を回転させて H^+ が Π の内部を通らず，しかも Π に「接する」状態にすることができます．H^+ と Π の「接点」（の 1 つ）を X とおきます．このとき，H^- が Π の内部の点 Y を通るとすると，線分 XY と l の交点は Π の内部の点になってしまい，l が Π の内部の点を通らないことに反します．したがって，H^- の方も Π の内部の点を通らないから，この回転させた H が l を含み Π の内部を通らない平面となります．この事実は，C さんも解答の中で証明してくれました．

この他に解答に必要なことは，どの 2 つも平行でなく，しかも同一直線で交わらない 3 つの平面は，（底面のない無限に延びる）三角柱か三角すいを囲むということです．実際，3 つの平面を H_1, H_2, H_3 とし，H_1 と H_2 の交線を l とすると，H_3 が l と平行なら，この 3 つの平面は底面のないある三角柱を囲みます．H_3 が l と平行でなければ，空間は 3 つの平面で，底面のない 8 個の三角すいに分けられます．

解答

(1) 1 辺の長さが $\sqrt{2}$ の正四面体を ABCD とし，これを 1 辺の長さ 1 の立方体に図 5 のように押し込めて考える．

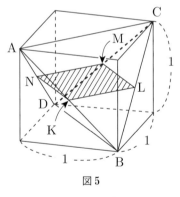

図 5

辺 AB, BC, CD, DA の中点をそれぞれ，K, L, M, N とすると，これらの 4 点は立方体の 4 つの面（正方形）の対角線の中点でもある．したがって，K, L, M, N は同一平面上にあり，四角形 KLMN は 1 辺の長さが $\frac{\sqrt{2}}{2}$ の正方形となる．さらに，線分 KM は直線 AB と直線 CD を結ぶ唯一の最短線分（長さ 1）であり，線分 LN は直線 BC と直線 AD を結ぶ唯一の最短の線分であることがわかる．

正方形 ABCD にはめる円形の手錠として，正方形 KLMN に外接する円を考える．この手錠の直径は KM = LN = 1 である．この円（手錠）を正四面体から抜き取ることができないことを示す．いま，この円が正四面体から抜き取れる

と仮定する．抜き取るために円を少し動かすと，この円を含む平面は，辺 AB, BC, CD, DA のそれぞれと，ある点 X, Y, Z, W で交わる．ここで，「X = K かつ Y = L かつ Z = M かつ W = N」ということはない．そこで，一般性を失うことなく，X ≠ K とする．円は正四面体の内部に食い込むことはできないから，X, Y, Z, W は円を境界とする円板に含まれるはずである．したがって，XZ の長さは円の直径 1 以下でなければならない．しかしながら，直線 AB と CD を結ぶ最短の線分は KM だけしかないから，XZ > KM = 1 で矛盾が生じる．ゆえに，この直径 1 の円を正四面体から抜き取ることはできない．　□

(2) 三角形の手錠 ABC が，ある凸多面体 Π にはめられているとしよう．平面 ABC と Π の共通部分は △ABC に含まれるから，直線 AB, BC, CA は Π の内部を通らない．したがって，直線 AB を含み Π の内部を通らない平面 H_{AB}，直線 BC を含み Π の内部を通らない平面 H_{BC}，直線 CA を含み Π の内部を通らない平面 H_{CA} が存在する．3 つの平面はどの 2 つも互いに交わり，しかも 3 つが同一直線で交わることはない．ゆえに，3 つの平面の Π を含む側の共通部分は底面のない無限に延びる三角柱か，または底面のない無限に延びる三角すいとなる．前者の三角柱の場合，この三角柱の 2 つの側面の交線（3 つあるが，すべて平行）の方向に三角形の手錠を平行移動すれば，手錠を Π から抜き取ることができる．後者の三角すいの場合，三角形の手錠を三角すいの（唯一の）頂点の向きに動かし，そのまま移動し続けて Π から抜き取ることができる．　□

コメント

　三角形の手錠では，空間内のどんな凸体（へこみのない図形で，体積が有限で正の数となるもの）も捕まえられないことが，凸多面体の場合とまったく同様にして証明できます．これに対して，三角形以外の平面上の単純閉曲線（自分自身と交わらず，かつ，端点をもたない曲線）の手錠については，はめると抜けなくなるような凸多面体が必ず存在することが知られています．

第30回

SPRINGER MATHEMATICS CONTEST
シュプリンガー数学コンテスト

🦇 問題

問題 1

n を 3 以上の整数として，T を半径 1 の円に内接する正 n 角形 $P_1P_2\cdots P_n$ とする．T のすべての辺と対角線（合計 $\dfrac{n(n-1)}{2}$ 本）の長さの平方の和が n^2 であること，すなわち，

$$P_1P_2^2 + P_1P_3^2 + \cdots + P_1P_n^2$$
$$+ P_2P_3^2 + P_2P_4^2 + \cdots + P_2P_n^2 + \cdots + P_{n-1}P_n^2 = n^2$$

であることを示せ．

問題 2

すべての面が正多角形である凸多面体（へこみのない多面体）を面正則多面体とよぶ．面正則多面体には，正多面体（全部で 5 種類），アルキメデス多面体（面に使われている正多角形が 2 種類以上で，どの頂点でも面が同様の集まり方をしているもののうち，次に述べるアルキメデス角柱とアルキメデス反角柱を除く 13 種類のもの），アルキメデス角柱（側面が正方形である正多角柱），アルキメデス反角柱（正多角柱を，その各側面が 2 個の正三角形になるように "ねじった" 形の多面体），そして，ジョンソン・ザルガラー多面体（上述したもの以外のすべて）がある．ジョンソン・ザルガラー多面体は 92 種類あり，それぞれに番号がつけられていて，J_1 から J_{92} で表される（ウェブ・サイト "Wolfram MathWorld" の Johnson Solid の項 (http://mathworld.wolfram.com/JohnsonSolid.html) 参照）．

また，多面体の展開図とは，その多面体を辺に沿って切り開いて平面状になった連結な図形のこととする．このとき，「ある多面体が性質 "TP" をもつ」と

は，その多面体の展開図のうち，少なくとも1つがタイル張りできる，すなわち，その展開図のコピーを無数に使って，平面をすき間も重なりもなく埋め尽くせることをいう．例えば，正多面体では，正十二面体以外のどの多面体も性質"TP"をもっている．また，13種類のアルキメデス多面体には性質"TP"をもつものはひとつもなく，アルキメデス反角柱では正六角反角柱だけが性質"TP"をもつ（図1）．また，ジョンソン・ザルガラー多面体では，例えば，J_1（側面が正三角形である正四角すい）などが性質"TP"をもっている（図2）．

ジョンソン・ザルガラー多面体 J_1 から J_{92} のうち，J_1 以外で，性質"TP"をもつ多面体をなるべく多く示せ．また，それらの各多面体について，ある展開図がタイル張りする様子も図2にならって図示せよ．ただし，図2は，性質"TP"をもつ多面体 J_1 について，ある展開図がタイル張りする様子を表しており，同じ記号がつけられた辺は，もとの J_1 において一致する辺を表している．

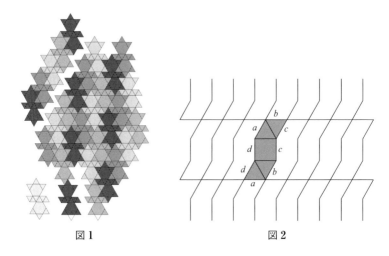

図1　　　　　　　　図2

講評と解説

問題 1

寄せられた答案の多くが，三角比・三角関数を用いるか，複素数平面を用いていました．それぞれの解法に応じた工夫や洞察が見られ，健闘ぶりが伝わってきました．ベクトルを用いた答案が少なかったのは少々意外でした．細かい点に目をつむれば，ほぼ全員が正解でした．

一着正解賞：A さん（城北埼玉高校卒），B さん（西大和学園高校），C さん（早稲田大学）
最優秀者：C さん（早稲田大学），D さん（早稲田大学本庄高等学院）

最優秀者を絞るのは困難でしたが，検討の結果，複素数平面を用いた答案とそれ以外の答案から，それぞれ，C さんと D さんを最優秀者としました．

今回は，解説の中でいろいろな解法に触れることにして，解答としてそれらをまとめなおすことは省略します．

解説

題意の和を S とします．すなわち，
$$S = P_1P_2{}^2 + P_1P_3{}^2 + \cdots + P_1P_n{}^2$$
$$+ P_2P_3{}^2 + P_2P_4{}^2 + \cdots + P_2P_n{}^2 + \cdots + P_{n-1}P_n{}^2 \quad (1)$$

とします．まずは，寄せられた答案を踏まえ，本問に対する方針のいくつかをおおまかに紹介します．

$P_jP_k{}^2$ ($1 \leq j < k \leq n$) を表す方法として多く見られたものは，外接円の中心を O として，$\triangle OP_jP_k$ で余弦定理を用いて

$$P_jP_k{}^2 = OP_j{}^2 + OP_k{}^2 - 2OP_j \cdot OP_k \cos \frac{2\pi(k-j)}{n}$$
$$= 2\left\{1 - \cos \frac{2\pi(k-j)}{n}\right\} \quad (2)$$

とするものでした．この後，

$$\sum_{m=0}^{n-1} \cos \frac{2\pi m}{n} = 0 \qquad (3)$$

（またはこれに類する等式）を示し，$S = n^2$ を導く，という流れです．以下の解説の中でも触れますが，(2) や (3) について，複素数平面を用いた証明も多く見られました．

また，$P_j P_k{}^2$ を表すのに，ベクトルの内積を用いて表す方針もあります．$\overrightarrow{OP_m} = \overrightarrow{p_m}\ (1 \leq m \leq n)$ とおく（図3）と，

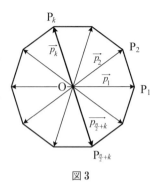

図3

$$P_j P_k{}^2 = |\overrightarrow{p_k} - \overrightarrow{p_j}|^2 = |\overrightarrow{p_k}|^2 - 2\overrightarrow{p_k} \cdot \overrightarrow{p_j} + |\overrightarrow{p_j}|^2 = 2(1 - \overrightarrow{p_k} \cdot \overrightarrow{p_j}) \qquad (4)$$

です．後述するように，この方針で進めた場合に (3) と同様の役割を果たす式は

$$\overrightarrow{p_1} + \overrightarrow{p_2} + \cdots + \overrightarrow{p_n} = \overrightarrow{0} \qquad (5)$$

です．この式が成り立つことは，直観的にも「さもありなん」と思えるでしょう．実際，n が偶数の場合については，中心に関する点対称性，すなわち，$\overrightarrow{p_{\frac{n}{2}+k}} = -\overrightarrow{p_k}$（図3）により，(5) はただちに導かれます．

なお，外接円の中心 O を原点にとり，$P_m\left(\cos \dfrac{2\pi(m-1)}{n},\ \sin \dfrac{2\pi(m-1)}{n}\right)$ とすると，(3) は，

$$\overrightarrow{p_1} + \overrightarrow{p_2} + \cdots + \overrightarrow{p_n}\ \text{の}\ x\ \text{成分が}\ 0\ \text{である}$$

という事実に他なりません．

以下，寄せられた答案での考え方を交えながら，上記についてもう少し詳しく見ていきます．答案の考え方を引用するにあたっては，解説の流れなどを考慮して，内容を多少変えているところがあります．

S の捉え方

(1) の右辺について，「同じ長さの線分ごとにまとめる」という考え方に立ち，

$$S = \begin{cases} nP_1P_2{}^2 + nP_1P_3{}^2 + \cdots + nP_1P_{\frac{n+1}{2}}{}^2 & (n\ \text{が奇数のとき}) \\ nP_1P_2{}^2 + nP_1P_3{}^2 + \cdots + nP_1P_{\frac{n}{2}}{}^2 + \dfrac{n}{2}P_1P_{\frac{n}{2}+1}{}^2 & (n\ \text{が偶数のとき}) \end{cases}$$

と変形するのは 1 つの考え方ですが，ここでは次の考え方を用います．

$1 \leqq j \leqq n$ をみたす整数 j に対して，P_j を端点とする辺および対角線の長さの平方の和を S_j と表します．例えば，

$$S_1 = P_1P_2^2 + P_1P_3^2 + \cdots + P_1P_n^2$$

です．すると，$S_1 = S_2 = \cdots = S_n$ であり，各 $P_jP_k^2$ $(1 \leqq j < k \leqq n)$ は S_j と S_k の両方に含まれるので，

$$S = \frac{S_1 + S_2 + \cdots + S_n}{2} = \frac{nS_1}{2} \tag{6}$$

が成り立ちます（寄せられた答案の約 6 割が同様の考え方を用いていました）．(6) と示すべき式 $S = n^2$ を見比べて，

$$S_1 = 2n \tag{7}$$

を示せばよいことがわかります．

なお，$P_1P_1 = 0$ より，S_1 は

$$S_1 = P_1P_1^2 + P_1P_2^2 + P_1P_3^2 + \cdots + P_1P_n^2 \tag{8}$$

とも表せます．以下では，この式を用います（これも，答案に少なからず見られた考え方です）．

ベクトルの利用

最初に，ベクトルを用いる方針で $S = n^2$ を示します．(4) で，$j = 1$ とおくと，($k = 1$ の場合も含め）

$$P_1P_k^2 = 2(1 - \vec{p_k} \cdot \vec{p_1}) \tag{9}$$

となります．これと (8) より，

$$S_1 = \sum_{k=1}^{n} 2(1 - \vec{p_k} \cdot \vec{p_1}) = 2n - 2(\vec{p_1} + \vec{p_2} + \cdots + \vec{p_n}) \cdot \vec{p_1} \tag{10}$$

です．したがって，前述の (5)，すなわち $\vec{p_1} + \vec{p_2} + \cdots + \vec{p_n} = \vec{0}$ が示されれば，(7) が示されます．すでに述べたように，n が偶数の場合には，(5) は O に関する T の点対称性からただちに得られます．

そこで，n が奇数の場合を考え，$\overrightarrow{OQ} = \vec{p_1} + \vec{p_2} + \cdots + \vec{p_n}$ とします．今度は，

線対称性を利用します．まず，$P_2, P_3, \cdots,$
$P_{\frac{n+1}{2}}$ は，それぞれ，$P_n, P_{n-1}, \cdots, P_{\frac{n+3}{2}}$
と直線 OP_1 に関して対称（図 4）だから，
Q は直線 OP_1 上の点です．

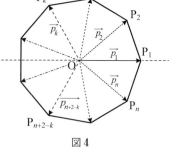

図 4

同様に，$P_3, P_4, P_5, \cdots, P_{\frac{n+3}{2}}$ は，それぞれ，$P_1, P_n, P_{n-1}, \cdots, P_{\frac{n+5}{2}}$ と直線 OP_2 に関して対称だから，Q は直線 OP_2 上の点でもあります．したがって，Q は直線 OP_1 と直線 OP_2 の交点 O です．すなわち，$\vec{p_1}+\vec{p_2}+\cdots+\vec{p_n}=\vec{0}$ であり，(5) が示せました．

三角比・三角関数の利用

(2) で $j=1$ とすると

$$P_1P_k{}^2 = OP_1{}^2 + OP_k{}^2 - 2OP_1 \cdot OP_k \cos \frac{2\pi(k-1)}{n}$$
$$= 2\left\{1 - \cos\frac{2\pi(k-1)}{n}\right\} \tag{11}$$

となります．(2) を導く際に，「△OP_jP_k で余弦定理を用いて」と書きましたが，はじめに，このことに関して，$j=1$ の場合について補足します．

$2 \leq k < \frac{n}{2}+1$ をみたす整数 k に対しては，△OP_1P_k（図 5）に余弦定理を適用することで，(11) はただちに得られます．$\frac{n}{2}+1 < k \leq n$ をみたす整数 k に対しては，△OP_1P_k において $\angle OP_1P_k = 2\pi - \frac{2\pi(k-1)}{n}$ となりますが，$\cos(2\pi - \theta) = \cos\theta$ だから，やはり (11) が成り立ちます．さらに，$k=1$，および，n が偶数のときの $k=\frac{n}{2}+1$（P_1P_k が直径になるとき）に対しても (11) は成り立ちますから，(11) は，$1 \leq k \leq n$ をみたすすべての整数 k に対して成り立ちます．

(11) より，(8) の S_1 は，

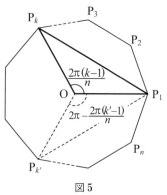

図 5

$$S_1 = \sum_{k=1}^{n} 2\left\{1 - \cos\frac{2\pi(k-1)}{n}\right\} = 2n - 2\sum_{k=1}^{n}\cos\frac{2\pi(k-1)}{n} \qquad (12)$$

と表せます．これより，(7) を示すためには $\sum_{k=1}^{n}\cos\frac{2\pi(k-1)}{n} = 0$，すなわち，前述の (3) を示せばよいことがわかります．

すでに述べたように，(3) は，(5) または後述する複素数平面を用いるなど，何通りかの方法で示すことができます．ここでは「積を差に変える公式：$\cos\alpha\sin\beta = \frac{1}{2}\{\sin(\alpha+\beta) - \sin(\alpha-\beta)\}$」と数列の和に対する技巧を用いた答案を紹介します．D さんと A さんがこの方法（または同様の方法）を用いていました．彼らがとった方法は，$\cos\frac{2\pi(k-1)}{n} = f(k) - f(k-2)$（に相当する）形をつくるというものです．具体的には，上述の公式を用いて

$$\cos\frac{2\pi(k-1)}{n}\sin\frac{2\pi}{n} = \frac{1}{2}\left\{\sin\frac{2\pi k}{n} - \sin\frac{2\pi(k-2)}{n}\right\}$$

と変形します．これより

$$\sin\frac{2\pi}{n}\sum_{k=1}^{n}\cos\frac{2\pi(k-1)}{n}$$
$$= \frac{1}{2}\sum_{k=1}^{n}\left\{\sin\frac{2\pi k}{n} - \sin\frac{2\pi(k-2)}{n}\right\}$$
$$= \frac{1}{2}\left\{\sin\frac{2\pi n}{n} + \sin\frac{2\pi(n-1)}{n} - \sin\frac{2\pi\cdot 0}{n} - \sin\frac{2\pi\cdot(-1)}{n}\right\}$$
$$= \frac{1}{2}\left(0 - \sin\frac{2\pi}{n} - 0 + \sin\frac{2\pi}{n}\right) = 0$$

であり，これと $\sin\frac{2\pi}{n} \neq 0$ より $\sum_{k=1}^{n}\cos\frac{2\pi(k-1)}{n} = 0$，ともっていく流れです．

複素数平面の利用

正多角形 T を複素数平面上で論じている答案も多く見られました．ここでは，答案の典型的な方針を説明します．以下において，i は虚数単位とします．

T として，複素数平面上の単位円 $|z| = 1$ に内接する正 n 角形で，頂点 P_k ($k = 1, 2, \cdots, n$) が

$$\cos\frac{2\pi(k-1)}{n} + i\sin\frac{2\pi(k-1)}{n} = \left(\cos\frac{2\pi}{n} + i\sin\frac{2\pi}{n}\right)^{k-1}$$

で与えられるものを考えます．$\alpha = \cos\frac{2\pi}{n} + i\sin\frac{2\pi}{n}$（さらに「オイラーの公式」とよばれる等式 $e^{i\theta} = \cos\theta + i\sin\theta$（$\theta$ は実数）を用いると $\alpha = e^{\frac{2\pi}{n}i}$ とも

表せます）とおくと，P_k は点 α^{k-1} であり，また，点 α^n は P_1 と一致します（つまり $\alpha^n = 1$）．

まず三平方の定理より

$$P_1P_k{}^2 = \left\{\cos\frac{2\pi(k-1)}{n} - 1\right\}^2 + \sin^2\frac{2\pi(k-1)}{n} = 2 - 2\cos\frac{2\pi(k-1)}{n}$$

だから，

$$S_1 = \sum_{k=1}^{n}\left\{2 - 2\cos\frac{2\pi(k-1)}{n}\right\} = 2n - 2\sum_{m=0}^{n-1}\cos\frac{2\pi m}{n} \tag{13}$$

です．また，$\alpha \neq 1$ より

$$1 + \alpha + \alpha^2 + \cdots + \alpha^{n-1} = \frac{\alpha^n - 1}{\alpha - 1} \tag{14}$$

ですが，上述したように $\alpha^n = 1$ だから，この右辺の分子は 0 であり，一方，左辺は

$$\sum_{m=0}^{n-1}\left(\cos\frac{2\pi}{n} + i\sin\frac{2\pi}{n}\right)^m = \sum_{m=0}^{n-1}\left(\cos\frac{2\pi m}{n} + i\sin\frac{2\pi m}{n}\right)$$
$$= \sum_{m=0}^{n-1}\cos\frac{2\pi m}{n} + i\sum_{m=0}^{n-1}\sin\frac{2\pi m}{n}$$

です．したがって，

$$\sum_{m=0}^{n-1}\cos\frac{2\pi m}{n} + i\sum_{m=0}^{n-1}\sin\frac{2\pi m}{n} = 0$$

すなわち

$$\sum_{m=0}^{n-1}\cos\frac{2\pi m}{n} = \sum_{m=0}^{n-1}\sin\frac{2\pi m}{n} = 0$$

が成り立つので，(13) から $S_1 = 2n$ が得られます．

Cさんも複素数平面を利用していましたが，複素数 z に対して $|z|^2 = z\bar{z}$（$\bar{z}$ は z の共役複素数）であることを用い，また，$z = e^{\frac{2\pi m}{n}i}$（$m = 0, 1, \cdots, n-1$）が 1 の n 乗根，すなわち $z^n - 1 = 0$ の n 個の解であることから，n 次方程式の解と係数の関係を考え，$\sum_{m=0}^{n-1} e^{\frac{2\pi m}{n}i} = 0$ としていました．

三平方の定理の利用

最後に，n が偶数の場合について，三平方の定理だけで $S = n^2$ を証明する方

法を述べます．これは，E さん（致遠館高校）による証明の「n が偶数」の場合の証明で使われている方法で，概略は以下のとおりです．

$1 \leq l \leq \frac{n}{2}$ に対して，P_{n+l} は P_l を表すことにします．このとき，$1 \leq j < k < j + \frac{n}{2} \leq n + \frac{n}{2}$ をみたす整数 j, k に対して，$\triangle P_j P_k P_{j+\frac{n}{2}}$（図 6）は $\angle P_j P_k P_{j+\frac{n}{2}} = 90°$ の直角三角形だから，${P_j P_k}^2 + {P_k P_{j+\frac{n}{2}}}^2 = {P_j P_{j+\frac{n}{2}}}^2$ が成り立ちます．すなわち，${P_j P_k}^2$ と ${P_k P_{j+\frac{n}{2}}}^2$ の和を ${P_j P_{j+\frac{n}{2}}}^2 = 2^2$ で置き換えることができます．

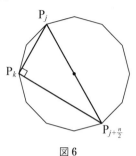

図 6

E さんは，この事実に基づいて，全部で $\frac{n(n-1)}{2}$ 本ある辺と対角線を，直径である $\frac{n}{2}$ 本とそれ以外に分け，後者の適当な 2 本ずつを 1 組にするという考え方により，

$$S = \frac{n}{2} \times 2^2 + \frac{\frac{n(n-1)}{2} - \frac{n}{2}}{2} \times 2^2 = 2n + n(n-1) - n = n^2$$

を導いていました（n が奇数の場合には，余弦定理と (5) を用いていました）．

問題 2

超難問だったせいか，解答を寄せてくれたのは，A さんと B さんの二人だけでした．どちらも $J_{12} \sim J_{17}$ の 6 つのジョンソン・ザルガラー多面体（以下，JZ-多面体と記します）が性質 "TP" をもつことを示してくれており，それらはいずれも正解でした．なお，後述するように，性質 "TP" をもつ JZ-多面体は全部で 18 個あります．

一着正解賞：A さん（筑波大学附属駒場高校）
最優秀者：A さん（筑波大学附属駒場高校），B さん（京都大学）

解説

JZ-多面体 P の展開図 N がタイル張りできる，すなわち，N のコピーを無数に使って，平面をすき間も重なりもなく埋め尽くせるとき，N は充填的であるということにします．

本問はやさしそうで実は奥の深いもので，コンピュータを駆使しない限り全面解決には至らないようです．まず，数学的に，以下に示す2つの命題（必要条件）で解の候補を35個に絞り込み，それらの各多面体について，ひたすら充填的展開図を探します．充填的展開図が探せなかったものについては，コンピュータで非充填性をチェックします．この結果，性質 "TP" をもつ JZ-多面体は全部で18個あり，また，それらに限ることが判明しました．以下，より詳細に述べます．

まず，次の初等的な結果が成り立ちます．

命題 1. P は性質 "TP" をもつ JZ-多面体とする．このとき，P の各面は正三角形，正方形，正六角形のいずれかである（証明は省きます）．

命題 2. P が面としてもつ正多角形の中で，辺数が最小のものが正 k 角形であるとする．また，v を P の頂点として，v に集まる面の角の和を $S(v)$ とする．このとき，P のどの頂点 v に対しても，不等式

$$2\pi - S(v) < \frac{k-2}{k}\pi \tag{1}$$

が成立するならば，P は性質 "TP" をもたない．

命題 2 の略証 P のどの頂点 v に対しても (1) が成立し，かつ，P が性質 "TP" をもつものとして，N を P の充填的な展開図とする．P のどの面の正多角形についても，1つの内角の大きさは，正 k 角形の1つの内角の大きさ $\frac{k-2}{k}\pi$ $\left(=\left(1-\frac{2}{k}\right)\pi\right)$ 以上である．

いま，P のある頂点 v（v に集まる面を $F_1, F_2, \cdots, F_m$ とする）に接続する辺のうち，展開図 N をつくるために切開する辺（切断辺）が1つだけであるとすると，N によるタイル張りにおいて，v のまわりには，$F_1, F_2, \cdots, F_m$ のすべてと，そのほかに少なくとも1つの多角形が集まることになる．したがって，v に集まる内角の和を考えて，$S(v) + \frac{k-2}{k}\pi \leqq 2\pi$ でなければならないが，これは (1) に反する．したがって，P のどの頂点 v にも2本以上の切断辺が接続していなければならない．しかし，このとき P は切断辺から成る「閉路」を含む（つまり，P のある頂点を出発点として切断辺に沿って進んでいくと，ある時点で，すでに通過した頂点を再度訪れる）ことになり，N は連結図形にならな

い．これは矛盾である．よって，P は性質 "TP" をもたない． □

　上記 2 つの命題より，以下の 57 個の JZ-多面体が性質 "TP" をもたないことがわかります．

　　$J_2, J_4 \sim J_6, J_9, J_{11}, J_{19} \sim J_{21}, J_{23} \sim J_{25}, J_{30} \sim J_{34}, J_{37} \sim J_{43}, J_{45} \sim$
　　$J_{48}, J_{52}, J_{53}, J_{58} \sim J_{64}, J_{66} \sim J_{83}, J_{91}, J_{92}$

しかし，まだ残りの 35 個の JZ-多面体が性質 "TP" をもつ可能性があります．それらを列記すると以下のようになります：

　　$J_1, J_3, J_7, J_8, J_{10}, J_{12}, J_{13}, J_{14}, J_{15}, J_{16}, J_{17}, J_{18}, J_{22}, J_{26}, J_{27},$
　　$J_{28}, J_{29}, J_{35}, J_{36}, J_{44}, J_{49}, J_{50}, J_{51}, J_{54}, J_{55}, J_{56}, J_{57}, J_{65}, J_{84}, J_{85},$
　　$J_{86}, J_{87}, J_{88}, J_{89}, J_{90}$ (計 35 個)

このうち，18 個の JZ-多面体

$$\left.\begin{array}{l} J_1, J_8, J_{10}, J_{12}, J_{13}, J_{14}, J_{15}, J_{16}, J_{17}, \\ J_{49}, J_{50}, J_{51}, J_{84}, J_{86}, J_{87}, J_{88}, J_{89}, J_{90} \end{array}\right\} \quad (2)$$

はそれぞれ充填的な展開図（次ページ以降の図参照）をもちますから，残りの 17 個の各についてコンピュータで網羅的にチェックします．

　その結果，それらのいずれも性質 "TP" をもたないことがわかりました．よって，充填的な JZ-多面体は (2) に示される 18 個がすべてです．また，それらの多面体の展開図による平面の充填を次ページ以降に示します．

　A さんはとても鋭い直観を働かせていました．それは面正則多面体が正五，六，八，十角形の面を含むと充填は困難そうであることに直観的に気づいていたことです．この直観はほぼ正しい（命題 1）のですが，少し不正確な箇所があります．というのは，正六角反柱（これは JZ-多面体ではないが）は正六角形の面を含みますが充填的だからです（問題文の図 1 参照）．

　また，彼の 2 つ目のコメントに，多面体の頂点に正方形 3 つと正三角形 1 つが集まると充填は困難とありましたが，この考えを一般化すると命題 2 が得られます．

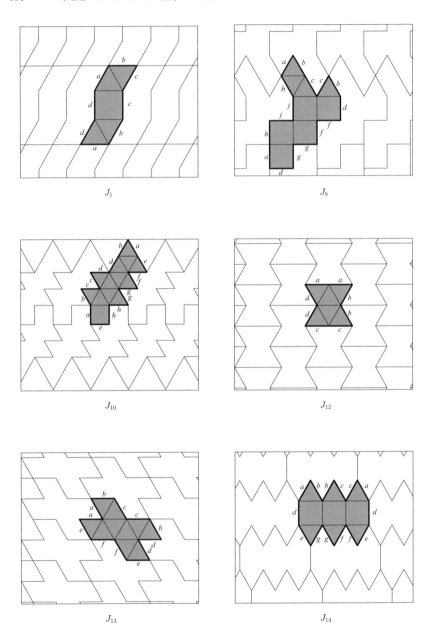

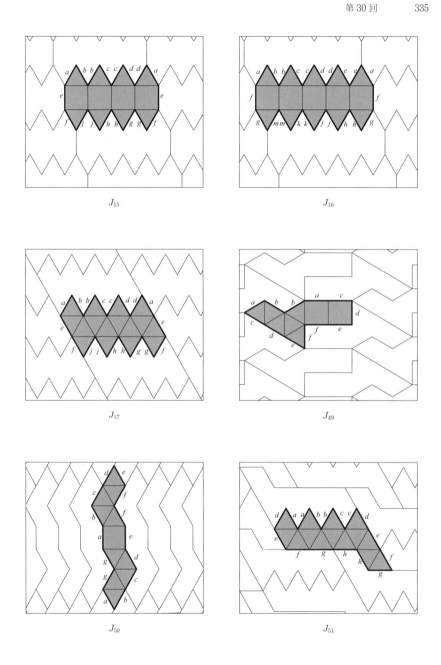

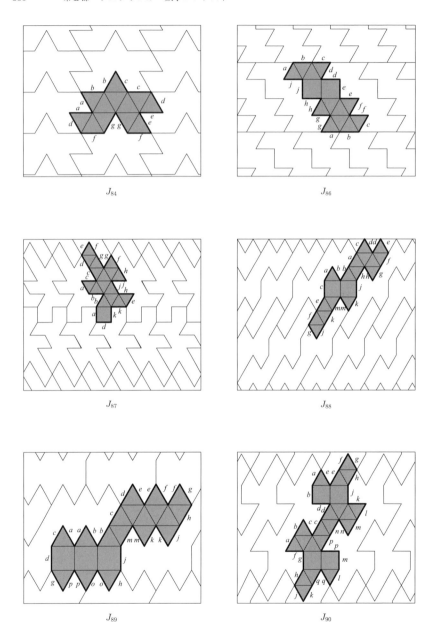

第 II 部の問題の出典

シュプリンガー数学コンテストへの出題にあたり，出典の問題文の表現を変えたものや問題文に補足をしたものもあります．なお，出典に現れる Loren C. Larson 著 *Problem-Solving Through Problems* の邦訳版が，第 II 部の解説で言及されている『数学発想ゼミナール 新装版』全 3 巻（秋山仁，飯田博和訳，丸善出版，2013）です．

第 1 回
問題 1　*The Mathematics Student*, Vol.26, No.2, 1978 年 11 月
問題 2　Alvin J. Paullay, Sidney Penner, *Two-Year College Mathematics Journal*, Vol.11, No.5, 1980 年 11 月, p.336
第 2 回
問題 1　1957 年 パトナム試験
問題 2　Loren C. Larson, *Problem-Solving Through Problems*, Springer-Verlag, 1983 年, p.53 (1.11.7)
第 3 回
問題 1(a)　Leo Sauvé, *Eueka*, Vol.1, No.1, 1975 年 11 月, p.88
問題 1(b)　Victor Linis, *Eueka*, Vol.4, No.4, 1975 年 6 月, p.28
問題 2　1906 年 ハンガリー（国内）数学オリンピック
第 4 回
問題 1　Leo Moser, *American Mathematical Monthly*, Vol.60, No.10, 1953 年 12 月, p.713
問題 2　Norman Schaumberger, *Two-Year College Mathematics Journal*, Vol.12, No.2, 1981 年 3 月, p.155
第 5 回　1969 年 国際数学オリンピック
第 6 回　1962 年 数学オリンピック
第 7 回
問題 1(a),(b)　Loren C. Larson, *Problem-Solving Through Problems*, Springer-Verlag, 1983 年, p.105 (3.3.19(a),(b))
問題 1(c)　1956 年 パトナム試験
第 8 回　Loren C. Larson, *Problem-Solving Through Problems*, Springer-Verlag, 1983 年, p.267 (7.4.23)
第 9 回　H. J. Godwin, *Mathematical Spectrum*, Vol.11, No.1, 1978 年–1979 年, p.28
第 10 回　Donald Knuth, スタンフォード大学での宿題, 1974 年秋．次も参照せよ：C. F. Pinska, *American Mathematical Monthly*, Vol.65, No.4, 1958 年 4 月, p.284
第 11 回　1900 年 ハンガリー（国内）数学オリンピック

第 12 回　Loren C. Larson, *Problem-Solving Through Problems*, Springer-Verlag, 1983 年, p.66（2.2.5）

第 13 回　Zelda Katz, *Pi Mu Epsilon Journal*, Vol.7, No.4, 1981 年春, p.265

第 14 回　Loren C. Larson, *Problem-Solving Through Problems*, Springer-Verlag, 1983 年, p.247（7.1.8）

第 15 回　中国（国内）数学オリンピックの 1987 年冬季合宿第 3 問（李成章，黄玉民編著；小室久二雄訳『数学オリンピック双書』吉林教育出版社）

第 16 回　Titu Andreescu，私信，2003 年

第 17 回　J. Akiyama, Tile-makers and semi-tile-makers, *The American Mathematical Monthly*, Vol.114, No.7, 2007 年 8 月-9 月, pp.602-609

第 18 回　T. Sakai, C. Nara, J. Urrutia, Equal area polygons in convex bodies, *Combinatorial Geometry and Graph Theory*, LNCS 3330, 2004 年 8 月, pp.146-158

第 19 回　R. L. Graham, Bounds for certain multiprocessing anomalies, *Bell System Technical Journal*, Vol 45, No.9, 1966 年 11 月, pp.1563-1581

第 20 回　J. Akiyama, X. Chen, G. Nakamura, M. J. Ruiz, Minimum perimeter developments of the Platonic solids, *Thai Journal of Mathematics*, Vol 9, No 3, 2011 年 12 月, pp.461-487

第 21 回　T. Sakai, J. Urrutia, Covering the convex quadrilaterals of point sets, *Graphs and Combinatorics*, Vol.23, Supplement, 2007 年 6 月, pp.343-357

第 22 回　J. Akiyama, M. Kobayashi, G. Nakamura, C. Nara, *Equidistant pairs on two lattice lines*, The Bulletin of the Higher Education Research Institute, Tokai University, No.14, 2007 年 3 月, pp.65-72

第 24 回　Loren C. Larson, *Problem-Solving Through Problems*, Springer-Verlag, 1983 年, p.99（3.2.16(b),(d)）

第 25 回　J. Akiyama, H. Fukuda, G. Nakamura, Universal measuring devices with rectangular base, *Discrete and Computational Geometry*, LNCS 2866, 2003 年, pp.1-8

第 27 回　E. Lucas, Question 1180, *Nouvelles Annales de Mathéatiques*, Ser.2, Vol.14, 1875 年, p.336

第 28 回　J. Akiyama, H. Maehara, G. Nakamura, I. Sato, Element number of the Platonic solids, *Geometriae Dedicata*, Vol.145, Issues 1, 2010 年 4 月, pp.181-193

第 29 回

問題 2　I. Bárány, H. Maehara, N. Tokushige, Tetrahedra passing through a triangular hole, and tetrahedra fixed by a planar frame, *Computational Geometry*, Vol.45, Issues 1-2, 2012 年 1 月-2 月, pp.14-20

第 30 回

問題 1　Roger A. Johnson 著; John Wesley Young 編, *Modern geometry*, Houghton Mifflin, 1929, p.73

問題 2　J. Akiyama, T. Kuwata, S. Langerman, K. Okawa, I. Sato, G. C. Shephard, Determination of all tessellation polyhedra with regular polygonal faces, *Computational Geometry, Graphs and Applications*, LNCS 7033, 2011 年, pp.1-11

【著者】

秋山 仁（あきやま　じん）
東京理科大学理数教育研究センター長．
英文専門誌 "Graphs and Combinatorics" 創刊者．『数学発想ゼミナール 1, 2, 3』（共訳，丸善出版），『離散幾何学における未解決問題集』（監訳，丸善出版），『証明の展覧会 1, 2』（共訳，東海大学出版会）など著訳書多数．

酒井 利訓（さかい　としのり）
東海大学理学部教授．
訳書に『離散幾何学における未解決問題集』（共訳，丸善出版），『証明の展覧会 1, 2』（共訳，東海大学出版会）．

数学リーディングス　第 19 巻
シュプリンガー数学コンテストから学ぶ
数学発想レクチャーズ

平成 28 年 12 月 20 日　発　行

著作者　　秋　山　　仁
　　　　　酒　井　利　訓

編　集　　シュプリンガー・ジャパン株式会社

発行者　　池　田　和　博

発行所　　丸善出版株式会社
　　　　　〒101-0051 東京都千代田区神田神保町二丁目 17 番
　　　　　編集：電話(03)3512-3266 ／ FAX(03)3512-3272
　　　　　営業：電話(03)3512-3256 ／ FAX(03)3512-3270
　　　　　http://pub.maruzen.co.jp/

© Jin Akiyama, Toshinori Sakai, 2016

組版印刷・大日本法令印刷株式会社／製本・株式会社 松岳社

ISBN 978-4-621-06503-7　C 3341　　　Printed in Japan

JCOPY 〈(社)出版者著作権管理機構 委託出版物〉
本書の無断複写は著作権法上での例外を除き禁じられています．複写される場合は，そのつど事前に，(社)出版者著作権管理機構（電話 03-3513-6969, FAX 03-3513-6979, e-mail: info@jcopy.or.jp）の許諾を得てください．